山钢集团日照钢铁精品基地效果图

国家发展和改革委员会文件

发改产业〔2013〕447号

国家发展改革委关于山东钢铁集团有限公司日照钢铁精品基地项目核准的批复

山东省发展改革委：

报来《关于呈报山东钢铁集团有限公司日照钢铁精品基地项目申请报告的请示》（鲁发改工业〔2012〕480号）及有关材料收悉。经研究，现就该项目核准事项批复如下：

一、为落实国务院关于山东省钢铁产业结构调整试点方案的批复精神，加快山东省淘汰落后产能，推进钢铁企业联合重组，优化钢铁产业布局，实现产业升级和可持续发展，原则同意实施山东钢铁集团有限公司日照钢铁精品基地项目。

项目单位为山东钢铁集团有限公司。

，并按照有关规定办理。

期限为2年，自发布之日起计算。在核

设项目的，应在核准文件有效期届满30

则项目在核准文件有效期内未开工建设

延期申请但未获批准的，本核准文件自

2013年3月1日

土资源部、环境保护部、交通运输部、能源

、国家电网公司、中国国际工程咨询公司、

限公司

国家发改委批复文件

山东省委省政府召开山钢集团日照钢铁精品基地开工动员大会

山东省政府在日照市举行项目奠基仪式

山钢集团及日照公司领导现场指导工作

炼铁工程初步设计审查会

地基处理

主体工程全面进场誓师大会

1 号 5100m³ 高炉封顶

绿色环保原料场

7.3m 大型绿色智能焦炉

1 号 $5100m^3$ 高炉及热风炉

210t 转炉投产

炉卷轧机

轧线及成品码头

镜头里的绿色制造梦工厂

智能协同管控中心

山钢集团日照钢铁精品基地厂区全景

新型铁水车

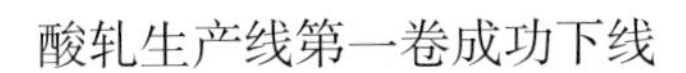

酸轧生产线第一卷成功下线

山东钢铁集团有限公司日照钢铁精品基地项目 荣获

“十三五”钢铁工业创新工程奖

设计单位：山东省冶金设计院股份有限公司
建设单位：山东钢铁集团日照有限公司
施工单位：中国二十冶集团有限公司

中国钢铁工业协会 中国金属学会 中国冶金建设协会

二〇二〇年七月

荣获“十三五”钢铁工业创新工程奖

国家优质工程奖

工 程 名 称：山东钢铁集团有限公司日照钢铁精品基地项目1#5100m³高炉工程
勘察及设计单位：山东省冶金设计院股份有限公司

中国施工企业管理协会

二〇一九年十二月

1 号 $5100m^3$ 高炉工程获国家优质工程奖

绿色智能钢厂设计与创新

——山钢集团日照钢铁精品基地项目设计与创新技术集成

山东省冶金设计院股份有限公司　编

北　京
冶　金　工　业　出　版　社
2020

内 容 提 要

本书收录了山钢集团日照钢铁精品基地项目设计和建设中应用的技术创新、设计创新、管理创新方面的工作总结。主要内容包括钢铁冶金全流程的创新设计方法、工程中应用的新技术和工程大事记。

本书可供钢铁冶金领域技术人员或相关领域高校师生阅读。

图书在版编目(CIP)数据

绿色智能钢厂设计与创新：山钢集团日照钢铁精品基地项目设计与创新技术集成/山东省冶金设计院股份有限公司编.—北京：冶金工业出版社，2020.10

ISBN 978-7-5024-8551-1

Ⅰ.①绿… Ⅱ.①山… Ⅲ.①生态建筑—智能化建筑—炼钢厂—建筑设计—日照市 Ⅳ.①TU273.2

中国版本图书馆CIP数据核字（2020）第204216号

出 版 人 苏长永
地　　址 北京市东城区嵩祝院北巷39号 邮编 100009 电话 (010)64027926
网　　址 www.cnmip.com.cn 电子信箱 yjcbs@cnmip.com.cn
责任编辑 卢 敏 美术编辑 吕欣童 版式设计 禹 蕊
责任校对 卿文春 责任印制 李玉山
ISBN 978-7-5024-8551-1
冶金工业出版社出版发行；各地新华书店经销；三河市双峰印刷装订有限公司印刷
2020年10月第1版，2020年10月第1次印刷
169mm×239mm；20.75印张；6彩页；417千字；316页
126.00元

冶金工业出版社 投稿电话 (010)64027932 投稿信箱 tougao@cnmip.com.cn
冶金工业出版社营销中心 电话 (010)64044283 传真 (010)64027893
冶金工业出版社天猫旗舰店 yjgycbs.tmall.com

《绿色智能钢厂设计与创新》
编辑委员会

序

由山东省冶金设计院股份有限公司编写的《绿色智能钢厂设计与创新》一书，即将由冶金工业出版社出版并与广大读者见面，我对本书的出版表示热烈祝贺。

作为国民经济的重要基础产业，钢铁是支撑国家发展和经济建设的工业脊梁，也是反映一个国家综合实力的重要标志。新中国成立70多年来，特别是改革开放40多年来，中国培育了一批具有较强国际竞争力的钢铁企业集团，而且具备了自主集成建设现代化沿海钢铁基地的能力。一批按照国家生产力重大布局的钢铁项目建成投产，山钢集团日照钢铁精品基地就是其中的优秀代表。

山钢集团日照钢铁精品基地项目主体工程于2015年9月16日正式开工建设。2019年4月，该项目一期工程全线贯通。一座现代化的钢城已经巍然屹立在美丽的海滨城市日照，为钢铁行业树立了一个绿色智能钢厂的样板。

绿色发展与智能制造既是新时代中国钢铁行业发展的两大主题，也是助推中国钢铁行业实现高质量发展的重要抓手。但是绿色发展与智能制造的落地，还需要在工艺技术、设计建造、管理机制等各个方面进行不断创新。日照钢铁精品基地在这两个方面进行了不断的探索与实践。

本书将日照钢铁精品基地设计和建设中应用的技术创新、设计创新、管理创新方面的探索与实践进行了系统的总结和梳理，为钢铁行业探寻实现绿色发展与智能制造的具体方法和路径，提供了非常有价值的参考和借鉴。这一点令人感到高兴和欣慰。

最后，再次祝贺本书的出版。

冶金工业规划研究院党委书记、总工程师 李新创

2020年8月6日于北京

践行绿色智能理念，实施核心技术创新
将山钢日照公司建设成国际一流的钢铁厂

山东省冶金设计院股份有限公司

山钢集团日照钢铁精品基地项目于2008年开始筹备，2013年获国家发改委的批复。2015年9月进场施工，2019年6月顺利建成投产。在山钢集团公司和山钢日照公司的指挥下，山冶设计勇挑重担，不辱使命，用敢为人先和勇于担当的气魄，倾力打造以绿色、智能、信息化为显著特征和时代气息的钢铁生产基地，将一座具有世界一流水平的钢铁梦工厂屹立在了世界的东方。

一、勇挑重担，树立坚定信念干好日照精品基地工程

日照钢铁精品基地是山钢集团按照省政府“资产重组、淘汰落后、调整布局、提升档次”的总体要求，实现自身“突出沿海、优化内陆、精品与规模并重”发展战略的核心工程，同时也是山钢集团面临严峻形势实现破茧重生的生命工程。

2011年，国务院批准了国家发展改革委《关于在山东省开展钢铁产业结构调整试点工作的请示》，标志着山东省钢铁产业结构调整试点工作正式启动。2013年，国家发展改革委下发《国家发展改革委关于山东钢铁集团有限公司日照钢铁精品基地项目核准的批复》正式核准日照钢铁精品基地项目。

日照钢铁精品基地年产铁810万吨、钢850万吨、钢材790万吨，主要产品为高附加值的热轧薄板、冷轧薄板、镀层钢板、宽厚板等。主要建设内容有：一座环保型智能原料场、四座7.3m 58孔大型顶装焦炉、两台500m^{2}烧结机、一条150万吨链箅机-回转窑球团生产线、两座5100m^{3}高炉、四座210t转炉炼钢连铸车间、一条2050mm热连轧机生产线、一套3500mm炉卷轧机、一套4300mm宽厚板轧机、一条80万吨推拉式酸洗机组生产线、一条2030mm酸轧联合生产线、一条热镀锌处理线、两条连退处理线等主要冶金生产设施；两台25MW高炉余压发电机组（TRT）、两座220kV总降压变电站，以及海水淡化、石灰焙烧、制氧站、冶金渣利用、焦炉煤气制LNG、检化验中心、维修中心、铁路站场、原料码头、成品码头等公用辅助配套设施。

面对日照钢铁精品基地高技术要求、庞大繁重的工作任务，山冶设计上下坚定信心、众志成城，按照“运营成本低、经济效益好、盈利能力强”的工程建设总体要求，发扬子弟兵团队“特别能战斗、特别能吃苦、特别能奉献、特别能打硬仗”的优良传统和“真诚设计未来，精品构建永恒”的核心理念，以冶金流程工程学为理论武器，下定最大决心、拿出最优技术、建设最佳工程。

二、不辱使命，对照国际一流标杆创新工程建设

山冶设计作为总体规划、设计管理及高炉、烧结、焦炉的总承包单位，带领设计团队应用创新技术 138 项，集众智把项目建设成为了绿色发展、迈向智能的，具有持续竞争力的现代化一流钢铁生产基地，成为我国钢铁产业结构调整的典范工程。山钢日照钢铁精品基地项目被评为“十三五”钢铁工业创新工程。

为向山钢集团公司精准决策提供依据，山冶设计在山钢领导下自 2009 年起科学务实地开展了项目可行性研究。通过广泛地市场和技术调查、交流考察和专题研究，对项目产品定位、主要技术方案提出推荐意见。项目批准以后，联合国内外专业机构先后进行了 28 次大规模论证，组织技术交流、方案优化 1600 余次，形成了 2000 余项自主创新项目，奠定了高质量发展基础。

总体设计主要内容包括：整个建设项目的组成、功能、目标和规模，建设条件、设计依据和设计原则，总工艺流程、总体布局和总体建设方案，各单项工程的设计概括，工程环保、劳动安全卫生等设计方案，整个工程的初步概算和投资效益分析等。

自 2008 年 3 月项目立项之初山冶设计便开始承担设计管理工作，主要完成了项目方案；编制项目备用方案；成立“技术工作组”，编制项目“可实施方案”；参加产业链调研、编制产业链规划、专项规划、规划调整方案等；编制项目实施路线图；各规划阶段设置专题并开展专题研究工作；配合重组日钢工作和与地方技术联络；组织专题研讨；编制全厂统一技术条件，编制初步设计及招标文件；对于项目提出投融资建议，按资本具备条件对不同项目提出总包、BOO、BOT 等不同建设方式等工作。

自承担设计管理工作以来，国内外考察工作，先后约 600 人次；进行工程设计、设备供应、技术研发、大专院校等国内外单位进行近 500 次技术交流；邀请专家或内部专家召开各类专题研讨会 300 余场次；确定在日照钢铁精品基地拟采用专利技术和先进技术 138 项；为业主提出众多降低工程投资、降低运行成本、减少用地等好的建议并获得业主认可。

山冶设计承担了全厂公辅工程设计、全厂地基处理设计、2050mm 热连轧工程设计，总承包了 $2\times5100m^3$ 高炉工程、$2\times500m^2$ 烧结工程、4×58 孔 7.3m 焦炉工

程、35MW 煤气发电等工程。其中焦炉被中国金属学会鉴定为国际先进水平；高炉被评为国家优质工程奖，生产指标在同级别高炉中领先。

三、勇于创新，实施精准流程设计

钢铁企业的生产运行源于设计，制造流程的优劣、结构合理与否，将综合影响产品的成本、投资、生产效率、投资效益、过程排放与环境效益等技术经济指标，并直接关系到企业的生存与发展。

山冶设计突破静态、假设的传统设计思路，以冶金流程工程学理论为指导，实施了充分发挥钢铁企业“三大功能”的顶层设计与动态-精准的流程设计实践。不仅为建设提供图纸和有关参数，还为钢厂的运行设计出动态运行的规则。

（一）简捷优化的物质流网络与动态匹配设计

一是钢铁生产流程设计深入理解冶金流程工程学钢厂动态运行的“三要素”——“流”“流程网络”和“程序”的新概念，最大限度地规范并缩短铁素物质流，尤其是高温铁素物质流的流动路径，减少物流作用的交叉干扰。作为临海和临港的钢厂原料码头位于厂区南端，成品码头位于北端，采用了自南向北的直线“｜”型布置，最南端布置了铁前原料准备区直接承接来自码头的含铁原料和各煤种；厂区中部布置了高炉冶炼区；通过汽车联系的铁钢界面，向北依次布置钢、铸、轧生产线；成品下线即对接成品码头。在此简捷优化的流程架构下，实现吨钢 0.665m^2超低用地，同时降低三通一平费用，减少搬迁量。物流上规避物质流、介质流搬运过程中的远距、迂回或折返及落地弊端，缩短主要皮带距离 1100m，减少主电缆长度 4500m，缩短主煤气管道 2000m，减少投资，降低运行成本。

二是钢铁生产流程关键界面设计以优化的“界面技术”创新、流程网络合理化和车间运行的动态 Gannt 图等运行程序信息化为基础，促进钢铁生产流程动态-有序、协同-连续运行。

1. 创新型模块车铁水“一罐制”的钢铁零界面工艺技术

山冶设计对紧凑的炼铁-炼钢界面“一罐制”实现方式进行了深入研究，确定特大型高炉选用汽车运输铁水方案。采用此钢铁零界面工艺技术，高炉距离转炉的垂直距离仅有 150m，铁水入炉的平均距离为 400m，而且铁水为一罐一送，使得铁水运输距离短、运输节奏快，还有利于降低铁水温降，节省能源。

2. 衔接紧凑的钢-轧界面技术

连铸至热轧间的连铸坯运输采用热送热装技术，有效减少煤气消耗、提高加热效率、降低烧损。

（二）按质按需精准供应的能量流网络设计

根据冶金流程工程学理论，在确定物质流动态运行结构的同时，对生产过程中的一次能源和二次能源、余热余能进行能量流的网络化设计，合理使用不同品质的能源介质，实现能源价值最大化，提高能源转换效率，及时、充分地回收余热余能，形成全厂性的能量流网络及其控制运行程序等。在物质流运行有序基础上，进一步推进能量流网络优化达到模式优化、节能减排。

（1）实现煤气价值最大化，优化煤气使用顺序，改善煤气用户供气结构，取消大型高焦煤气混合站，按质按需精准供应煤气。高炉煤气首先供给热风炉、锅炉及热轧等用户，降低了燃烧温度减少 NO_x 生成。采用节能新技术新工艺，减小煤气用量，热轧加热炉采用蓄热燃烧，纯烧高炉煤气。

（2）优化煤气用户配置，工艺刚性用户与缓冲用户协调运行。

（3）煤气高附加值利用，设置焦炉煤气制 LNG、制氢设施，实现“钢-化”联产的经营模式。全厂煤气用户优先考虑使用高炉煤气，转炉煤气，被替代焦炉煤气去生产 LNG，尾气生产无水氨，创造了可观的经济效益。

（4）采用短距离高压供电技术，结合总图调整和优化，将 220kV 总降压变电站由基地厂区外围深入到基地电力负荷中心，各区域变电站兼顾总降位置和各自区域负荷中心布置，采用 110kV 和 35kV 电压等级深入负荷中心，既保证了供电可靠性、操作灵活性，同时降低投资。

（5）能源动态精准调控，高效转化与及时回收利用。在高效能源转换技术与能源利用技术集成应用的基础上，设置能源中心，可及时、准确调度，充分合理使用各种能源，做到根据能源发生源和主要用户的生产使用节奏进行动态平衡调整，实现能源高效转化和高效利用。

（三）环境友好的工艺及废弃物资源化利用功能设计

钢铁生产过程中经历多个高温过程，伴随着多种大量的物质和能量排放，并与外部环境形成复杂的环境、生态界面。山冶设计在充分认识钢铁生产流程特点的基础上，在环境友好的前提下以构建适度区域范围内的工业生态链为目标，按照产品加工链、能源利用链、物流运输链、资金增值链和知识延伸链的关系，逐步形成区域性工业生态园区，推进循环经济发展。环保总投资达 64.7 亿元，实现了超低排放。

环保型料场有效地减少了环境污染，稳定了生产；烧结工序采用了选择性烟气循环（SWGR）、全密封环冷机、炭基催化剂干法烟气多污染物一体化脱除技术（CRPCC）等技能环保技术；焦炉采用了炉内脱硝、单孔调压、非对称烟道等技术；这些技术形成了环境友好的界面。

通过废水源头治理，分质处理，排放减量化；COD 废水浓缩、分离、回用：浓盐水的再浓缩回用；废水预处理和双膜法除盐等技术建成大型钢铁联合企业的首个废水零排放系统。

（四）物理侧优化的智能化设计

钢铁企业智能化要与数字化物理融合系统的概念相对接，在物理系统中制造流程是根，要突出“流”“流程网络”和“运行程序”的概念，特别是优化的物质流网络、能量流网络和信息流网络之间的协同运行。钢铁企业智能化不只是数字信息系统，不能仅从数字化一侧来推动企业智能化，而是必须高度重视物理系统的研究，必须是“三网协同”的信息物理系统。

按照数字化物理融合系统的概念，开展“管理流程创造暨信息化顶层设计”，对内简化业务流程，实现扁平化管理；对外缩短与用户的距离，延伸服务触觉，实现“产品 服务”的目标。

利用大数据，建设智能协同管控中心。搭建生产、物流、能源、安全环保、设备运行等管控一体的信息化核心平台，重点将生产指挥中心和能源管控中心进行有机整合，实现与 ERP、MES、BI 等信息系统的无缝集成，系统之间信息共享，实现智能化工厂管控。

智能设备维检系统（PMS AMS）。通过采集自动化系统运行及诊断数据、设备运行及操作数据，并进行大数据分析，形成设备运行的诊断、预测等功能，实现精准维检。

在顶层设计的基础上，集成集中监控无人值守、智能化料场、烧结智能化专家系统、高炉专家系统、铁钢零界面智能调度系统、一键式智能炼钢、钢卷库智能管理等信息化和智能化技术，为流程智能化运行提供技术基础。

四、实现预期，为业主创造价值

作为世界一流现代化钢铁生产线的日照钢铁精品基地实现了投资省、效率高、热试投产即达产、达产即达效，同时实现产品大纲全覆盖，创造了国内同类企业工程建设的新纪录。

各工序能耗达到国内领先水平：炼焦耗热量为 2330kJ/kg 湿煤（7% H_2O），优于国内特级炉水平；高炉焦比 352kg/t，利用系数达到 2.21；吨钢综合能耗达到 608kg/t；所有污染物排放达标率 100%，废水实现零排放。

从投产开始，日照钢铁精品基地生产调试全部按实单运行，成为国内第一家用实际订单投产的钢铁企业，订单驱动、柔性制造生产组织模式达到行业先进水平。工厂生产智能化水平高，人均产能达到 1600t，吨铁成本低于行业平均水平；初步彰显竞争实力。

钢铁企业核心竞争力在于产品竞争力。公司高表面质量冷轧薄板填补省内空白，树立了在钢铁行业高质高端的良好形象。公司板卷类产品荣登 2020 年度中国钢材市场优秀品牌。热轧产线成功轧制 2.4mm 高强钢 QP980，成为国内少数几家能够生产 1000MPa 级高强钢的产线之一，成功跻身国内“第一梯队”。第三代汽车钢 QP980 成为国内少数具备第三代汽车钢生产能力的钢企。

日照钢铁精品基地后发优势、区位优势、技术装备的优势等集中显现，使其成为绿色、高端、智能、高效的世界一流钢铁强企。

目　　录

一、创新设计论文

一、创新设计论文

CHUANGXIN SHEJI LUNWEN

创新设计智能钢铁基地
生态引领钢铁工业绿色发展

魏运华，王　铎

摘　要：本文对日照钢铁精品基地项目的由来、实施背景、项目概况进行了分析说明，提出了项目建设目标和设计原则，介绍了项目设计采用的系列先进技术，从而为全面实现智能制造和绿色发展打下了坚实基础。

关键词：智能制造；绿色发展；设计管理；创新设计

为落实国家在山东省开展钢铁产业结构调整试点工作，加快山东省淘汰落后产能，优化钢铁产业布局，实现产业升级和可持续发展，国家发改委于2013年3月核准山东钢铁集团有限公司日照钢铁精品基地项目。当时环境下投资500多亿元建设日照钢铁精品基地，实施主业结构调整，既是山东钢铁的希望工程，更是生命工程，如何建设好肩负着国家产业结构调整试点任务的日照钢铁精品基地项目，成为山东钢铁决策者们的案头重任。作为山东钢铁子公司的项目设计咨询单位，山东省冶金设计院股份有限公司（以下简称山冶设计）此时更应发挥专业优势为集团公司决策提供技术支撑，深刻理解时代背景，把脉未来技术发展方向，集成当代科技成果应用尽用，智能绿色是建设项目达产增效和产业升级的前提，创新设计是实现项目示范效应和持续竞争力的源泉，以工程项目设计者的角度，把握全厂物质、能源及信息流动，确保日照钢铁精品基地项目在工艺装备和技术经济指标上达到国际先进水平。

1　建设日照钢铁精品基地的现实环境

1.1　国家经济社会层面

2008年国际金融危机爆发后，为扭转增速下滑过快造成的不利影响，我国及时采取拉动内需和产业振兴等一揽子刺激政策，推动经济增长迅速企稳回升，2010年我国经济总量首次超过日本成为世界第二大经济体，同时我国经济长期以来粗放型发展积累的深层次结构性矛盾日趋尖锐。2012年11月和2013年11月先后召开了党的十八大和十八届三中全会，党中央做出了全面深化改革的重大决定，对我国经济社会未来发展进行了划时代的规划部署。在经济工业领域实施创新驱动，供给侧改革，实现高质量发展；加快生态文明建设，加强生态环境保护，节约利用资源，实现绿色发展。

1.2 钢铁行业面临的形势

在我国经济快速增长的拉动下，特别是21世纪以来，我国钢铁行业产能迅速扩张，2014年全国粗钢产量达8.22亿吨，粗钢表观消费量30年来首次出现下降；2015年粗钢产量8.04亿吨，35年来首次出现下降。生产消费量双下降，同时钢价降至成本以下，全行业面临产能严重过剩，恶性竞争的严峻形势。诸多问题相互叠加、交叉影响，诸如高尖产品缺口仍然较大、产能过剩与产能扩张并存、地域布局失衡、品种结构失调、节能减排效果欠账、产业集中度不升反降、生产效率跟不上时代科技进步等深层次矛盾愈发严重，已成为钢铁工业结构调整、转型升级实现行业健康发展的主要障碍。

1.3 科技领域

新科技革命和全球产业变革正在孕育兴起，新技术突破加速带动产业变革，对世界经济结构和竞争格局产生了重大影响。现在世界科技发展呈现出四个方面的趋势：一是移动互联网、智能终端、大数据、云计算、高端芯片等新一代信息技术发展将带动众多产业变革和创新；二是围绕新能源、气候变化、空间、海洋开发的技术创新更加密集；三是绿色经济、低碳技术等新兴产业蓬勃兴起；四是生命科学、生物技术带动形成庞大的健康、现代农业、生物能源、生物制造、环保等产业。面对世界科技发展新趋势，世界主要国家纷纷加快发展新兴产业，加速推进数字技术同制造业的结合，推进“再工业化”，力图抢占未来科技和产业发展制高点。

面对世界科技发展形势，结合我国经济进入转变发展方式、优化经济结构、转换增长动力的新常态发展模式，关于我国钢铁工业面临的任务钢铁界基本形成共识，主要集中在实现创新驱动发展、实现科技创新突破、加快质量升级、发展智能制造、推进低碳绿色发展、提升创新价值。

2 日照钢铁精品基地规划概况和建设目标

2.1 规划概况

日照钢铁精品基地是一座千万吨级综合钢铁厂项目，规划年产铁810万吨、钢850万吨、钢材790万吨，主要建设内容有：一座环保型机械化原料场、4座7.3m58孔大型顶装焦炉、两台500m^{2}烧结机、一条150万吨链箅机-回转窑球团生产线、两座5100m^{3}高炉、4座210t转炉炼钢连铸车间、一条2050mm热连轧机生产线、一套3500mm炉卷轧机、搬迁4300mm宽厚板轧机一套、一套80万吨推拉式酸洗机组、一条2030mm酸轧联合生产线、一条热镀锌处理线、两条连退处理线等主要冶金生产设施；两台25MW高炉余压发电机组（TRT）、两台350MW超临界火电发电机组、两座220kV总降压变电站，以及海水淡化、石灰焙烧、制氧站、冶金渣利用、焦炉煤气制LNG、检化验中心、维修中心、铁路站场、原料码头、成品码头等公用辅助配套设施。其中山东省冶金设计院承担了全厂的总体设计，2050mm热连轧工程设计，全厂公辅工程设计，还总包承担了焦炉工程、烧结工程、高炉工程的建设。

2.2 建设目标

日照钢铁精品基地是国家在山东省实施加快钢铁产业结构调整试点，“上新压旧、上优汰劣”的重点项目，为实现示范效应，打造具有持续竞争力的钢铁生产基地，山钢日照公司确定了“智能、高效、绿色、高端”的总体建设目标，制定了智能制造、市场导向、绿色低碳、流程先进、集约布局的总体设计原则。

钢铁工业绿色发展就是要按照循环经济的基本原则，以清洁生产为基础，着重提升资源高效利用和加强节能减排；全面实现低成本、高质量钢铁产品制造；实现能源高效转换和及时回收利用、大宗废弃物处理-消纳和再资源化三个功能。钢铁生产基地还要和周边社会实现生态化链接，进而由绿色制造向生态化转型，把钢铁生产厂建设成港口生态工厂，实现工业与自然融合，工厂与城市共生。

发展智能制造首先要夯实智能制造基础。实现钢铁制造信息化、数字化与制造技术融合发展，以两化深度融合助推智能制造。钢铁生产基地的建设要更加注重设计建全基础自动化、生产过程控制、制造执行、企业管理四级信息化系统，进而建立大数据平台，组建主要包括专家系统、模糊系统和神经网络系统三个钢铁工业智能化系统，实现对于生成过程管理、原材料采购、产品研发监测、成本分析、控制和管理等方面的智能管理和决策。

3 创新模式，多措并举，用最低的成本建设精品基地

21世纪以来世界范围内新建的大型综合钢铁厂项目有2008年建成投产的鞍钢鲅鱼圈项目，蒂森克虏伯美洲钢铁项目、韩国现代制铁唐津钢厂、我国首钢京唐一期工程，后三个具有代表性的钢铁项目陆续于2010~2011年投产。正在规划建设中的综合钢铁厂项目还有我国宝钢湛江钢铁项目一期工程、武钢防城港项目、台塑越南河静钢铁厂项目，这些项目共同的特点是临海港建设的综合性大型钢铁厂，其建设实施或规划设计有很多成功的经验，也有一些不足之处，对日照

钢铁精品基地项目的规划建设具有很好的借鉴意义。但不同的是前面这些项目的规划设计均是在世界钢铁产业快速增长的形势下适应市场并依据企业自身业务发展需求进行的，而日照钢铁精品基地项目要在世界经济增长乏力、国内经济转型发展、钢铁行业脱困发展的严峻形势下做出决策。

为向山钢集团公司精准决策提供依据，山冶设计会同山钢集团规划发展部门，群策群力，集思广益，科学务实地开展了项目可行性研究。通过广泛的市场和技术调查、交流考察和专题研究，对项目产品定位、主要技术方案提出推荐意见。为了科学地测算出项目建成后真实成本和盈利能力，山冶设计改变过去根据预测和设计参数进行效益分析的做法，根据市场实际状态和实际生产参数进行逼真模拟分析，调集全工序生产管理和设计人员，逐个产品品种规格、逐项消耗进行精确测算。效益测算表明，必须大幅度降低投资才能确保项目建成初期实现盈利。

面对新形势，钢铁企业必须转变管理和发展理念，特别是在计划经济体制下建设成长起来的国有企业，更应摒弃业务上追求大而全，自己干才放心，自己的东西才可靠，为生产而生产这种根深蒂固思维方式。钢铁厂生产的最终目的是向客户提供优质的钢材产品和配套服务，因此钢铁厂组织生产的关键任务是如何在铁前工序降低成本，在钢轧工序提高品质，项目的建设和管理应围绕关键任务配置包括资金、人力等资源。在综合调查分析国内外、行业内外项目建设管理模式，以及山钢过去项目管理经验的基础上，为保障项目高水平建设的同时，大幅度降低工程投资，降低未来产品的资金成本，本着“专业的人干专业的事”的原则，山冶设计建议在日照钢铁精品基地项目上依据各单元工程特点采取多种投资模式，引进外部资金参与项目建设，采取多种工程建设管理模式，提高工程管理效率和未来生产管理效率。多种投资模式上具体为铁路线工程、成品码头、原料码头工程采用合资建设模式，自备电站工程采取 BOT 方式建设运营，烧结和球团脱硫脱硝工程、石灰焙烧工程、制氧及压缩空气工程、铁水运输及厂内运输工程、高炉渣和转炉渣利用工程、原料场/烧结/球团/炼铁/炼钢环境除尘工程、石灰窑工程、冷轧酸再生工程采用 BOO 方式建设运营，引入资金近 100 亿元，大大降低企业自身投资。在工程建设管理模式上具体为原料场工程、焦化工程、球团工程、烧结工程、炼铁工程、炼钢工程等采取 EPC 工程总承包模式，焦炉煤气制 LNG 工程采用 EPCM 模式，轧钢工程等采取业主管理模式，相比以业主为主的传统工程建设管理模式，减少了工程管理人员，提高了管理效率，控制投资更精准。

4 高起点规划，严标准设计、对接智能制造，打造具有持续竞争优势的绿色钢铁示范基地

如上所述，日照钢铁精品基地项目所处的现时环境与类似项目有着非常大的

差异，同时还要承担着产业结构调整的示范任务。项目获批时，我国钢铁行业的"黄金10年"已结束，钢铁行业的处境可形容为"正由寒冷的冬天步入冰冻期的征程中"，如此严峻的形势下投巨资建设日照钢铁精品基地，对于山钢集团可谓是生死之抉择，对于承担设计管理和总体设计任务的山冶设计，如何规划设计好工程方案可谓是一场输不起的挑战。山冶设计不畏困难，干部职工齐心协力，展开"头脑风暴"，充分发挥集体智慧探讨日照钢铁精品基地创新设计方案。

面对形势，日照钢铁精品基地规划设计要确保快速量产达效，在建设生产成本和产品质量保证能力上全面超越标杆企业；采取最先进的环保技术，执行史上最严环保标准，实现超低排放，确保环保水平长期不落后；顺应数字化、网络化、智能化发展趋势，冶金制造流程全面对接信息通信技术（ICT），分步实现智能制造，搭建实施全面智能制造平台。实现上述工程目标，除了坚持先进、经济、实用的原则制定工程建设方案，更重要的是充分发挥后发优势，集国内外和行业内外一切可行的新技术创新设计工程方案。日照钢铁精品基地设计特色和创新设计主要体现在如下方面：

（1）产品定位。在钢铁产能全面过剩的状态下，日照钢铁精品基地产品定位考虑的重点是比较竞争力和可持续的竞争力，因此确定了以下原则：以区域市场为主导，兼顾国内市场，具备国际市场竞争能力，突出产品"精品"特色；发挥后发优势，避开同质化竞争，进行差异化竞争，以产品规格、性能、低成本打造差异化竞争优势；快速突破竞争激烈的成熟市场，尽快成长为市场的"领导者"和"引导者"；兼顾"当前"和"长远"，"竞争"和"差异"，"专业化"和"万能化"，"投资"和"增值"关系，实现本质化的核心竞争力。

热轧薄板定位于宽薄规格或薄规格，重点面向汽车、管线、集装箱和工具用钢；热轧酸洗板面向"以热代冷"用钢，重点突出高强度钢和深冲钢；冷轧薄板和热镀锌薄板以汽车家电行业用钢为主，突出高表面、高强度和绿色环保等高端产品；炉卷产品定位宽、薄规格中、高档厚板为主，宽厚板定位宽、厚规格高档品种为主，厚板产品以船舶及海洋工程用钢、管线钢、桥梁板、锅炉和压力容器板为主。

（2）创新铁钢零界面，实现总图"五省"布局。为保障安全，传统铁水运输多采用铁路运输，高炉与转炉炼钢车间为远距离的刚性连接，传统铁钢界面占地大、运距长、铁水温降大、一罐到底匹配难等不利因素明显。为减少投资，降低运行成本，我们对紧凑的铁钢零界面实现方式进行了深入研究，通过对过跨车、铸造吊、超级电容车、汽车各种方案比选后，鉴于我国模块车技术成熟，安全可靠，购车成本较低，确定选用汽车运输铁水方案。采用铁钢零界面技术，优化总图布置，日照钢铁精品基地实现吨钢0.665m^2超低用地，同时降低三通一平费用，减少搬迁量。物流上规避物质流、介质流搬运过程中的远距、迂回或折返弊端，可缩短主要皮带距离1100m，减少主电缆长度4500m，缩短主煤气管道2000m，减少了投资，降低了运行成本，取消了庞大铁路系统，包括运行、维修、巡检、调度、信号等，减少定员，降低了运维成本。铁钢零界面还有利于减少铁水温降，节省能源。

综上所述创新铁钢零界面，实现了总图布置省用地、省投资、省岗位定员、省生产运行费用、省能源的“五省”目的。

（3）创新地基处理方式。日照钢铁精品基地厂址包括陆域和海域部分，陆域为河流入海口附近的临海区域，多为砂、土、淤泥性质的软弱地层结构，需要地基处理，传统方法一般是采用桩基础。由于综合钢厂建筑面积大，各类建构筑物种类繁多，除了一些主体设施外一般建构筑物对地基要求并不高，另外钢厂货物多为重载大件，对于道路和维修安装场地等也要有较好承载能力，类似项目的经验表明大面积采用桩基础工程造价很高，对于道路、排水沟、埋地管线、周边场地等不能有效处理，建成后多有地基塌陷情况，存在安全隐患。

山冶设计借鉴莱钢喀什项目强夯置换地基处理成功经验，通过现场实验研究解决了厚层软土中置换墩的形成深度、密实度及强夯影响深度等问题，使强夯置换处理后的软土地基的承载力、沉降变形能够满足大型建（构）筑物的要求，同时强夯处理有利于改善场地的腐蚀环境，通过现场实验建立起不同地况下的强夯置换施工技术参数，最终确定了全厂区采用强夯置换加强夯为主，桩基补充的地基处理方式，工程施工后效果良好。在沿海软地基上建设大型钢铁厂，用强夯置换地基作为重大建（构）筑物的地基为世界首创，是工艺技术的重大创新，较传统桩基方式可大幅度降低投资，且可实现厂区全面积有效处理，保障工程质量。

（4）优化供排水系统，实现废水零排放。靠近全厂排水大户设置污水处理厂，对厂区普通生产废水进行预处理和双膜法除盐处理，一级反渗透产出的回用水补充到生产新水系统，二级反渗透产出的除盐水及超纯水供应生产用户。焦化废水和冷轧含油废水各自深度处理，与膜法浓盐水收集后经纳滤装置，进行有机物、二价离子分离与全厂一级RO浓盐水混合，经混凝沉淀过滤后进行浓盐水反渗透，从而减少全厂浓盐水量。纳滤浓水送炼钢干法除尘密闭系统喷洒，高温裂解COD，实现无害排放。浓盐水反渗透产生浓盐水送至高炉冲渣、炼钢闷渣等用户，全厂废水通过处理后全部用于相关用户，实现整个厂区的废水“零”排放。

日照钢铁精品基地通过工艺优化，废水源头治理，减量排放；集成成熟技术进行分质处理，梯级利用，深度处理，多手段调控，建成大型钢铁联合企业的首个废水零排放系统。

（5）环保型料场。一次料场、二次料场、储煤场均采用大跨度钢结构厂房封闭，胶带机全程封闭，汽车受料槽全封闭，设置汽车洗车装置，最大程度的减少环境污染，具有显著的环保效果，同时可以避免因雨雪天气引起物料水分改变，稳定生产，减少风力扬尘和雨水冲刷带来的物料损耗。

（6）新型7.3m大型顶装焦炉技术。PW7.3m顶装焦炉是代表世界一流工艺水平的特大型焦炉，具有技术成熟先进、结构严密合理、单孔容量大、热工效率高、自动化水平高、环保条件优秀等诸多优点，在焦炉炉体、焦炉机械、工艺装备、自动化和环保水平等方面代表国际最先进水平。焦炉加热能耗最低，烟气氮气化物排放最低，炭化室压力稳定，无炉门冒烟冒火现象。

（7）焦炉炉内脱硝技术。传统焦炉烟气脱硝一般是SCR法，脱硝设施建设成本高、能耗高、运行成本高。焦炉炉内脱硝（SNCR）就是在焦炉蓄热室墙体内部设计有氨气导入气道，在蓄热室气流向下流动时，氨气导入气道的入口阀门打开，以稳定的流量导入含氨气体，含氨气体进入蓄热室1000~1050℃区间扩散，氨气与NO_x发生化学反应生成氮气和水，实现脱硝目的，脱硝率达45%~60%。

（8）高效烧结系列技术。选择性烟气循环技术（SWGR）。选择烧结机中部段烧结风箱的烟气作为废烟气排入一个烟道，经一台机头电除尘器、一台主抽风机和脱硫脱硝设备净化后进入烟囱排放；选择烧结机头部段和尾部段烧结风箱的烟气排入另一个烟道，经一台机头电除尘器除尘，一台主抽风机引风后部分烟气与环境空气混合，再送至安装在烧结机台车上方的循环烟罩内，剩余部分送入脱硫烟道，脱硫脱硝处理后排放。SWGR系统的废气循环率高达40%，减少废气排放量77万立方米/小时减少燃料消耗量约5%，SWGR系统的实施对减少环境影响和降低生产成本起到了积极作用。

（9）烧结和球团烟气治理采用炭基催化剂干法烟气多污染物一体化脱除技术（CRPCC）。该技术的核心反应器采用移动床结构设计，烟气以错流方式进入反应器系统；烟气中SO_2被氧化为SO_3再与烟气中水结合为H_2SO_4吸附在炭基催化剂上；烟气中NO_x与加入的NH_3在炭基催化剂的催化作用下发生SCR反应，转化为无害的N_2和水；重金属及二噁英等被同时吸附在炭基催化剂上，脱除污染物后的烟气实现达标排放。当炭基催化剂达到饱和吸附后，被送入高温再生器解析出SO_2，一般SO_2浓度达20%以上，可用于后续硫化工产品生产；二噁英等有机污染物在再生过程中发生降解，重金属等有害物被转化后在后续洗涤、冷却等化工过程中被脱除及收集。CRPCC技术在脱硫的同时还能脱除硝、重金属、二噁英等；其中脱硫效率可达95%以上，脱硝效率可达80%，脱汞效率可达90%，二噁英排放浓度$<0.1ngTEQ/m^3$（标态）；烟气脱硫脱硝的反应温度在100~150℃，不需要对烟气进行加热；脱硫过程不耗水；具有良好的环保性能，不会对环境造成二次污染。较活性焦干法一体化脱除技术，一次性投资成本可降

低1/4，运行成本可降低1/3。

（10）节能环保长寿命大型高炉综合技术。在炼铁设计中采用联合整体布置两座高炉矿焦槽、焦丁回收工艺、串罐式无料钟炉顶装料系统、炉型设计适当矮胖、深死铁层、小炉腹角、深炉缸，串联软水密闭循环冷却系统，优化耐火材料配置，炉前出铁场采用矩形双出铁场，无填沙层、全平坦化结构形式，采用炉前风动送样技术，强化出铁场除尘，保护环境。采用螺旋筒式旋风除尘器。每座高炉配备四座顶燃式热风炉，采用两烧两送的送风制度。印巴法炉渣处理工艺，高炉煤气全干法除尘，配置高炉喷煤系统。

配置安全监测系统，包括高炉炉缸炉底侵蚀及渣铁壳变化在线监测系统、高炉冷却水温差（热负荷）检测系统、铁沟沟底沟壁温度检测系统、风口成像系统、炉顶红外成像系统、十字测温装置等，并将这些检测数据综合分析，对高炉耐材、冷却壁、炉内气流进行实时立体监测，判断耐材、冷却壁的侵蚀状态和侵蚀趋势，配合高炉自动化控制系统，控制布料、调整炉料分布、稳定炉内气流，指导护炉操作，以实现高炉安全长寿的目标。

炉顶放散煤气回收，高炉炉顶料罐煤气由专用管道引导，回收至罐体，剩余低压煤气抽真空强制全回收，提高能源利用率，提升环保效果，实现绿色协调生产。

（11）炼钢系统优化设计。优化两座炼钢车间为一座，四座转炉统一规格，两两分组，垂直中间进铁设计，提高设备利用效率，增强生产组织灵活性。

采用吹气赶渣技术，在脱硫工序铁水脱硫完毕后，扒渣前用专门的吹气赶渣枪向钢包内一侧的钢液表面吹惰性气体，使钢渣向出渣口一侧聚集，从而使扒渣器能够高效、快速完成扒渣。该工艺技术的使用有效缩短扒渣时间，降低脱硫渣带铁量，大大降低铁损，无须加入聚渣剂，降低工序成本，减轻污染。

同炉双联冶炼工艺技术。铁水首先装入转炉进行脱磷冶炼，脱磷后的铁水出至炉下铁水包内，再通过炉前操作平台吊装孔把铁水吊至操作平台上方，兑入脱碳转炉进行脱碳冶炼。脱碳与脱磷枪分别设计、脱碳冶炼与脱磷冶炼模型独立，底吹大强度脱磷和正常脱碳的宽范围调节能力，使转炉具备同炉双联冶炼低磷钢水的功能。采用同炉双联冶炼工艺后，冶炼低磷要求的高端钢种时提高转炉脱磷率，降低转炉钢水［P］含量，提高钢水洁净度，同时有利于降低原辅料消耗，提高金属收得率。

转炉烟气除尘采用中频三相高压电源向一二电场供电，煤气冷却器设置于切换阀之前，对放散烟气进行有效净化，达到10mg/m^3（标态）排放标准。环境除尘系统配置了高效节能直通式袋式除尘器，强化微细离子捕集的PM2.5预荷电袋滤器，PM2.5表面超细面层三维梯度精细过滤材料，防止PM2.5逃逸的清灰技术和装置，智能化自适应控制技术，袋式除尘器运行专家系统，达到10mg/m^3

（标态）排放标准。转炉车间采用全捕集三次除尘技术，全面收集转炉兑铁水、加废钢时产生的烟气，在加料跨屋面及转炉高跨屋面均设大容积屋顶除尘烟罩，不仅收集兑铁等产生的烟尘，而且收集吹炼期间逸出的烟尘，净化后由烟囱排放处理后的废气中颗粒物含量小于 $10mg/m^3$。

RH 精炼采用机械泵抽真空技术。干式真空泵工作腔内无任何介质，抽气能力充足，通过最先进的、模块化的、智能化的机械真空泵系统，能无故障持续运行，并可获得清洁真空，满足真空精炼工艺要求，达到最佳节能效果。机械抽真空技术可即时产生真空，检修方便，转换炼钢蒸汽稳定发电，提高余热利用效率，节能效果显著。

板坯连铸机采用了连续弯曲、连续矫直、动态轻压下、动态二冷、动态调宽技术、铸坯自动火焰清理技术。

（12）热连轧采用系列先进技术降投资、减成本、控质量。FL+7.0m 高架式布置和外旋式旋流井。上料辊道、加热炉、主轧跨、和电机跨提升到原室内地坪 7m 以上的标高上，设备基础标高、冲渣沟和旋流井底标高也相应抬高。外旋式旋流井比内旋式降低井深 2.5m。两项技术的应用，可减少地下工程量，降低施工难度，加快施工进度，降低投资，还可降低通风、消防费用。

连铸至热轧间的连铸坯运输采用热送热装技术，有效减少煤气消耗、提高加热效率、降低烧损。

水温精控技术。通过测定冷却塔进出水的温度，根据不同季节的控温目标，自动增减水泵机组运行数量和冷却风机运行台数，从而精确控制循环水温度，温度恒定的轧辊冷却水对带钢恒温轧制提供了有力保障，温度恒定的层冷水系统为精准控制冷却创造了有利条件。首次在热连机上实现水系统和工艺系统的闭环控制，为工艺控制模型实现精确控制创造了良好条件，提高产品性能稳定性。

超级电容托盘车钢卷运输技术。采用以超级电容电池为驱动力的托盘车进行下线钢卷的运输，托盘车自带动力，运行至指定地点进行短周期充电，始终保持在线运行，摆脱了电缆的束缚，系统扩展能力强，适合于长距离、快节奏的运输要求，节能环保。

（13）复合制坯生产特厚板技术。连铸坯真空焊接复合轧制技术，是一种新的特厚钢生产工艺，解决了高质量大厚度坯料的制备瓶颈，利用该技术可以在 4300mm 宽厚板生产线轧制出厚度超过 120mm 的高性能特厚复合钢板，最大钢板厚度达 260mm，增加产品品种系列。

（14）冷轧采用多项质量保障技术。冷轧产品定位高端汽车板和家电板，全线引进西马克工艺技术包，并引入西马克一贯制产品技术服务 PQA 系统。冷轧线上采用在线质量检查技术，提前发现轧制表面质量缺陷，及时采取换辊等整改措施，避免批量质量缺陷的产生，大大减少质量损失。镀锌线采用预氧化技术，在镀锌炉内设置一个独立相对密闭预氧化室，控制通入加湿氮气，对带钢表面进行预氧化，从而阻止特定合金在带钢表面的析出和氧化，带钢氧化表面在后续退火过程中发生还原反应产生纯铁表面，从而避免产生漏镀缺陷，提高高强钢镀锌表面质量。

（15）广泛应用智能管理和智能生产技术。智能化数字料场。系统包括采用高频激光扫描技术对大型堆场物料进行实时的精确测量和三维分析；堆取料机、卸料小车等轨道移动设备精确定位与防撞保护系统；设计应用具有流程智能选择和扩展、设备动态适应的仪控系统，实现堆取料机、胶带机、混匀配料、原料输送、喷淋及取样等工艺设备的全自动控制。原料场采用集中控制、操作、监视等监控技术，利用先进的检测系统、控制系统及计算分析技术，通过建立计划调度、库存管理、混匀配料计算、流程管理等一系列计算模型，实现物流跟踪、作业计划、库存管理、配料计算、数据通信等任务。依据动态库存信息和安全库存要求，定期提出原料调拨计划，把原料使用波动和运输波动的影响控制在最小范围内；达到合理控制库存，准确调度原料，降低库存提高原料利用率；降低对料形的破坏，实现无人堆取料控制。

堆取料机自动驾驶技术。根据料场的特点，使用红外成像设备，利用先进的自动化技术，远程自动识别料堆，自动堆料、取料，并实时远程监控，全面掌握料场的动态情况，应用该技术可提高劳动生产率，降低职工的劳动强度。

烧结智能化专家系统。系统通过水分检测，透气率检测，FeO 检测，高精度称量，台车自动定位等，建立完整的热状态分析、透气性分析和返矿平衡分析模型，解决烧结生产稳定性的问题；采用自学习技术，不断优化烧结过程控制参数。通过“机上物流”控制算法，结合透气性 BTP 预测、温度起始点 BTP 预测等控制手段，实现对烧结终点、碱度的有效控制，专家系统实现过程控制的智能化决策。

高炉专家系统。通过对高炉冷却保护测控系统，炉顶设备进行在线状态监测，气体输送物料测控技术，高炉管系温度与位移监控无线网络，高炉过程参数检测与计量等数据采集，通过数据库、服务器及分析软件、应用模型，实现高炉安全生产、配料优化、炉料分布分析、热流及平衡计算、全自动可靠换炉、热风炉全自动燃烧控制、最佳风温及湿度控制、铁水含量及硅含量预测、炉膛热态监控、耐火衬监控、出铁管理、生产和质量报告管理、远程发布等，以此建立二级专家系统实现过程控制的智能化决策。

一键式智能炼钢。系统通过与基础自动化通讯自动采集生产过程中的设备状态数据、生产实绩数据等，冶金模型根据当前铁水重量、成分、目标硫含量等通过模型计算所需脱硫剂的种类和重量，计算搅拌时间等，实现一键脱硫。转炉自动炼钢过程控制系统通过副枪技术和转炉静态控制模型、转炉动态控制模型，结合基础自动化控制和计算机控制技术实现转炉炼钢过程的全自动控制，实现“一键式自动炼钢”。

钢卷库智能管理。钢卷采用托盘车运输系统或运卷小车无线数传跟踪，集成库位定置管理、行车准确定位系统、行车自动运行控制、钢卷高准确度自动称重等成熟技术；探索立体库物流配置方式，提高单位存储面积，降低厂房造价，实现钢卷库的智能管理。

无人抓渣技术，应用于炼钢与轧钢车间旋流井清渣。对旋流井整个渣区分块定置工作区，安装激光定位器和编码器实现行车精确定位，在PLC控制下自主自动实现“行车定位—抓斗打开—抓斗下降—抓渣动作—抓斗上升—到位渣池—开斗卸渣”循环动作，一个工作区内多次重复动作，依据渣斗重量信息判断是否移位下一抓渣工作区，反复循环实现旋流井无人抓渣作业。

铁钢零界面智能调度系统。该系统由铁包跟踪定位、运输设备定位、铁包信息数传跟踪、跨平台软交换通讯、铁包调度模型五个模块组成。在每一个铁水包上安装高温电子标签装置，地面行走路线上装有天线和读码器，读卡器读取耐高温电子标签发来的编码信号后，通过解码器解码，再利用无线通讯机制远传到调度中心，实现铁包跟踪定位；沿行车轨道依一定的距离间隔敷设编码电缆，行车的大车上安装车载装置，行走时逐次读取编码地址，解码器解析读码器扫描产生的地址编码，并把解码出来的地址以数字形式显示出来，以同样的方式实现小车地址解析，地址以MODBUSTCP协议通过以太网接口传送至PLC，再由车载无线通信模块与地面无线模块桥接组网，进行天车上与中控室服务器之间的数据交换，从而实现行车跟踪定位；由于铁水采用汽车运输，跟踪定位方式灵活，可采用GPS、RFID（无线射频识别技术）、WSN（无线传感器网络）等进行跟踪定位；通过智能无线数传主机、智能无线数传分机、跟踪数据处理机等，采用有线无线结合的方式，实现对铁包跟踪定位信息、天车定位信息、铁水运输车定位信息等的无缝传输，全面接收各行车的电子秤信号、定位信号及位移信息，经全面推理分析实现物流跟踪和称重数据的自动采集；跨平台软交换通讯是集成了软交换生产调度系统、生产工艺控制信息、生产指挥监控画面等功能，采用三网合一技术将视频监控、语音、数据信息同步、实时的展示在铁钢衔接工序的各个岗位；调度模型可以对出铁、脱硫、铁水转运、原料跨待位、转炉兑铁等全流程各类事件进行自动调度，确保物料流保持动态平衡，确立最佳运转方案。智能调度系统的应用可减少30%岗位定员，缩短1/3铁包转运时间，铁水信息实时传输率95%以上，实现高炉至转炉之间铁包的无缝隙跟踪和调度功能，保障铁水转运系统运行安全可靠。

应用智能化配电电网技术。全厂供配电系统按照智能化、信息化标准设计建设，在厂区骨干变电站推广应用数字化变电站技术，建设智能供配电网络，设置全厂电力自动化系统，采用智能化设备，自动化监控软件，信息化通讯网络，自动完成信息采集、测量、控制、保护、计量和监测等常规功能，实现各变电站的无人值守，同时在变配电站全面采用智能传感技术和自动实时的预警机制，实现变电站一次主设备的全息监测和实时状态评价，通过在变配输电设备中安装监测电、热、力、像等传感器，经过数据信息收集、转发、上送，实现全站设备在线监测，完成监视、优化控制、安全运行、经济分析、运行管理、故障诊断等功能。主要在线监测项目包括：主变压器在线监测、配电装置局放在线监测、接点温度在线监测、六氟化硫在线监测、电缆温度在线监测、避雷器在线监测、电能质量及谐波在线监测、智能环境监测等等。全厂配套设有先进的电网调度自动化系统，完成各变电站遥控、遥测、遥信、遥调、遥视功能以及智能管理、智能调度、智能检测功能，实现全厂电能综合管理和优化利用，增加电能综合利用效率，确保电力系统运行安全。通过智能变电站实时在线监测综合管理系统，可以全天候地监测变配输电设备状态和变化趋势，精确判断设备运行状况，完善系统设备事故预警及处理举措，减少因人员巡检时效性、主观性导致漏检、误检造成事故扩大，提高变电站设备自动化监控水平，保证供配电系统安全可靠运行。

集中监控，实现值守性岗位无人值守。通过自动化技术、视频监控技术、音视频联动技术以及智能化仪表技术等，在焦化、烧结、球团、原料、炼铁等区域以及皮带机、水泵站、除尘、煤气混合加压站等一般值守性岗位实现集中监控和现场无人值守。

基于“互联网+技术”的产销研协同信息平台。开展“管理流程创造暨信息化顶层设计”，按照互联网+的思维进行“产销研”的顶层设计。对内简化业务流程，实现扁平化管理；对外缩短与用户的距离，延伸服务触觉，实现“产品+服务”的目标。

利用大数据，建设智能协同管控中心。搭建生产、物流、能源、安全环保、设备运行等管控一体的信息化核心平台，重点将生产指挥中心和能源管控中心进行有机整合，实现与 ERP、MES、BI 等信息系统的无缝集成，系统之间信息共享，实现智能化工厂管控。

智能设备维检系统（PMS+AMS）。通过采集自动化系统运行及诊断数据、设备运行及操作数据，对设备故障等快速分析准确定位，同时收集大量的设备运行数据，通过大数据分析，形成设备运行的诊断、预测等功能，实现精准维检。

5 结束语

山钢日照公司在日照钢铁精品基地项目上依托山冶设计进行专业化设计管理，从 2008 年 3 月项目的提出、总体规划、战略论证、申请报批及附件办理、可行性研究、初步设计、施工图设计，工程建设，十年来与山钢同呼吸、共命运，为把项目规划建设好，建设出持续竞争力，山冶设计自我加压，时不我待，开阔视野，打开脑洞，勇于创新，重视设计管理的积极作用，加强方案组织论证和优化，带领设计团队应用138项创新技术，把日照钢铁精品基地建设成为绿色发展，迈向智能的具有持续竞争力的现代化钢铁厂，成为我国钢铁产业结构调整的典范。

沿海现代化综合钢厂总图运输规划与设计

李务春，高文磊，李启武，李景卫

摘　要：根据山钢集团日照钢铁精品基地项目总图诞生实例，简要阐述了特大型钢铁企业相对选址时区域优势对企业成长的长远影响，并综合分析总图布局在新技术支撑下，通过实施过程中全生命周期的把控，规划设计出沿海企业强大的核心竞争力，从而把专业的生命力转换成企业通过开新局提升效益的长久动能。

关键词：临海靠港；直线“|”形布置；无轨运输；一站式搬运；多样式投资；模块化工序结构；复制式发展

1　概述

国家发改委于2013年3月核准的日照钢铁精品基地项目，是国家产业结构调整试点项目，是山东钢铁集团实施主业结构调整的希望工程、生命工程。项目位于日照市岚山工业园区的沿海滩涂，一期可利用面积约800hm^2。项目建设地点东临黄海，西靠厦门路，南接疏港大道，北通临钢路，交通体系完整便利。

建设内容包括原料码头、综合原料场、烧结、球团、焦炉、高炉、转炉、轧钢和成品码头等。其中炼铁配置2座5100m^{3}高炉，年产生铁810万吨；炼钢配置4×210t转炉，年产铸坯850万吨。

本项目总体设计和设计管理单位的各专业借鉴国内外已实施的同类企业经验，利用新技术支撑并充分发挥后发优势，在山东沿海设计出一个富有竞争力的现代化钢铁联合企业，就成为了山冶设计专业团队的责任和共识。本文以项目总图专业实施为例，综合阐述了一个新总图通过诞生过程中的创新，如何为企业积累了厚重的发展势能。

2　厂址选择

本项目虽位于日照市岚山区的工业园内，但也存在着相对选址的问题，即在既定区域内如何更好地发挥临海靠港的物流优势，如何将建设的时间缩短，如何规避实施过程中的不可控因素等，确定了具体厂址选择方向为在全陆地建设、半填海建设、全填海建设。

第一方案为全陆地建设。地基处理简单，建设周期最短，但用地指标过大，且村民搬迁涉及曹家村、东南营村、东林子头村、申张村、韩家营子、东湖一村、东湖二村、东湖三村、大河坞村、小河坞村等10个村，涉及村民6409户，约18609人。即便不计入村委会、学校、商业设施等，按照每户搬迁费用45万元计算仅搬迁费用就约30亿元，且在搬迁的时间上还存在着很多不可控的因素，因此在专家评审会上很快就被否决。

第二方案为全填海建设方案。涉及填海面积800万平方米，海域深度0~30m不等，由于采用海沙吹填的造价不低且地基处理时间与建设工期无法匹配，因此需要采用回填山皮土，回填至标高绝对高程4.5m，费用估算见表1。

表1 全填海费用估算

名 称	数 量	平均单价	投资额度/万元
围堰	8000m	7.5万元/m	60000
吹填	0	0	0
回填	16000万立方米	40元/m^3	640000
强夯	800万平方米	50元/m^2	40000
征海	800hm^2	4660元/hm^2	84000
土地证更换	0	0	0
合 计			824000

从表1中可以看出全填海费用巨大，虽然解决了用地指标问题，但各种巨额投资费用仍然会将企业选址的物流优势消解殆尽，并且存在着地基处理时间与建设时序不配套的问题，也不可取。

综合以上分析，相对选址唯有采用陆、海结合的方式，并合理调整总图布局，将一期一步必须的工序置于陆上，将远期配套的海水淡化和焦炉煤气深加工的延伸工序放入海中，才可以缩短主工艺工期，缩短投资产出的时间，才可能让企业尽早发挥出临海靠港的核心优势，成为山钢集团的新生命工程。因此经过反复论证，最终采用了适当填海方案，即占用陆地657hm^2。拆迁涉及东林子头村、申张村、韩家营子和东湖三村，涉及村民3336户；填海132.5hm^2，且所填区域为海域11m深的最深处，布置的工艺线为延伸的煤气精制和海水淡化等项目。如图1所示，图中零米线的右侧即为填海区域。

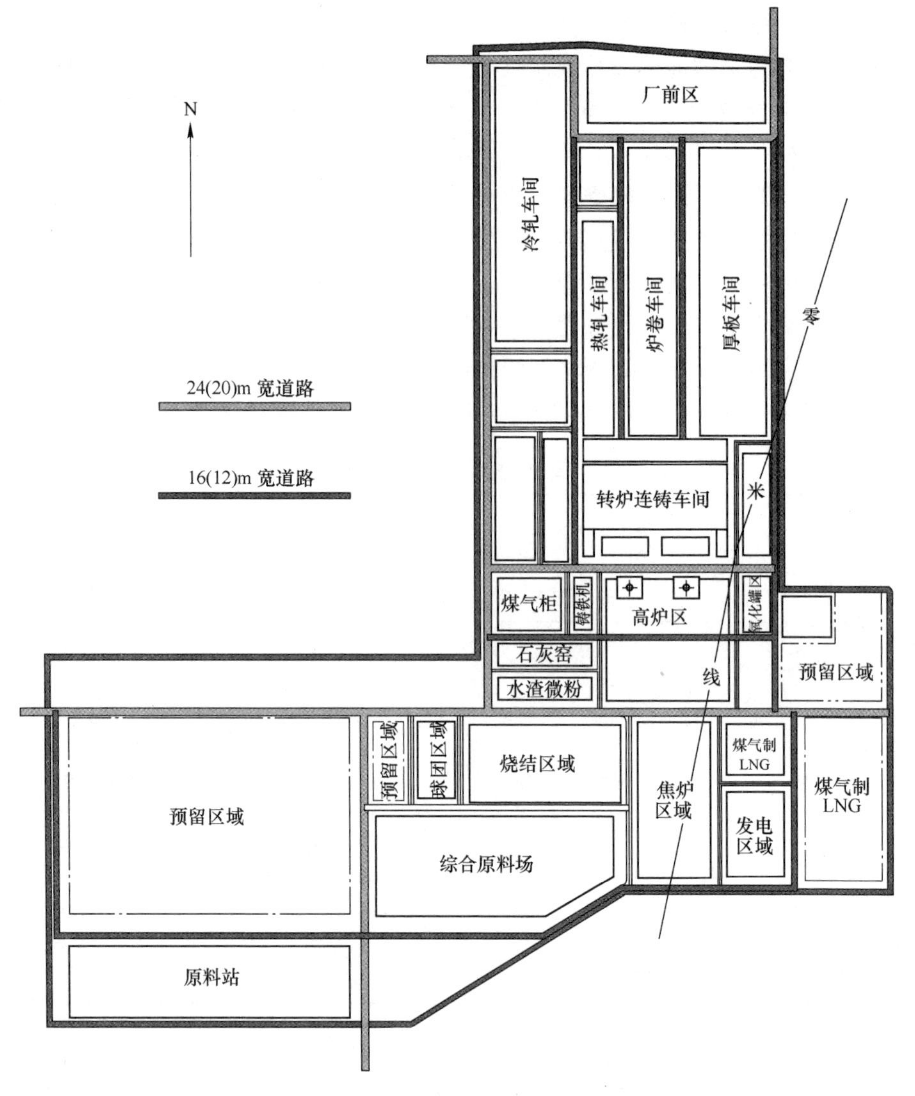

图 1　填海区域示意图

3　总图布局

3.1　直线“Ⅰ”形布置，一站式搬运

由于与本项目配套的原料码头和成品码头先于钢铁项目获得国家批复，而根据统计数据目前国内运输成本：海运/铁运/汽运≈1/3/9 关系，因此本项目规划必须依托两个码头的海运物流优势，真正做到沿海基地的临海而又紧靠港。

国家批复的原料码头位于厂区选址的南端，成品码头位于北端，因此本项目规划采用了自南向北的直线“｜”形布置，最南端布置了铁前原料准备区，直接承接来自码头的含铁原料和各煤种，年入厂量约2000万吨；厂区中部布置了高炉冶炼区；通过汽车形成的铁钢界面，向北依次布置钢、铸、轧生产线；成品下线即对接成品码头。

在原料准备区，因为工艺的需要，物料输送均采用皮带形式。为了缩短运输距离，减少由于转运带来的物料折返或迂回，也为了防止转运期间增加跌落破碎和扬尘等，在布局时，凡工序链接必采用“一站式”达到，对于各种返料同样不采用中间转运方式；对各种灰料经过论证计算，凡1.2km以内的均采用经济的气力输送，其他远距离或不适合采用气力输送的如大颗粒、高温度等，均采用封闭罐车运输。

在铁前整个物料上下交替的输送中，除按照上述“一站式”到达的原则进行设计外，生产设备生产过程中的自然搬运同样也是设计的重点考虑对象，譬如球团焙烧机的自南承接原料向北出成品的生产过程搬运以及后续的钢铸轧生产自然搬运等。

通过采取以上措施，在总图布局中坚持不落地、不折返、不迂回，坚持物料的“一站式”到达原则，总图框架发挥了地域及专业技术优势，为加强钢铁企业的强大核心竞争力提供了一个高水准的平台。

3.2 采用新型汽车运输的铁水输送方式

钢铁企业因其巨大的物流量，物料的输送方式一直以来是各家设计研究单位最为关心的问题。铁前物料因工艺要求连续稳定，采用皮带运输已成共识；钢后的物料搬运由于采用钢、铸、轧一体化，也不存在争议，唯有铁钢界面之间，目前国内分为有轨和无轨两类搬运方式。有轨的火车方式以其成熟、稳定而占据多数，但存在着占地面积大、场地分割、铁水入炉时间长、维修设施复杂等问题；另一种有轨方式以吊车、过跨车为载体，相较火车界面占地面积大大缩小且铁水运输时间短，但由于造价高、堵塞高炉转炉之间的检修通道，而且还存在着两种煤气危险源叠加问题的隐患，目前国内仅有青钢、重钢等几家使用。

事实上能否采用新型汽车运输的铁水搬运方式以改善铁钢之间的联系界面，近年来新上马的钢铁项目都进行了不同程度的探讨：曹妃甸项目经慎重研究采用了重轨、特种机车罐车的方式实现了一罐到底，缩短了铁水入炉时间；湛江项目经过反复论证，因为当时国内尚不具备生产特重型运输车的条件，而国外采购价格高昂，最后忍痛采用了鱼雷罐车。在本项目前期，山冶设计专家团队经过了一年多的研讨、计算和论证，最终确定采用无轨的铁水搬运方式，也就是被外界称为亚洲第一车的PBC-380型铁水运输专用车，如图2所示。

一是因为目前国内已经具备了生产工程所需的重载车的能力；二是借鉴以上

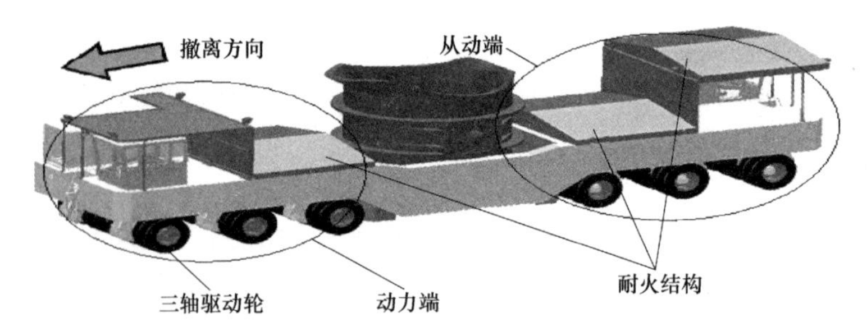

图 2　PBC-380 型铁水运输专用车示意图

项目的研究成果，经过反复比对，新型汽车运输铁钢界面具有安全性、经济性、稳定性、发展方向好等优势，而且只有采用无轨灵活的汽车联系界面才能够充分发挥后发优势，才能够设计出一个具有以下优势的钢铁联合企业。

3.2.1　节省土地

从图 3 中可以看出，如果采用火车搬运铁水的铁钢输送界面，图中左侧明显

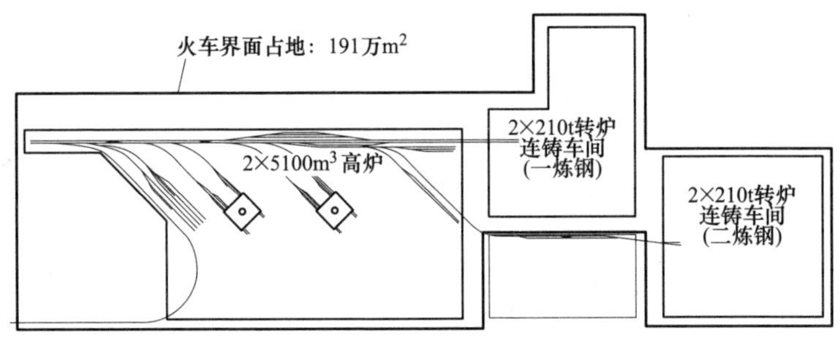

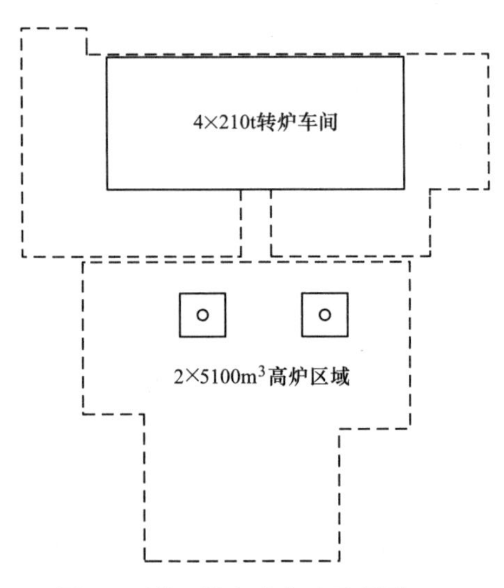

图 3　两种运输方式占地示意图

地多出了一块较大的牵出线，而且为了满足火车通行 4 座转炉还需要错位布置，又增加了南北向的用地面积。根据方案计算两个方向增加的占地面积相比汽车界面整整多出 104 万平方米。根据总的实际占地面积计算，铁路运输界面的用地指标为 0.8m²/t 钢，而汽车运输界面实际占地指标为 0.67m²/t 钢（该数据远低于国家审批钢厂要求的占地指标 0.9~1.0m²/t 钢）。

3.2.2 节省拆迁费用，项目变得更加可控

本项目由于多占用的土地位于村庄密集区，多占用的土地内涉及大河坞村、小河坞村、东湖一村和东湖二村。4 个村庄需要搬迁 2200 余户，按照 45 万元/户，仅村民的搬迁费用就需要 10 余亿元。

而汽车搬运铁水界面由于搬迁的户数减少，不仅降低了投资，也规避了搬迁过程中遇阻的风险，使项目开工建设时序更加可控。

3.2.3 节省土石方和地基处理费用

厂址所在位置原为沿海滩涂，后经多次填海造地才形成了现在的滩涂场地，场地自然标高平均低于百年一遇的洪水位标高 1m。根据地基初勘资料显示，厂址位置上部多为深度 2m 左右的不良人工土或深达 10 余米的软基。

经专家团队论证，在建构筑物对地耐力要求不高于 25t 的区域，采用复合地基处理即强夯置换方式相比进行桩基处理，不仅可节省 30%的投资，而且施工方式简单、施工速度快。具体方法为：场地上首先回填中风化强度的碎石 1m，满足企业设计百年一遇的洪涝水位 4.5m，而后添加同样强度的碎石按照 4m×4m 的间距打梅花桩或按照 3m×3m 的间隔打矩形桩，桩径 0.8m，桩长不低于 8m。根据前期的实验数据，每平方米面积约需要中风化强度的碎石 4.5~5m³。根据日照本地的市场采购价格，碎石为 41 元/m³，则每平方米的地基处理采购碎石、强夯以及检测等总费用测算约 250 元/m²，则节省的 104 万平方米土地，节省的地基处理费用为：250×1040000=26000 万元。

同时由于采用新型汽车运输的铁钢界面，其节约的土地还可同比降低道路、水沟、管线等工程费用。以道路为例，根据统计的 20 余家钢铁企业的道路、铺面占比面积，其比例一般维持在 11%~17%之间。按照节省土地 104 万平方米，取道路占总用地面积的 15%计算，可节省道路面积 15.6 万平方米，按照均价 200 元/m² 计，则节省的道路、铺面等费用为 3120 万元。

3.2.4 紧凑型布置物流费用降低，温降效益显著

本项目炼铁工艺配置为 2×5100m³ 高炉，炼钢为 4×210t 转炉。一座高炉年产铁量 405 万吨，每天出铁次数 12 次计算，每次出铁量 952.4t。按照平均出铁量 12t/min，每个铁口出铁完毕需要 80min。

由于采用了新型汽车运输铁钢界面，高炉距离转炉的垂直距离仅有 150m，铁水入炉的平均距离为 400m，而且铁水为一罐一送。按照平均出铁量 12t/min，

汽车速度 5km/h，铁水罐从开始接铁到进入炼钢车间耗时 23min；而铁水罐火车运输铁水平均距离 1.2km，生产时为一次开铁口出铁完毕，火车以 15km/h 的速度拖载一串铁水罐进入炼钢车间，接铁及运输需要耗时 81min。

根据国内东北一家大型钢铁厂一年的统计数据，铁水在罐内每分钟的温降为 0.47~0.8℃，按照铁水温降 0.5℃/min 计算，则汽车运输铁水减少的温降为：0.5×(81-23)= 29℃。根据采集的国内钢铁厂 1℃温降效益测算值：鞍钢：0.129 元/t；邯郸钢铁：0.2 元/t；福建三安钢铁：0.214 元/t；京唐钢铁：0.21 元/t；济钢：0.162 元/t 等。依据温降效益的 0.2 元/t 计算，汽车运输铁水每年的温降效益为（810 万吨/年）×29℃×0.2 元/t=4698 万元/年。

同时由于采用了新型汽车运输铁钢界面，工厂的总图布局将更加紧凑，各工序的连接更加顺畅短捷，物流成本也大大降低。仅以铁前物料输送为例，表 2 为本项目的实施数据与同类规模沿海企业的对比（长度以米计）。

表 2　铁前物料输送距离比较　　（m）

序号	比较内容	日照基地	沿海钢厂一	沿海钢厂二	沿海钢厂三	说明
1	料场—烧结皮带长度	270	435	360	304	双皮带
2	烧结—高炉皮带长度	275	610	1500	760	双皮带
3	焦化—高炉皮带长度	520	630	1300	1480	双皮带
4	以上三项皮带总长度	1065	1675	3160	2544	双皮带
5	转运次数	4	5	6	6	

从表 2 中可以看出，本项目的物料输送无论距离还是转运次数都处于低位，后发优势非常明显。因为选取的国内外几个钢铁企业规模相近，具体对本项目来讲，由于规模为铁水 810 万吨/年，年需要烧结矿 1000 万吨，焦炭 270 万吨，物料运输费用 0.80 元/(t · km)。如果按照最小差距的 610m 计算，每年的经济效益测算为：

$$1270\ 万吨 \times 0.61\text{km} \times 0.80\ 元/(\text{t} \cdot \text{km}) = 620\ 万元/年$$

3.2.5　良好的发展方向

由于采用了汽车运输铁水的新型铁钢界面，总图布局实现了紧凑型布置。全厂基本可以划分为铁前原料准备区、高炉区和钢轧区三个功能分区，3 个功能分区既完整又独立，可以采用模块化安排。未来的发展完全可以采用灵活的复制式发展（图 4）。而如果采用火车运输，由于铁水输送的限制，未来的发展无论炼钢车间还是铸铁机、修罐间的布置都只能采用穿糖葫芦式的安排，不仅限制了未来的发展方向，而且在前期的布局中不可避免地提前建设完整的铁路辅助设施，增加了企业的前期投资强度。

在本项目的总图规划实施中，除了以上借助区域优势，采用最新技术，认真规划、严格实施外，在厂区实行了标高优化、高差处理优化、综合管线优化；在

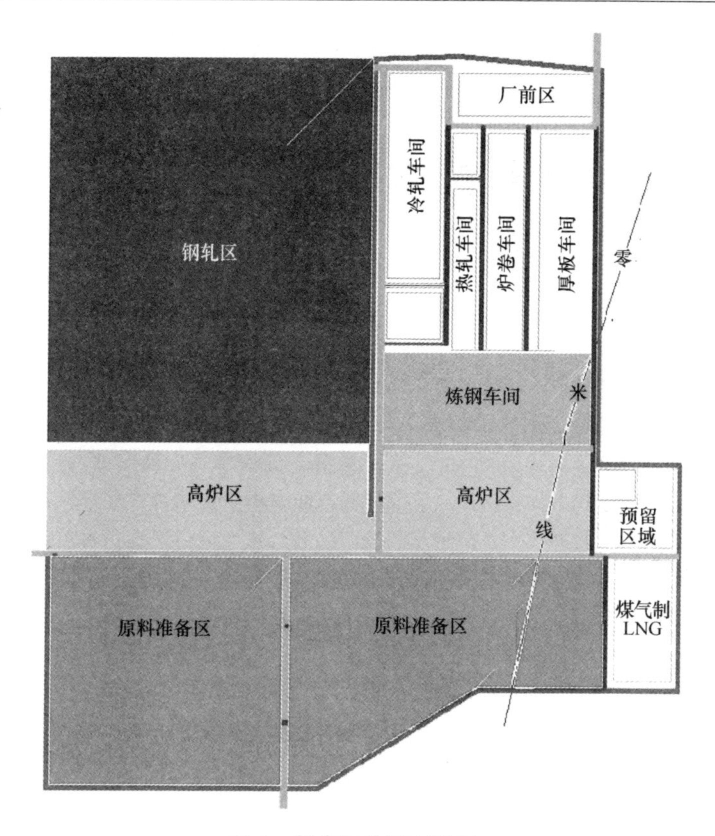

图 4 紧凑型总图布置图

根据物流合理布局道路网络，在根据车流量和载重优化路面结构等方面，同样通过严格的计算、比对，并对方案进行了十数次专题汇报和研讨，最终论证出安全、经济且与当地条件完美融合的实施方案，保证了在为企业积累势能的同时，设计产品的质量及功能双收。

特别是在规划厂区排水时，有意识地借助厂区西侧护厂河及东侧的海域，对排水系统分区计算、重点校核，确保了厂区排水系统沟短、沟浅，堵疏结合，做到小雨能存、大雨不涝，在极端情况下还有风险防范措施等。

4 结论及建议

通过以上论述，可以看出一个企业总图的诞生必须充分了解当地的区域特点，并紧紧利用其优势特点，再与时俱进地辅以最新的技术；在实施过程中坚持利用最可靠的保证实施，对新的规划布局进行全生命周期的无缝管控，才能赋予新企业厚重的势能和旺盛的生命力。让一个企业在新旧动能转换过程中，通过设计新局盘活旧局，把专业的生命力转化成企业发展的核心竞争力。

烧结工程技术特点及生产应用

吴洪勋，宋佳强，李　焱，乐建华，华旭军

摘　要：介绍了日照钢铁精品基地 500m^{2}烧结工程的技术特点及生产应用情况。该工程在工艺配置和设备选用上采用了一系列高效节能环保新技术，以适应烧结机大型化、现代化的要求。在总图布置、燃料破碎、配混系统、烧冷系统、筛分整粒、余热利用等方面进行了优化设计。节能环保方面采用了烧结选择性烟气循环、环冷机高效余热利用等先进技术。烧结车间投产以后，生产运行平稳，各项指标达到国内先进水平。一系列新技术的采用保证了烧结生产产量高、质量好、能耗低、污染小，对建设资源节约型、环境友好型大型烧结厂具有重要的指导意义。

关键词：烧结机；液密封环冷机；选择性烟气循环；余热利用；节能降耗

1　引言

为满足 2 座 5100m^{3}高炉生产“稳定、顺行、高产、低耗、长寿”对烧结矿原料的需要，配套建设 2×500m^{2}大型烧结机及其辅助设施，该工程由山冶设计设计和承建。工程在工艺配置和设备选用上采用了一系列高效节能环保新技术，以适应烧结机大型化、现代化的要求。该烧结工程多项工艺和技术在国内属于首创，达到了国内领先、国际先进的水平。

2　烧结工程技术特点

2.1　总图布置紧凑集中，简化流程降低成本

日照钢铁精品基地 2×500m^{2}烧结车间的燃料系统、配料系统、混合系统、整粒系统、余热发电系统、脱硫脱硝系统等均采用集中布置，从而节约占地面积，简化工序流程。该工程设计年产量 1117. 2 万吨，占地面积 19. 50 万平方米（含脱硫脱硝系统），吨烧结矿占地面积仅 0. 017m^2。这得益于总图的紧凑集中布置，该布置物流顺畅有序，降低工程投资和运行成本，减少劳动定员，方便生产管理和设备维护。

2.2 燃料系统紧凑布置和预筛分工艺，节能降耗且避免燃料过破碎

燃料破碎系统的设计特点主要体现在紧凑和预筛分工艺的布置形式。一方面，采用预筛分工艺，将小于3mm的筛下物作为成品直接送至配料室，尽量减少小于0.5mm粒级的含量；且预筛分后，破碎机作业率降低，达到节能的效果。另一方面，将对辊破碎机和四辊破碎机集中布置于同一个厂房内，粗碎细碎布置紧凑，缓冲仓给料仓合一，节省固定投资和占地面积，节省物料倒运的能耗，降低环境除尘的负荷，减少燃料系统岗位人员。

2.3 配料室并列布置和优化配料设备，提高配料精度稳定烧结生产

两台烧结机配料系统采用并列配料仓结构，布置紧凑便于管理。物料不同，给料方式也不同，其中混匀矿、燃料、石灰石、白云石、返矿采用带式给料机和称重皮带秤配料，生石灰采用双螺旋给料机和封闭式称重皮带秤配料，给料设备变频调速。各料仓采用称重传感器称重，可满足烧结专家系统燃料模型、返矿模型的投用要求。同时采用自动配料技术，提高配料精度，稳定生产，提高了烧结矿的产量和质量。

2.4 合理配置混合机，强化混合制粒效果

采用两段混合制粒流程，一次混合机主要作用为加水润湿，二次混合机主要作用为强化制粒。一次混合和二次混合均采用ϕ5m×23m的圆筒混合机，通用备件以降低采购成本。混合机刚性支撑、露天布置，便于大型混合机的安装和检修。

混合机采用了以下技术措施保证混合制粒效果。

（1）一次混合机变频启动，二次混合机变频运行。根据制粒情况调整二次混合机转速，提高成球率，改善混合料透气性。

（2）混合机出口设置水分控制仪，实现测水和加水的自动闭环调节，稳定混合料水分。

（3）混合用水均为80℃的热水，采用变频调速的加压水泵供水，保证供水的稳定性和准确性。

（4）二次混合机备用蒸汽预热以提高混合料料温，强化制粒效果。

（5）筒体内衬采用高耐磨自润滑稀土含油尼龙衬板，并在进料端设扬料板，防止粘料；同时一次混合机设自动清料装置。

2.5 烧结机混合料活页门液压控制技术，自动调节布料厚度

烧结机混合料槽设置了10套液压缸开启的活页门，可以通过烧结专家系统

远程设定和控制料层厚度。根据检测料层的厚度，通过液压系统自动控制活页门开度，实现布料、烧结终点和透气性的自动控制。

通过对主、辅闸门油缸的控制，实现对烧结矿料的平整度以及厚度的控制，使料层厚度保持一致。系统的主要执行及检测元件由 10 路液压缸、8 路雷达测厚传感器、9 路位移传感器等组成。主闸门油缸 2 个一组，辅闸门油缸 8 个，主闸门油缸控制总矿料的输入量，保证总矿料均匀，辅闸门油缸控制原料的厚度及平整度。8 路雷达物位仪用于检测对应辅门位置料层的厚度，测量值用于显示及反馈到 PLC，进行计算后控制 8 个辅闸门的进给量。9 路位移传感器分别给出主辅门的实际位置，用于主辅门位置的闭环控制及画面显示。

液压控制活页门如图 1 所示。

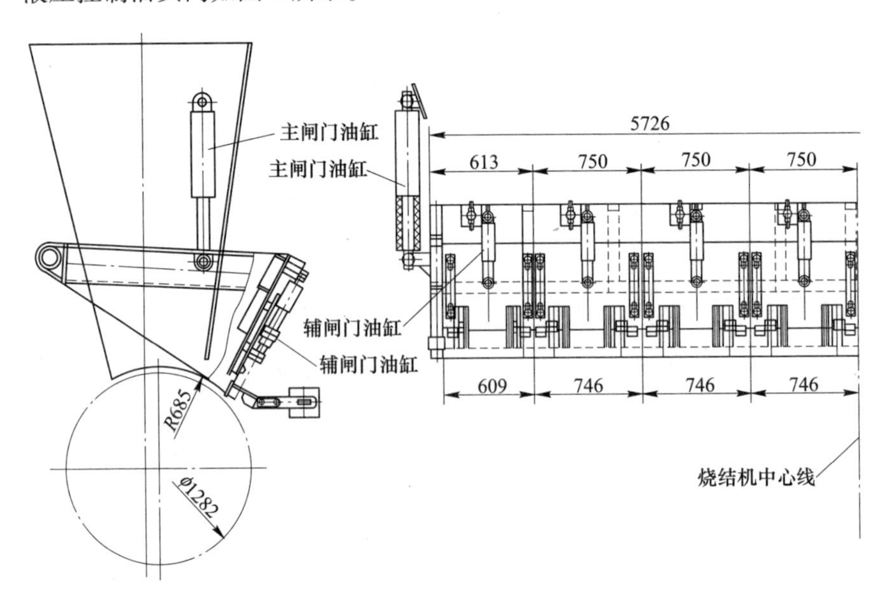

图 1　混合料槽液压控制活页门（单位，mm）

2.6　烧结机台车加宽技术，增加抽风面积提高烧结矿产量

台车加宽技术是提高烧结抽风面积、增加烧结矿产量的有效手段，该技术可在不改变烧结机机架的情况下有效提高烧结机抽风面积。台车加宽一般有两种方式，三体结构式台车常采用盲箅板式加宽方式，整体式台车一般采用通透式加宽方式[1]。本工程采用盲箅板式加宽方式，台车加宽示意如图 2 所示。

在保证轨道中心距 6305mm 不变的前提下，在宽度方向两侧加宽并安装不透风的箅条（盲箅板），台车下栏板与车体的把合面相应外移 250mm，从而将台车上部烧结宽度加宽到 5500mm，加宽部分采用直通梁结构形式固定。通过台车加

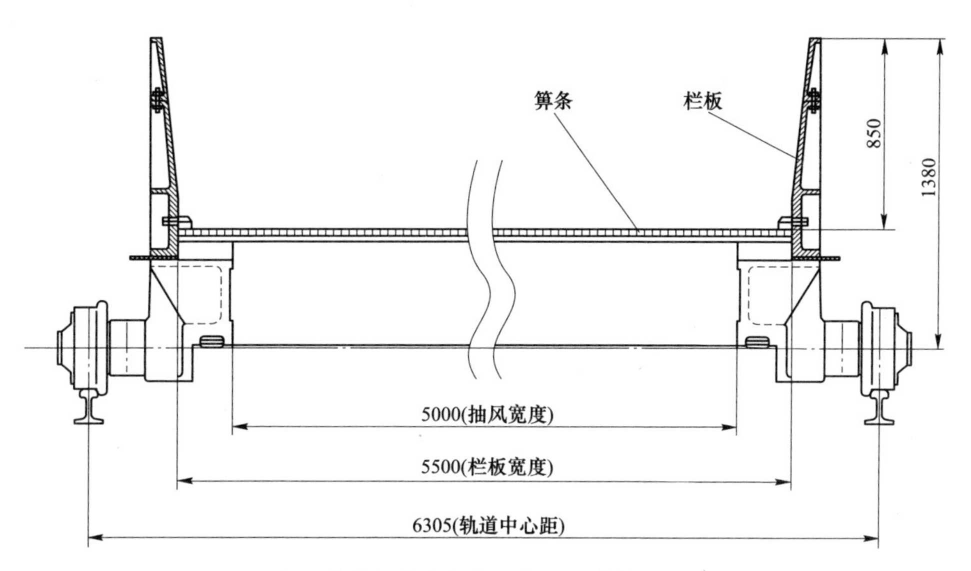

图 2　烧结机台车加宽示意图（单位，mm）

宽，烧结面积扩大 10%。台车加宽后，可明显减少台车侧壁部位的漏风量，改善烧结台车边缘效应，较少烧结返矿率，提高烧结矿产量。

2.7　环冷机水密封技术，降低烧结矿冷却风量

球团环冷机具有漏风率低、吨矿耗风量小等优点，日照钢铁精品基地成功将球团环冷机用于烧结生产，将球团环冷机技术与烧结环冷机技术有机结合，在框架结构、台车形式、上下密封、温度控制、卸料系统、冷却配风、余热收集等方面进行了全面升级和创新，主要体现在以下几个方面。

（1）将销齿传动改为摩擦传动，有效解决了环冷机大型化后销齿传动的弊端。

（2）风箱与回转框架之间采用水+橡胶密封方式，漏风率低，减少粉尘污染。水密封保证了 10%以内的超低漏风率，有效减少冷风的配入量，每吨矿（指通过环冷机的）所需冷却风量为 1800m^3（标态），比传统环冷机节省 18%。由于漏风率低，绝大部分冷风穿过料层，冷却风机出口压力降低，按 3650Pa 设计。由于冷却风机风量和风压的降低，冷却风机工作耗电降低 30%。

（3）设双层内保温台车栏板，有效控制辐射散热，提高废气温度和栏板使用寿命；同时阻挡了废热外散，避免了岗位环境的高温。

（4）台车栏板与烟罩之间采用水密封结构形式，水密封防止了罩内热废气的外泄和冷风的兑入，环冷废气的显热大幅提高，有利于余热回收，吨烧结矿发电量增加 2~3kW · h。

环冷机液密封结构如图 3 所示。

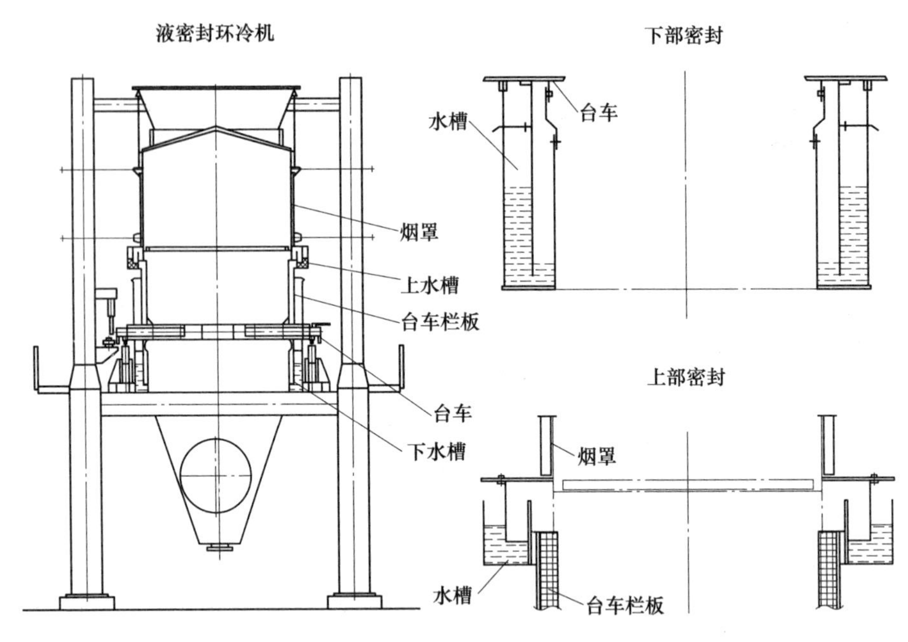

图 3 多功能液密封环式鼓风冷却机

2.8 整粒系统集中筛分工艺，降低返矿节能环保

烧结矿筛分整粒系统分为 2 个系列，共设有 4 套高效环保筛，集中在一个厂房内布置。正常生产时每台烧结机对应 2 套高效环保筛，筛分共用皮带双线设置，2 套筛分除尘各自独立。为了保证在任意一台环保筛出现故障时生产依然能够正常进行，另外离线备用 1 套环保筛。集中筛分工艺物料转运少、返矿率低、扬尘点少、节能环保、便于集中管理。

2.9 主抽风机变频运行，节能降耗

由于烧结生产不同时期漏风率不同，原燃料条件也有差异，主抽风机变频运行可适应烧结生产多种工况。选用 2 台工况风量 26000m^3/min 主抽风机，为降低运行费用，风机采用异步电机，变频控制。采用高压变频器起动和变频调速运行，合理控制主抽风机运行状态，提高烧结生产效率，节电率达到 20%左右。同时实现 2 台电机与 2 台变频器无扰切换，互为备用。

2.10 全自动化闭环控制，提高烧结生产自动化水平

烧结工艺过程采用全自动化控制，主要的闭环控制模型如下[2,3]。

2.10.1 配料优化模型

(1)基本配料判断模型。用于计算各配料品种的下料量。模型根据人工输入的烧结矿预期技术指标及其产量,结合输入的各配料品种的最大下料量,计算出对应的配料比和烧结矿的预期化学成分;并以此化学成分作为动态配料判断模型的参考值,经动态调节各品种的配比使实际化学成分逐渐逼近预期化学成分。

(2)动态配料判断模型。用于动态计算在线的配料品种和配比。模型考虑到烧结矿实际成分可能的变化,根据原料配比预测烧结矿质量,经过不断计算和调整,使预测值逐渐逼近实际值,最终得到符合高炉需求的烧结矿。

(3)原料预配料模型。原料预配料模型是对在线静、动态的配料品种及配料进行计算,控制混匀料成分,实现与烧结配料计算的动态互动。

2.10.2 燃料比率控制模型

用于烧结混合料中燃料配比的在线控制。模型在考虑燃料中的碳含量和水分的基础上,保证混合料中碳含量在一定范围内。

2.10.3 返矿比率控制模型

通过在线控制烧结混合料中配入的总返矿量,使返矿仓料位保持在一定范围内,从而实现返矿平衡,稳定生产操作。

2.10.4 混合料水分控制模型

混合料水分控制模型建立在原料平衡计算的基础上,通过输入原料的干重和湿重以及混合料的目标水分,自动计算出不同阶段混合料的加水量。

2.10.5 混合料量控制模型

将混合料槽的料位、返矿料槽的料位,以及主要配料料种的下料量统一起来考虑。当混合料槽料位高于设定范围时,混合料上料总量相应减少,铁料也相应减少;反之,料位低,则上料量增加,保持料槽料位的恒定。

2.10.6 烧结机布料控制模型

烧结机布料控制模型通过控制圆辊转速及料门开度保证混合料在烧结机台车上铺布均匀、平整,并具有适当的密实度。

2.10.7 点火控制模型

点火控制模型用于在线控制煤气和空气流量,使其达到最佳配合比,在使煤气充分燃烧的基础上使点火温度和点火强度达到预定要求。

2.10.8　烧透点偏差控制模型及烧透点控制模型

(1) 烧透点偏差控制模型。计算压入率的偏差量。此偏差量送入 L1 级布料控制模型中，通过液压控制系统调整活页门的开启度，控制下料量，以调整压入率。

(2) 烧透点控制模型。此模型利用烧结机台车速度与 BRP 的纵向位置，两者之间的关系控制台车速度，使 BRP 测定值在烧结机长度方向上的位置与 BRP 的设定值趋于一致。

烧透点偏差控制模型与烧透点控制模型配合使用，可使烧结料层透气性及垂直烧结速度得到很好的控制。

3　节能环保技术的应用

3.1　选择性烟气循环工艺，节能减排

烧结选择性烟气循环技术可有选择地将烧结废气返回点火器后的烧结机台车上部的烟罩中循环，从源头控制污染物产生和排放，可减少脱硫脱硝系统 30%~40%的烟气量，脱硫脱硝建设投资减少约 20%，脱硫脱硝运行费用减少约 15%，SO_2、NO_x 排放降低约 40%，二噁英排放降低约 70%。同时对烧结大烟道高温烟气进行余热利用，可降低固体燃料消耗约 2kg/t。

选择性烟气循环系统流程如图 4 所示。

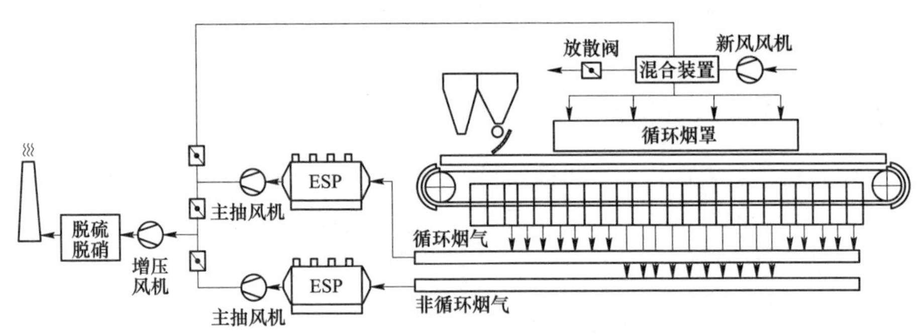

图 4　选择性烟气循环系统流程

该工艺选择烧结机头、尾部烟气进行再循环。烧结机中部的烟气作为废烟气直接排入一个烟道，经脱硫脱硝设备净化后进入烟囱排至大气中。烧结机头部和尾部的烟气排入另一个烟道，总烟气量的 30%~40%与环境空气混合，再循环至安装在烧结机台车上方的循环烟罩内，剩余部分烟气经脱硫脱硝设备净化后进入

烟囱排至大气中。

3.2 高效环冷余热利用，降低工序能耗

日照钢铁精品基地环冷机为上下水密封结构，能够很好地把烧结冷却后的热量收集起来，产生高温烟气，送入锅炉进行热交换生产中低压蒸汽。其中环冷一、二段烟气分别进入余热锅炉，一段烟气经高压过热器与二段烟气混合，经高压蒸发器、高压省煤器、低压蒸发器、凝水加热器后排出锅炉。余热锅炉出口气体经过循环风机送入环冷一、二段进行热交换。设计中压蒸汽流量63t/h，中压蒸汽压力（2.0±0.1）MPa；设计低压蒸汽流量22.2t/h，低压蒸汽压力（0.4±0.1）MPa。

为充分利用环冷机三段低温烟气余热，在环冷机上部设置烟气热水换热器，制取热网循环水，设计热网供水温度110℃，回水温度80℃，可回收热量15MW。

环冷机余热利用系统流程如图5所示。

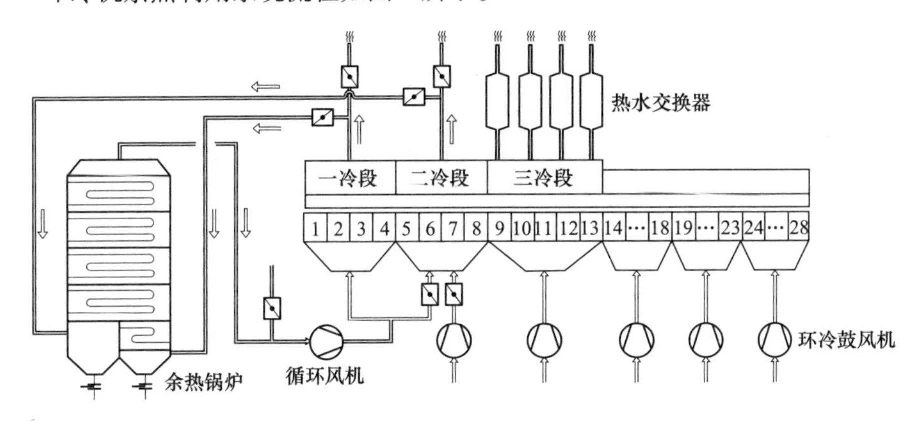

图5 环冷机余热利用系统流程

3.3 多种除尘设施应用及浓相气力输送技术，适应环保要求

两台烧结机各配有机头除尘、配料除尘、机尾除尘、筛分成品、燃料除尘、成品除尘、转运站除尘等共11套除尘系统，可很好地满足国家环保达标的要求。特别是针对一次混合机入口扬尘严重，而传统的除尘效果差的特点，设计了干雾抑尘装置进行除尘，工厂投产后，运行效果良好。整个厂区环境生产取得了很好的效果。

除尘灰气力输送可避免除尘灰转运过程中二次扬尘污染，改善工作条件和厂区环境[1]。采用浓相气力输送技术，具有密封性能好，输送效率高，输送距离远，消耗气量少，运行费用低，系统自动化程度高，运行状况动态显示，故障报

警，设有远操及手动功能，操作管理灵活、方便、可靠等优点。

4 烧结车间生产应用

日照钢铁精品基地1号500m²烧结机于2016年6月开工建设，于2017年12月13日正式投产，2号500m²烧结机于2019年3月6日投产。投产以后，生产稳定顺行，各项指标不断提升，一个月即达到设计产能。

（1）烧结机主要生产技术指标。表1为实际生产指标，各项指标达到了预期设计值。

表1 1号烧结机投产初期主要指标

利用系数 /t·(m²·h)⁻¹	作业率 /%	固体燃耗 /kg·t⁻¹	投产初期烧结矿成分/%						转鼓指数
			TFe	FeO	CaO	SiO_2	MgO	S	
1.20	92.63	53.2	56.69	9.37	10.38	5.26	1.72	0.011	80.88

（2）选择性烟气循环系统应用效果。选择性烟气循环系统投产后，各项指标均达到设计要求，烟气循环率30%以上，烧结矿产量质量未降低，固体燃料消耗降低约2kg。烟气循环系统运行稳定、调节灵活可靠，烧结生产和脱硫脱硝系统未受不良影响。表2为烟气循环系统投产后的烧结机生产指标。

表2 1号烧结机投产初期烟气循环后主要指标

烧结矿产量/t·h⁻¹		燃料消耗/kg·t⁻¹		烧结返矿比/%		循环后烧结矿成分			转鼓指数
循环前	循环后	循环前	循环后	循环前	循环后	TFe	FeO	S	
630	633	55.5	53.2	23.4	23.8	57.02	10.22	0.013	78.9

（3）环冷机余热利用系统应用效果。环冷机余热发电投产后，吨矿发电量18~21kW·h/t，最大24kW·h/t，余热回收值12kg标煤/t。余热回收量和吨矿发电量达到国内先进水平。环冷机余热利用主要指标见表3。

表3 1号环冷机投产初期余热利用主要指标

Ⅰ段烟气温度 /℃	Ⅱ段烟气温度 /℃	废气温度 /℃	中压蒸汽温度 /℃	中压蒸汽压力/MPa		中压蒸汽流量/t·h⁻¹		发电量/MW·h	
				运行	设计	运行	设计	运行	设计
410	370	120	380	1.8	2.0	60	63	15.6	15

5 结语

山冶设计吸收国内外先进烧结厂的设计经验，进行深入研究与创新，采用了多项新技术和新工艺，把日照钢铁精品基地烧结工程建设成为绿色、智能、科技型、现代化的工厂，提高了产品竞争力和工厂效益。

（1）总图布置紧凑有序，多个建筑物集中布置，节约占地面积，节省固定投资和运行成本。

（2）液密封环冷机漏风率低、废气温度高，减少烧结矿冷风配入量，提高环冷机余热利用效率。

（3）采用烧结选择性烟气循环技术、环冷机余热回收发电技术、除尘灰密相气力输灰技术等多项先进技术，减少了污染物外排、降低了工序能耗、改善了作业环境。

（4）烧结车间投产以后，烧结机运行平稳，液密封环冷机密封效果良好，烟气循环系统降低固体燃耗明显。烧结生产大型设备运行良好，没有因工艺、设备等原因出现生产停机情况，圆满实现了设计意图；一个月左右就达到了设计产能，各项生产指标达到国内领先水平，满足了高炉对优质烧结矿的需求。

（5）从烧结车间投产以后的效果看，一系列新技术的采用保证了烧结生产产量高、质量好、能耗低、污染小，为建设资源节约型、环境友好型大型烧结厂提供了重要的指导意义。

参考文献

[1] 景蔚然. 两种烧结机台车加宽形式比较［J］. 现代矿业，2017，578（6）：178~179.

[2] 朱小平. 烧结智能控制系统研究与应用［J］. 甘肃冶金，2015，37（1）：101~102.

[3] 耿丹，安钢，王全乐，等. 550m^{2}烧结机智能闭环控制系统的设计与应用［J］. 烧结球团，2010，35（4）：35~39.

5100m³ 高炉长寿综合技术的研究与应用

于国华，李庆洋，陈　诚，张向国，王　冰

摘　要：日照钢铁精品基地规划建设两座 5100m³ 高炉，设计年产铁水 810 万吨。高炉设计中采用了一系列先进的长寿技术：采用合理的高炉内型，采用薄壁结构，炉腹、炉腰及炉身下部关键部位采用铜冷却壁，炉底炉缸采用“传热法”的设计理念，选用进口优质炭砖，炉体采用全冷却结构和软水密闭循环冷却系统，设计了完善的炉体监测系统。

关键词：高炉；长寿；炉衬；冷却

1　概况

日照钢铁精品基地新建两座 5100m³ 高炉，设计年产铁水 810 万吨，高炉设计以“高效、低耗、优质、长寿、清洁”为设计理念，采用成熟可靠、节能环保、高效长寿的工艺技术装备，通过绿色化、智能化技术的使用，保证高炉项目达到设计目标。

高炉高效长寿设计的关键是高炉内型、内衬结构、冷却体系、自动化检测的有机结合[1,2]。日照钢铁精品基地 5100m³ 高炉设计一代炉役单位炉容产铁量 15000t/m³。为实现长寿目标，高炉设计中紧密围绕上述几个方面，采用了多项先进可靠的高炉长寿技术，设计中采用合理的高炉内型、炉体采用全冷却结构、科学选择高炉内衬结构及优质耐材，炉体冷却系统采用软水密闭循环冷却系统，设置完善的炉体监测系统。

2　合理的高炉内型

合理的高炉炉型是高炉煤气流合理稳定分布的基础，是实现高炉“稳定、顺行、高产、低耗、长寿”的前提条件。

2.1　高炉内型参数的确定

炉型设计建立在操作经验数据积累的基础上，根据高炉的炉料结构、原燃料条件，参照炉容相近、原料条件和操作条件相似、生产指标先进的高炉炉型，采用经验公式计算综合确定。设计采用薄壁炉衬，把高炉生产最佳时期的指标固定下来，使高炉整个炉役期都在最佳的操作炉型下生产[3]。与同级别高炉相比，日照钢铁精品基地 5100m^{3}高炉炉型更趋于矮胖。5100m^{3}高炉与国内外同级别高炉内型设计参数的对比见表 1。

表 1　5100m^3 高炉与国内外同级别高炉内型设计参数对比

项目	代号	单位	山钢高炉	沙钢	曹妃甸	宝钢 1 号	韩国唐津	切列波维茨 5 号	鹿岛 3 号
有效容积	V_u	m^3	5192	5867	5576	5047	5250	5549	5020
炉缸直径	d	mm	14600	15300	15500	14500	14850	15100	15000
炉腰直径	D	mm	16800	17500	17000	16400	17000	16500	16300
炉喉直径	D_1	mm	11000	11500	11200	10800	11100	11400	10900
高炉高度	H_u	mm	32000	33200	32800	32100	32400	34300	31800
死铁层高度	h_0	mm	3600	3200	3200	3672	3700	不详	1500
炉缸高度	h_1	mm	5400	6000	5400	5500	4900	5200	5100
炉腹高度	h_2	mm	4000	4000	4000	4400	4800	3700	4000
炉腰高度	h_3	mm	2400	2400	2500	2400	2500	1700	2800
炉身高度	h_4	mm	18000	18600	18400	17800	17700	21200	16900
炉喉高度	h_5	mm	2200	2200	2500	2000	2500	2500	3000
炉腹角	α	(°)	74.624	74.662	79.421	77.82	77.376	79.287	80.770
炉身角	β	(°)	80.848	80.879	81.085	81.06	80.538	83.141	80.923
风口数目		个	40	40	42	40	42	40	40
铁口数目		个	4	3	4	4	4	4	4
高径比	H_u/D		1.905	1.897	1.930	1.960	1.906	2.079	1.951

2.2　高炉内型的主要设计特点

（1）炉腰部位是软熔带形成区域，孔隙度最低，透气性最差，因此在炉腰区域需要将煤气流速控制相对低一些。从生产实际看，炉腰直径越大，高炉越容易接受风量，透气性越好，因此，炉腰直径大一些更有利，选择为 16.8m。

（2）适当矮胖，煤气通过能力强，有利于改善高炉的透气性，减缓高炉对焦炭质量的依赖。设计有效高度 $H_u=32.000$m，$D=16.8$m，$H_u/D=1.905$。

（3）较小的炉腹角 $\alpha=74°37'25''$，利于改善煤气流分布，稳定渣皮，延长炉腹寿命。同时改善料柱透气性，降低煤气流速，减少炉料膨胀对内衬和渣皮的摩擦力，改善风口冷却壁的工作环境。

（4）炉缸高度 5.4m，保证风口前有足够的回旋区，利于燃料的充分燃烧和改善高炉下部中心焦的透气（液）性，利于改善气体动力学条件。

（5）炉缸直径 14.6m，设 40 个风口，炉缸内相邻风口之间弦长 1146mm，从而保证燃烧带的连续。设置 4 个铁口，铁口之间夹角 81°。

（6）合理、较深的死铁层深度。死铁层深度 3600mm，与炉缸直径比为 24.7%，利于减轻铁水环流对炉缸耐材的侵蚀。死铁层深度过大，会造成铁水渗透侵蚀加剧、增加炉缸下部和炉底形成稳定保护层的难度。

3 科学选择高炉耐材结构

3.1 炉底炉缸耐材配置

目前，高炉炉底炉缸主要的耐材结构形式有“传热法”和“隔热法”两种[4]。“传热法”的理念是利用炭砖的高导热性，在铁水和炭砖间形成低导热系数的“自保护”渣铁壳，利用渣铁壳隔离渣铁与炭砖；“隔热法”的理念是通过设置陶瓷杯，以低导热的陶瓷杯直接接触铁水，利用其抗铁水侵蚀性能隔离渣铁与炭砖。两种看来似乎截然不同的设计体系，其技术原理的实质却是一致的，即通过控制 1150℃等温线在炉缸的分布，使炭砖尽量避开 800～1100℃脆变温度区间。“传热法”是将 1150℃等温线控制在“自保护”渣铁壳内；“隔热法”是将 1150℃等温线控制在陶瓷杯内。

高炉生产实践表明，两种耐材结构形式都可以达到炉底炉缸长寿的目的。但是，“隔热法”的耐材配置形式，陶瓷杯的抗铁水侵蚀性能并不能完全达到理论要求，陶瓷杯的寿命并不能达到设计寿命，最终高炉的长寿仍然要依赖于炭砖的高导热性能形成的“自保护”渣铁壳。

因此，经过考察、研究，5100m^{3}高炉最终选择“传热法”的耐材结构形式。采用数学模型进行温度场分析，优化耐材配置，采用具有高导热性、抗铁水渗透性能优异的炭砖，优化炉缸传热体系，确保 1150℃等温线远离耐火材料，形成永久性渣铁保护壳，实现炉缸耐材长寿。

3.1.1 炉底耐材配置

炉底采用德国西格里大块炭砖+陶瓷垫的结构。自下而上，炉底第一层采用 400mm 厚的西格里高导热石墨砖 RN-X，炉底第二层采用 600mm 厚的西格里微孔炭砖 3RDN，炉底第三、四层采用 600mm 厚的西格里超微孔炭砖 9RDN。第四层炭砖上砌筑陶瓷垫，陶瓷垫下层为塑性相复合刚玉砖 ZSG-2，陶瓷垫上层边缘部位为塑性相复合刚玉砖 ZSG-3，中心部位为莫来石砖 ZYM-1。在陶瓷垫之上砌筑高铝砖。整个炉底耐材，炭砖厚度 2200mm，陶瓷垫厚度 1000mm。采用“自适应操作型炉缸炉底”的设计理念，通过对炉底陶瓷垫不同区域刚玉砖的材质和结构形式进行精准设计，引导炉底向正常锅底状侵蚀趋势发展。

3.1.2 炉缸耐材配置

炉缸采用全炭砖炉缸结构形式。炉缸侧壁全部环砌德国西格里大块炭砖，材质为超微孔炭砖 9RDN。炉缸炭砖内侧铁口区域以下砌筑高铝砖，铁口区域以上砌筑致密黏土保护砖至炉腹下沿。

铁口区域：炭砖区域采用超微孔大块组合炭砖砌筑；炉缸炭砖在铁口区域加厚 450mm，平滑过渡；铁口框内及铁口通道内采用铝-碳化硅质硅凝胶结合自流浇注料。

炭砖（最上层除外）与冷却壁之间环缝填充西格里炭素捣打料 RST16 ECO，炭砖与陶瓷垫之间环缝填充西格里炭素捣打料 RST18 ECO，最上层炭砖与冷却壁之间采用碳化硅质硅凝胶结合自流浇注料。

炉底炉缸炭砖采用干砌的砌筑方式，砌筑砖缝≤0.5mm，最大程度地避免砌筑砖缝对耐材寿命的影响。

3.2 其他区域耐材配置

风口区域采用兼顾导热和耐侵蚀性能的新型刚玉复合砖砌筑，在环风口套区域采用组合砖形式。风口组合砖与风口冷却壁之间缝隙、风口套上半部与风口组合砖之间缝隙采用高导热的碳化硅质硅凝胶结合自流浇注料，既能兼顾导热性能，又能保证填充密实，防止产生气隙。风口套下半部与风口组合砖之间采用耐火缓冲泥浆，以吸收炉缸的耐材膨胀。

高炉上部炉体采用薄壁炉衬结构形式，采用镶砖冷却壁。

炉腹、炉腰、炉身中下部高热负荷区域主要受渣铁和煤气流侵蚀，在此区域的第 7~12 段铜冷却壁镶砌氮化硅结合碳化硅砖，镶砖厚度 100mm。

炉身中上部主要受炉料磨损和煤气流侵蚀，在此区域的第 13~17 段球墨铸铁冷却壁镶砌磷酸浸渍黏土砖，镶砖厚度 150mm。

冷却壁之间的横缝和竖缝采用碳化硅捣打料；冷却壁冷面与炉壳之间采用低导热硅凝胶结合自流式浇注料。并且与冷却壁安装配合施工，采用分段安装、分段浇注的方式，最大限度地保证炉体的密封性能，降低炉壳温度。

在炉腹、炉腰和炉身冷却壁（第 7~18 段）的热面喷涂耐煤气侵蚀的喷涂料。炉腰处内衬喷涂厚度 120mm，其他部位适应高炉内型。

煤气密封罩喷涂 200mm 厚的耐煤气侵蚀的喷涂料，其锚固件采用“Y”形不锈钢锚固钉，并用龟甲网进行强化，以固化喷涂料与炉壳的黏结。

4　炉体全冷却结构

高炉冷却的目的是导出内衬的热量、改善砌体的工作条件、延长炉衬的使用寿命、维持合理内型，以及保护冷却设备和炉壳。高炉冷却系统的好坏直接关系到各种冷却设备及炉衬的寿命，从而关系整个高炉的寿命[5]。

炉体设计采用全冷却壁结构，炉体100%冷却，关键部位采用铜冷却壁及优质耐材。炉体冷却系统采用联合软水密闭循环冷却系统，与传统的并联软水密闭循环冷却系统相比，能够有效利用系统背压，减少投资，降低运行费用；同时，该系统冷却效果好、安全高效，节能、自动化程度高。所有关键设备均设计较高的冷却水流速，从而保证足够的冷却强度，可以满足高炉在不同炉役时期的冷却要求。

4.1　合理选择炉体冷却设备

按照炉体各区域不同的工作条件和热负荷大小，采用不同结构形式和材质的冷却壁。

4.1.1　炉底冷却结构形式

炉底采用管径为ϕ89mm×8mm的直埋不锈钢无缝钢管作为冷却设备，平行排列布置在炉底封板以下，钢管间距300mm，共计56根。

4.1.2　炉体冷却壁形式

从炉底到炉喉钢砖下沿共设18段冷却壁。

第1~6段即风口和风口以下（铁口区域除外）采用耐热铸铁光面冷却壁。

为了更好地保护铁口，强化铁口区域的冷却效果，在铁口区域采用铸铜冷却壁，每个铁口4块，冷却壁厚度120mm。

第7~12段炉腹、炉腰和炉身下、中部高热负荷区域，采用6段轧制钻孔全覆盖镶砖铜冷却壁（其中高炉炉身铜冷却壁高度6.7m）。铜冷却壁壁体厚度125mm，镶砖为氮化硅结合碳化硅砖，镶砖厚度100mm。铜冷却壁可很好地满足高炉强化冶炼的要求，有足够的冷却强度，易在炉腹、炉腰、炉身下、中部形成渣皮以保护冷却壁和炉壳，并易于快速形成操作内型。

第13~17段，即炉身中上部，采用全覆盖镶砖球墨铸铁冷却壁。冷却壁壁体厚度240mm，镶砖为磷酸浸渍黏土砖，镶砖厚度150mm。

炉身上部第18段采用倒“C”形球墨铸铁光面冷却壁。

炉喉钢砖采用一段式水冷结构，壁体材质为耐磨合金铸钢。

除风口、铁口区冷却壁，其余部位冷却壁全部采用四进四出水管。铸铁冷却壁水管规格 $\phi 80\times 6$，轧制铜冷却壁采用双圆形复合孔通道。炉体冷热面积比（冷却水管比表面积）达到 1.15，保证炉体足够的冷却强度。

4.2 采用软水密闭循环冷却系统，强化炉体冷却

5100m^3高炉采用联合软水密闭循环冷却系统，将冷却壁（含炉喉钢砖）、炉底、风口小套、风口中套、直吹管、热风炉阀门等通过串联和并联的方式组合在一个系统中，系统总循环水量约 7200m^3/h。

联合软水密闭循环冷却系统冷却系统具有不结垢、冷却强度高、冷却效果好、运行费用低的优点。

系统具体流程（图 1）：从软水泵站出来的软水在炉前一分为二，其中炉底冷却水约 840m^3/h，冷却壁和炉喉钢砖串联管路冷却水约 6360m^3/h，两者回水进入冷却壁回水环管。从常压软水回水环管出来的软水一分为三，一部分经高压增压泵增压，供风口小套使用；另一部分经中压增压泵增压，供风口中套、直吹管、热风炉阀门等使用；两者回水与多余部分一起回到总回水管，经过脱气罐脱气和膨胀罐稳压，回到软水泵房，经过二次冷却，再循环使用。

为保证串联软水密闭循环冷却系统发挥强化冷却的作用，在高热负荷区形成渣铁凝结保护层，延长高炉寿命，并保证系统安全运行，软水密闭循环冷却系统具有如下特点：

（1）选择合适的水速。根据冷却壁的材质及热负荷不同，选择合理的水速。炉缸、炉身中上部的铸铁冷却壁水管水速 2.0m/s；炉腹、炉腰、炉身下部的铜冷却壁冷却通道水速 2.65m/s，以强化高热负荷区域的冷却。

（2）详细计算各并联支路的水头损失，并采取措施优化管路配置，保证并行冷却回路阻损基本相当，既利于系统正常运行，又使水泵升压值不致偏高，避免能耗浪费。

（3）安全措施完善。主要安全措施：供水水泵均设置两路独立电源，供水水泵组均设置备用泵组，中压软水供水泵组和高压软水供水泵组实现互为保安，冷却壁供水主泵设置备用柴油机泵，当发生停电事故时柴油机泵可带动全系统冷却水循环运行。

5 完善的炉体监测系统

完善的炉体监测系统能让操作者全面掌握炉内情况、了解炉体工作状态，进而指导高炉正常生产，延长高炉寿命。高炉设置了完善的自动化检测系统，采用

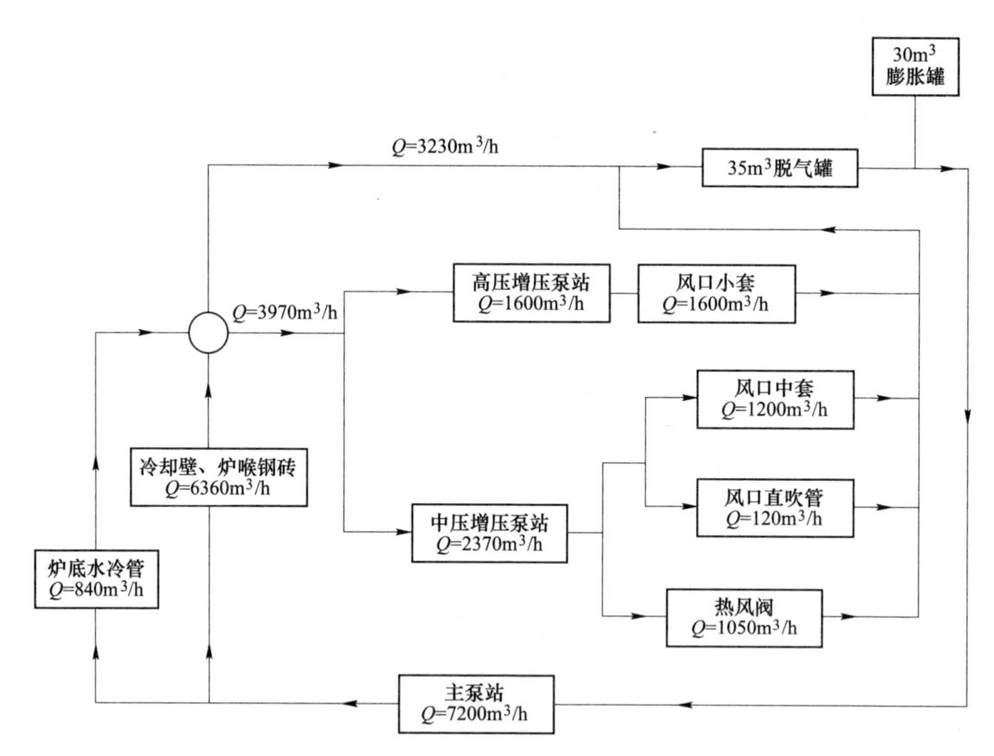

图 1　软水密闭循环冷却系统流程

了先进的可视化设备，建立了精准、全面、稳定、实时的在线安全监测预警系统，预留了高炉专家系统接口和界面。这些先进智能的仪表自动化和可视化设备的应用，为优化高炉操作、保障高炉安全稳定顺行、提高高炉寿命创造了有利条件。

（1）高炉炉衬温度监测。在高炉炉基、炉底、炉缸的不同纵向和径向位置设置 868 个温度检测点，对不同部位的耐材温度进行实时监测，并重点监测炉缸易侵蚀区域。利用检测到的温度数据建立炉底炉缸侵蚀模型，推算炉衬侵蚀情况。测温传感器采用铠装柔性热电偶，采用集中引出炉壳的方式保证热电偶的使用寿命。

（2）高炉冷却壁温度监测。主要在高炉炉腹及以上的冷却壁沿不同的纵向和径向位置设置温度检测点，进行冷却壁壁体温度的实时监测，作为判断炉况依据之一。共设置 448 个冷却壁温度检测点，并利用检测到的温度数据建立冷却壁温度分布模型。

（3）冷却水温差及热负荷监测。设置高炉冷却水温差及热负荷监测系统，在相应的进出水支管上安装温度和流量监测点，实现对炉底、炉缸、炉腰、炉腹、炉身中下部冷却壁、风口小套的水温差在线监测，并推算热负荷、操作炉型、渣皮厚度、渣皮脱落频率。该系统共设置 818 个温度检测点和 200 个流量检测点。温度传感器使用专用阻隔器，在不影响高炉正常生产的情况下可随时更换温度传感器；在非高温环境区域采用高精度无线数字水温差传感器，减少现场电缆量，减少维护量。

（4）炉体静压监测。在炉腹、炉身共设置了 4 层静压力检测，分别布置在第 8、11、13、16 段冷却壁，每层 4 点，共计 16 点。通过各点的压力值的变化，监控高炉纵向不同位置炉内煤气流压力的变化情况，为提前判断炉内局部气流的变化提供依据，减少炉况失常。

（5）冷却水监测系统。联合软水密闭循环冷却系统采用较为完善的检测和控制系统：设置软水系统温度、压力、流量的实时监测；膨胀罐水位的自动检测和控制，实现及时自动补水；膨胀罐压力的自动检测和控制，保持罐内压力恒定，从而，实现软水系统安全、可靠的运行。

6 投产后运行情况

日照钢铁精品基地 1 号 5100m^3高炉投产后，快速达产达效，炉况稳定顺行。2018 年 2 月，高炉平均日产量 11000t/d，平均焦比 320kg/t 铁，平均煤比 165kg/t 铁，指标达到国内先进水平。

高炉炉缸耐材温度检测正常，象脚区热电偶检测点的平均温度约 100℃，最高温度约 140℃（检测点位置：插入炭砖深度 300mm）。这说明高炉炉缸传热体系完善，传热通道顺畅，可以有效保证炉缸永久性渣铁保护壳的形成，与设计预期相吻合。

7 结语

合理的高炉设计是实现高炉长寿的前提条件。5100m^3高炉炉体设计采用了一系列先进、成熟、实用的技术，实现了高炉内型、内衬结构、冷却体系、自动化检测的有机结合，为高炉的稳定操作及长寿提供了优越的条件。

在先进设计理念的基础上，5100m^3高炉 EPC 项目通过合理的结构设计、优良的选材和设备质量、严格的安装和建造工艺，为高炉实现长寿打下了坚实的基础。

参考文献

[1] 张寿荣. 延长高炉寿命是系统工程高炉长寿技术是综合技术［J］. 炼铁，2002，21（1）：1~4.

[2] 张福明．我国大型高炉长寿技术发展现状［C］//2004 年全国炼铁生产技术暨炼铁年会文集，中国金属学会，2004：566~570.
[3] 项钟庸，王筱留．高炉设计——炼铁工艺设计理论与实践［M］．北京：冶金工业出版社，2014：340~358.
[4] 张福明，程树森．现代高炉长寿技术［M］．北京：冶金工业出版社，2012：95~105.
[5] 张寿荣，于仲洁．武钢高炉长寿技术［M］．北京：冶金工业出版社，2009：14~25.

清洁、高效7.3m大型焦炉的开发和应用

李俊玲

摘　要： 阐述了7.3m焦炉主要特色技术和优势。该焦炉通过采用大容积宽炭化室技术，两段加热、双联火道、废气循环、蓄热室分格、薄炉墙等低氮节能燃烧技术，四段式保护板技术，SOPRECO单孔调压技术，非对称式烟道技术，SUPRACOK焦炉二级自动化系统、焦炉机车智能作业管理系统等一系列先进技术，使焦炉氮氧化物排放浓度达到国家和山东省特别限值排放标准，焦炉炼焦耗热量达到特级炉标准，是代表世界一流工艺水平的大型绿色智能焦炉，对中国炼焦行业向大型、绿色、智能化发展具有重大现实意义。

关键词： 大型焦炉；绿色；智能；节能；环保

1　前言

伴随国家环保排放要求越来越高，焦化技术在近些年也有了较大的进步，体现在焦炉的大型化、高效化、洁净化、智能化等方面。山冶设计与意大利Paul Wurth公司联合设计开发的7.3m大型绿色智能焦炉，采用世界一流工艺和技术，是焦炉大型化、绿色化、智能化发展的先进代表之一，在焦炉炉体、焦炉机械、工艺装备、自动化和环保水平等方面达到国内领先、国际先进水平。

2　7.3m大型焦炉工艺简述

7.3m焦炉为双联火道、废气循环、两段加热、蓄热室分格、高炉煤气和空气侧入、焦炉煤气下喷、单侧烟道的复热式顶装焦炉。

7.3m焦炉主要工艺参数见表1。

表1　7.3m焦炉主要工艺参数

序号	项　　目	主要工艺参数
1	焦炉座数/座	4
2	每座焦炉炭化室孔数/孔	58
3	炭化室全高/mm	7305

续表 1

序号	项　　目	主要工艺参数
4	炭化室全长/mm	19846
5	炭化室平均宽度/mm	550
6	炭化室炉墙厚度/mm	90
7	炭化室有效容积/m^3	71.5
8	每个炭化室装干煤量/t	53.6
9	每个炭化室干全焦量/t	40.8

3　7.3m 大型焦炉主要特色技术

3.1　大容积宽炭化室技术

7.3m 焦炉炭化室平均宽度 550mm，长度 19846mm，单孔容积 71.5m^3，在同等高度系列焦炉中单孔容积最大，同等规模焦炉需要的炭化室孔数最少；同等产量的焦炉，孔数少，开关炉门的次数随之减少，无组织排放必然会降低。7.3m 焦炉与国内某大型焦化厂 7m 焦炉对比（产能按 170 万吨/年）见表 2。

表 2　7.3m 焦炉与某厂 7m 焦炉对比

序号	项　　目	7.3m 焦炉	7m 焦炉
1	炭化室有效容积/m^3	71.5	63.7
2	焦炉孔数/孔	2×58	2×65
3	每天出焦次数/次 · d^{-1}	114	132
4	每天打开泄漏口次数/次 · d^{-1}	798	924

3.2　源头控硝燃烧技术

7.3m 焦炉采用两段加热、双联火道、废气循环、蓄热室分格及薄炉墙等技术，并且采用 FAN 火焰分析系统（焦炉加热系统数据库及仿真模拟系统）分析焦炉燃烧室燃烧状况，优化焦炉炉体及加热系统设计，保证炉体高向加热均匀性，减少氮氧化物和上升管根部石墨的产生，且降低炼焦耗热量。

（1）空气分段助燃技术。7.3m 焦炉燃烧室分两段供给空气进行燃烧，与加热煤气和空气均分段供给的焦炉相比，空气两段供给方式既可达到拉长立火道火焰的目的，提高炉体高向加热的均匀性；又可降低燃烧室各燃烧点温度，减少焦炉氮氧化物和上升管根部石墨的产生。

（2）双联火道及大废气循环技术。7.3m 焦炉燃烧室由 36 个共 18 对双联火道组成，在每对立火道隔墙间上部设有跨越孔，下部设有废气循环孔，将下降火道的废气吸入上升火道的可燃气体中，起到拉长火焰作用，有利于焦炉高向加热的均匀性。

7.3m 焦炉与某厂 7.63m 焦炉炉顶空间温度对比见表 3。

表 3　7.3m 焦炉与某厂 7.63m 焦炉炉顶空间温度对比

项　目		7.3m 焦炉	7.63m 焦炉[1]
炉顶空间温度/℃	焦炉煤气加热时	<830	>850
	混合煤气加热时	<840	>865

（3）分格蓄热室技术。7.3m 焦炉蓄热室分为煤气蓄热室和空气蓄热室，蓄热室沿焦炉机焦侧方向分为 18 格，每一格蓄热室下部设可调节孔口尺寸的调节板来控制单格蓄热室的气流分布，使加热混合煤气和空气在蓄热室长向分配更加合理，燃烧室长向的气流分布更加均匀，有利于焦炉长向加热的均匀性。

（4）薄炉墙技术。7.3m 焦炉炭化室炉墙厚度设计为 90mm，薄炉墙导热性好、热效率高，降低了焦炉加热的能耗，同时降低了立火道温度，从源头上减少了氮氧化物的产生。7.3m 焦炉与其他炉型炉墙厚度、标准火道温度及烟气氮氧化物排放指标（贫煤气加热时）对比见表 4。

表 4　7.3m 焦炉与其他焦炉炉墙厚度、标准火道温度及烟气氮氧化物排放指标对比

项　目		7.3m 焦炉	7.63m 焦炉	7m 焦炉	6m 焦炉
炉墙厚度/mm		90	95	95	100
标准火道温度/℃	机侧	1236	1290	1265	1290
	焦侧	1285	1340	1315	1340
氮氧化物排放（标态）/$mg \cdot m^{-3}$		<150	400~600	400~600	500~1000

3.3　低耗炼焦技术

7.3m 焦炉优化整个燃烧系统均采用炭化室薄炉墙，有利于提高炭化室炉墙的传热速率，提高焦炉热效率[2,3]；采用的火焰分析模型、两段加热、分格蓄热室、非对称式烟道等技术，优化了焦炉高向和长向加热均匀性，降低了炼焦耗热量；采用 SUPRACOK 焦炉二级自动化技术实现焦炉加热自动控制与调节，降低了炼焦耗热量。

综合以上技术的实施，7.3m 焦炉炼焦耗热量为 2350kJ/kg（混合煤气加热），达到了中国炼焦行业协会《大容积焦炉状况等级评定标准》中规定的特级炉标准。见表 5。

表 5　特级炉炼焦耗热量指标

序号	项　　目	指　标
1	焦炉煤气加热时炼焦耗热量/kJ · kg^{-1}湿（7%H_2O）	≤2290
2	混合煤气加热时炼焦耗热量/kJ · kg^{-1}湿（7%H_2O）	≤2570

3.4　抗变形多段保护板技术

用护炉铁件系统有限元分析模型分析了焦炉炉体不同部位在煤炭干馏膨胀压力、推焦力等作用下的受力情况，可优化护炉铁件系统设计，将保护板优化设计为四段式结构，有效消除了机械应力和保护板的弯曲，最大限度地避免了保护板的变形，使保护板始终与炉体紧密贴合，有利于延长炉体寿命，杜绝炉体冒烟冒火。

3.5　单炭化室压力调节技术

单孔调压系统对每个炭化室压力进行自动调节，从而确保在装煤和结焦过程负压操作的集气管对炭化室有足够的吸力，使炭化室内压力不致过大，保证荒煤气不外泄；而在结焦末期又能保证炭化室内不出现负压，从而避免炭化室压力过大导致炉门冒烟和炭化室负压吸入空气影响焦炉寿命和焦炉窜漏；另外，替代高压氨水或蒸汽喷射消烟，省去装煤除尘地面站，可真正实现无烟装煤。

7.3m 焦炉采用的 SOPRECO 单孔调压系统为半球型回转阀结构，与其他形式单孔调压系统相比，结构简单、运行稳定可靠，采用自清洗结构免维护。SOPRECO 单炭化室压力调节阀如图 1 所示。

图 1　7.3m 焦炉 SOPRECO 单孔调压系统

3.6 非对称式烟道技术

利用流体动力学特性，根据焦炉机焦侧炭化室锥度特点，从机侧到焦侧需要更多加热煤气量且相应产生更多的废气量，将废气开闭器及烟道布置在焦炉焦侧，混合煤气及空气导入装置布置在焦炉机侧，有利于调节从机侧到焦侧各立火道的煤气流和空气流，且便于废气流的排出；另外，减少一半单侧烟道的废气开闭器和混合煤气及空气导入装置，节省设备投资。

7.3m 焦炉与其他焦炉烟道形式及特点对比见表 6。

表 6 7.3m 焦炉与其他焦炉烟道对比

项目	7.3m 焦炉	7.63m 焦炉	7m 焦炉
烟道形式	非对称式单侧烟道	普通单侧烟道	对称式双烟道
烟道特点	废气开闭器及烟道布置在焦炉焦侧，混合煤气及空气导入装置布置在焦炉机侧	废气开闭器、烟道、混合煤气及空气导入装置均布置在焦炉焦侧	焦炉机焦两侧均设有废气开闭器、烟道、混合煤气及空气导入装置

3.7 焦炉二级自动化系统

7.3m 焦炉采用 SUPRACOK 焦炉二级自动化系统，其是一套焦炉燃烧模型控制与生产优化系统，系统集数学模型和监督指导功能于一体，具有焦炉自动加热调节与控制、结焦过程监控、装煤和推焦作业计划编制及协调、与一级自动化系统和其他计算机系统进行数据通信等功能，达到如下效果：

（1）实现火道温度的全自动测量；

（2）提高炉温的稳定性；

（3）实时掌握焦炭成熟情况；

（4）实时监控高温、低温、异常炉号以及加热生产上的异常操作，为调火提供操作指导；

（5）实时监测焦饼温度，提高高向加热均匀性和横排均匀性；

（6）降低吨焦耗热量，节约加热煤气 3%～5%。

3.8 焦炉机车智能作业管理系统

焦炉机车智能作业管理系统采用码牌定位技术+无线数据通信技术。码牌技术采用射频识别方式，各炉有独立的定位标记，无累计误差，定位方法简单可靠，定位精度高，对位精度达±2mm；无线数据通信技术分别在推焦车、拦焦车、电机车、装煤车设无线通信子站，在主控室设无线通信主站，实现无线组网通信，完成四大车之间及与出焦除尘站、机侧炉头烟除尘站之间的数据交换。焦炉机车智能作业管理系统实现了四大机车的自动化生产运行和计算机生产管理，实现了焦炉机车“有人监视、全自动运行”智能化目标。

4　结语

7.3m 大容积宽炭化室焦炉采用两段加热、双联火道、废气循环、蓄热室分格、薄炉墙等低氮节能燃烧技术，抗变形多段保护板技术，SOPRECO 单孔调压技术，非对称式烟道技术，SUPRACOK 焦炉二级自动化系统，焦炉机车智能作业管理系统等一系列先进特色技术的应用，实现了焦炉最优化的设计，使焦炉氮氧化物排放浓度达到国家和山东省特别限值排放标准，焦炉炼焦耗热量达到特级炉标准，是代表世界一流工艺水平的大型绿色智能焦炉。

参考文献

[1] 谷啸，赵松靖，许标．7.63m 焦炉炉墙结石墨的原因分析及控制处理［J］．燃料与化工，2011，42（5）：32.
[2] 姚昭章，郑明东．炼焦学［M］．北京：冶金工业出版社，2005：200~201.
[3] 严文福，郑明东．焦炉加热调节与节能［M］．合肥：合肥工业大学出版社，2005：221~227.

2050mm 热连轧工程高架式设计

吴兆军，王 永，陈壮善

摘 要：2050mm 热连轧工程设计中采用了高架式设计，将热连轧生产线由主厂房内±0.0m 地坪抬高至+7.0m 平台上，与传统箱形基础设计相比减少了地下工程量，减少混凝土量，并降低通风、消防费用，厂房投资略有增加。综合起来共降低投资7000 万元，本文主要介绍该工程高架式布置的特点及影响。本工程于 2017 年 9 月热负荷试车，至今运行良好。本设计解决了传统箱形基础设计带来的挖方量大、施工量大、工期较长、投资较高、地下室环境较差等问题，为钢铁厂新建热轧宽带钢生产线提供了实用可靠、降低投资的解决方案。

关键词：热连轧；热轧带钢；高架式

1 前言

近年来国内建设的热轧宽带钢生产线一般采用箱形基础[1]，主轧线设备位于主厂房±0 地坪上，主轧线、电机跨、电气室和加热区基础设计采用超长超宽大型地下 BOX 箱形基础[2]，流体泵站、管线等位于地下约-8.0m 地下室内。当地质条件较为复杂时，会带来施工工程量大、投资高等一系列问题，地下室内的工作环境也非常差。

针对复杂地质条件下热连轧高架式布置的研究，国内仅有少量尝试，但没有得到广泛应用。据了解，日本、巴西有数条热连轧生产线采用了将主轧线抬高3~6m 的方式进行建设。

2 高架式设计特点

2050mm 热连轧工程设有主车间、电气室、水处理、制冷站、除尘等设施，其中主车间的工艺操作流程按原料区、加热区、粗轧区、精轧区、卷取区、钢卷运输区、成品区顺序进行。车间内的工艺机械设备主要包含 3 座步进梁式加热炉、定宽压力机、R_1粗轧机、E_2R_2粗轧机、边部加热器、切头飞剪、7 架精轧机、超快冷、层流冷却、3 台卷取机、电容车式钢卷运输系统等。

本工程于2016年3月开工建设，根据地勘报告，本工程区域抗浮设计水位为 -1.8m（厂内相对标高）。为降低土建地下工程的施工难度及费用，将主车间内加热区、主轧线和电机跨由厂房内±0.0m地坪抬高至+7.0m平台上（卷取区域为+4m平台），液压、润滑、除鳞泵站、管廊等设施由地下抬高到±0.0m（部分区域为-1.0m），并针对生产线抬高后的工艺机械设备、土建、流体、电气等方面进行了优化设计。

热连轧工程高架式设计范围如图1所示，传统箱形设计如图2所示。

3 高架式设计的优缺点

3.1 高架式设计的优点

（1）减少地下工程量，减少混凝土量。高架式设计减少了各种地下构筑物的开挖深度及挖方量，尤其是在基础条件不好、地下水位较高时，可有效加快施工进度。设计中将传统箱形基础优化为筏板式基础，抬高了旋流井和层流水池坑底标高，电气室取消了地下室，箱形基础内的电缆隧道优化为悬挂式电缆桥架，总体减少了混凝土及降水支护工程量。

类似热连轧工程箱形基础普遍开挖深度为-10～-12m，宽度达到34～60m（含主轧线、电机跨和电气室），长度达到400～500m，另有加热区开挖面积约80m×100m。箱形基础为了保证较大刚度，顶板厚度一般为1.2m，底板厚度一般为1.5m，外墙厚度一般为1.1m[1]。采用高架式设计后，大部分开挖深度仅需要-3～-4m，旋流井和层冷水池的开挖深度也相应减少，挖方量合计减少约18万立方米，原箱形基础外墙改为砖混结构，顶板优化为梁板式结构，顶板厚度优化为0.35～0.5m，底板厚度优化为0.8～1.0m，混凝土工程量总计可减少约4万立方米。

（2）降低通风、消防费用。传统箱形设计的地下室需要机械通风设施，采用高架式设计后流体站室大部分依靠自然通风即可满足要求。传统设计的电缆通廊优化为平台下开放通廊，降低了消防设施费用。

本工程建设中采用高架式设计带来的实际优势见表1。

3.2 高架式设计的缺点

（1）厂房投资略有增加。由于采用高架式设计后，厂房轨面标高相应提高，带来厂房投资的增加。

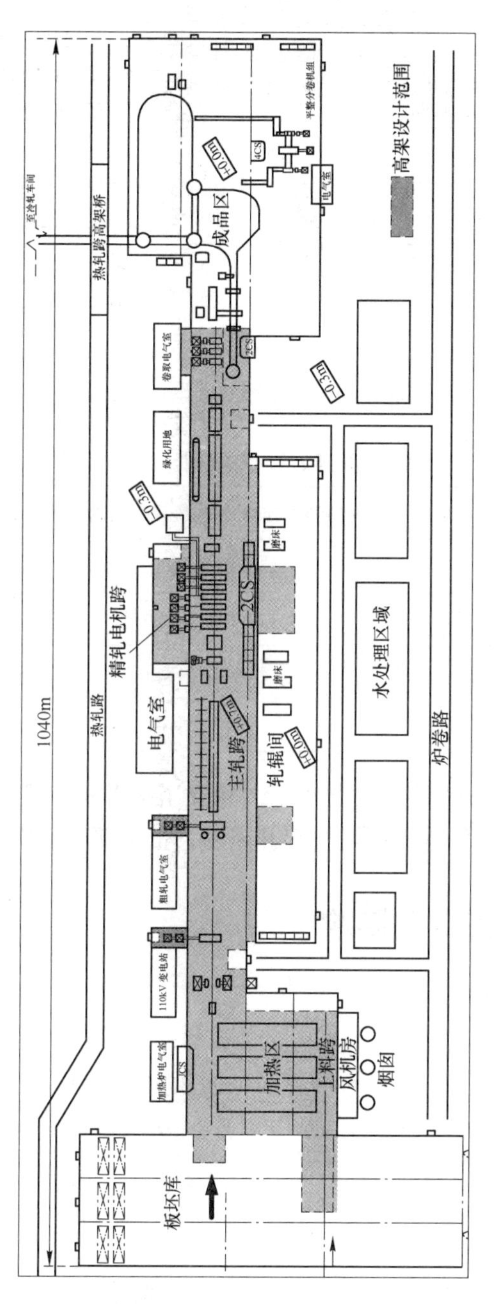

图1 热连轧工程高架式设计区域

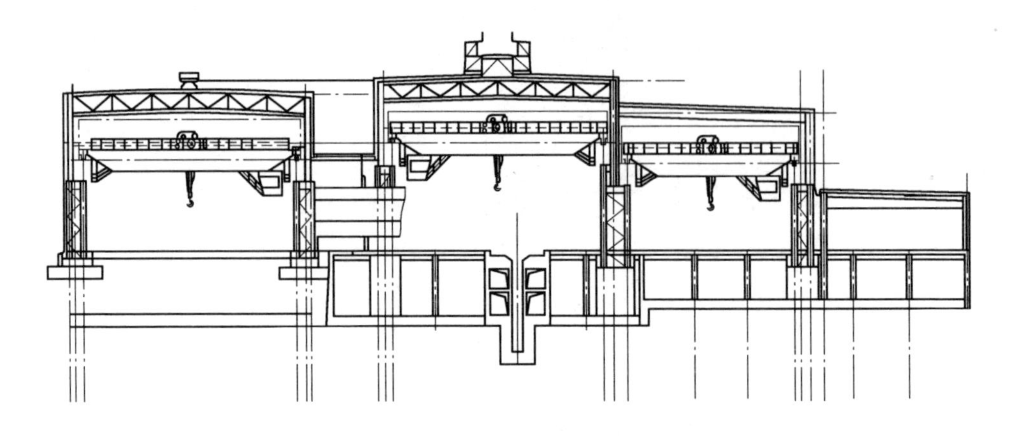

图 2　热连轧工程传统箱形基础设计剖面图

表 1　高架式设计的优势

项　目	+7.0m 高架式设计与传统箱形基础设计相比较
工程投资	减少投资 7000 万元
混凝土量	减少 4 万立方米
挖方量	减少 18 万立方米
缩短工期	约 4 个月

（2）物流量增加。采用高架式设计后，需要用提升机将连铸板坯运输到高架平台上，轧辊、备品备件等需要增加起升高度，带来部分物流量的增加。

4　高架式布置对各专业影响

4.1　工艺设备的影响

采用高架式设计后，对工艺设备的主要影响在于板坯提升、轧辊更换几个方面。本工程采用链式提升机将板坯提升 7m，该部分设备重量约 300t，轧辊间内行车装卸轧辊的效率略有降低。

4.2　土建的影响

采用高架式设计后，取消了整体式地下箱形基础，主轧跨、电机跨及电气室的钢筋混凝土外墙随之取消，底板和顶板厚度可进行优化，减少了钢筋混凝土用量，基底标高由-10m 抬至-3m 左右，可减少挖方量，也减少了降水和基坑支护费用。

高架式设计降低了土建结构的整体刚度，增大了差异沉降，本工程采取以下措施减少其影响：（1）基础采用整体筏板式基础；（2）轧机区域增强地基处理后的承载力。

4.3 厂房的影响

与传统设计相比，采用高架式设计后大部分厂房轨顶及檐口标高均有所抬高。以主轧跨为例，抬高 7m，厂房柱截面高度由 1750mm 增加至 2000mm，钢管由 ϕ450mm×8mm 增加至 ϕ600mm×8mm，围护结构檩条、墙面结构面积、钢管内灌混凝土量均增大。总用钢量增加 650t，压型钢板及门窗面积增加 1.8 万平方米。

4.4 给排水的影响

采用高架式设计后，浊环水（含层冷水）回水点标高提高，旋流井、层流水池进水点标高提高，大大的减少了土建工程量。

高架式设计后的设备用水点相应抬高，循环水回水点标高也有所抬高，水系统水泵功率总体上略有增加。

4.5 电气的影响

传统设计的电气室为地上两层结构，地下一层为电缆室，通过电缆隧道进入主车间；采用高架式设计后，电气室改为三层地上结构，二层为电缆室，通过架空电缆桥架或通廊进入主厂房，电缆隧道取消，通过电缆桥架在平台下悬挂敷设，减少了混凝土工程量，并改善了电缆敷设层的采光、通风效果。

4.6 通风的影响

传统箱形设计考虑到地下室的站室及管线无自然进风口，需设计机械进风及排风系统。

采用高架式设计后，通廊、液压、润滑站等通过门窗自然通风，同时局部设计机械排风扇。

4.7 消防的影响

采用高架式设计后，传统设计的电缆隧道改为架空敷设，减少了细水雾消防投资，同时消防分区建筑上限面积放宽。

高架式设计对各专业投资的影响见表 2。

表 2 高架式设计对各专业投资的影响

序号	专业	投资影响/万元	原 因
1	厂房	+1000	厂房变高，投资增加
2	设备基础	-5000	比箱形基础混凝土量和挖方量减少
3	土建防腐	-300	土建开挖深度变浅
4	降水及支护	-2800	
5	工艺设备	+800	增加板坯提升机
6	水处理	+100	增加水泵量程
7	通风	-200	地下室减少，通风减少
8	消防	-600	
合计		-7000	

注：+ 代表增加投资；- 代表减少投资。

5 结束语

以上主要介绍了 2050mm 热连轧工程设计中采用的高架式设计的特点及影响，采用高架式设计后工程投资得到降低，并有效加快了施工进度，本工程于 2017 年 9 月热负荷试车，至今全线运行良好。

高架式设计打破了国内热轧宽带钢生产线多采用箱形设备基础的设计模式，解决了传统设计带来的挖方量大、混凝土工程量大、降水支护困难、工期较长、投资较高、地下室环境较差等一系列问题，为钢铁厂新建热轧宽带钢生产线提供了实用可靠、降低投资的解决方案。

参 考 文 献

[1] 吴举 . 热轧箱形设备基础简化分析方法研究 [D]. 重庆：重庆大学，2008.
[2] 缪军 . 超长大体积混凝土箱型基础无缝施工技术研究 [D]. 上海：同济大学，2007.

煤气系统平衡与高效利用研究与设计

田旺远，宋开志，丛培敏，郭　亮

摘　要：日照钢铁精品基地煤气系统采用节能新技术、新工艺，改善煤气用户供气情况等措施调节系统动态平衡，同时系统还通过焦炉煤气制 LNG 及氢气、回收高炉均压煤气、设置能源管控系统等措施提高煤气利用效率及经济性，焦炉煤气精制与降低高炉煤气酸腐蚀性等源头治理措施降低了 SO_2、NO_x 排放，同时设备、管道得到有效保护，对设计中采取的措施及运行效果进行了介绍。

关键词：系统平衡；高效利用；钢化联产；能源管控

1　前言

日照钢铁精品基地（一期）项目煤气设施主要包括高炉煤气柜、转炉煤气柜、焦炉煤气柜、煤气储配站、焦炉煤气精制设施、焦炉煤气制氢及焦炉煤气制 LNG、动力管网及能源管控中心等。日照精品基地项目煤气系统设计以“资源节约型，环境友好型”作为设计原则，一是在设计中始终贯彻全局观念，首先保证煤气系统平衡稳定；二是煤气高效利用；三是节能减排，减少人员、降低劳动强度等，解决企业迈向绿色化、智能化的深层次问题。生产线投产使用两年来取得了非常好的效果。

2　煤气系统平衡与综合高效利用

2.1　煤气系统平衡措施

2.1.1　采用节能新技术新工艺，减小煤气用量

在满足用户对煤气的合理要求（热值、压力、流量及杂质含量）的前提下，合理确定煤气供应结构，充分做到煤气供应系统的经济合理性。高炉煤气首先供给热风炉、锅炉、焦炉以及热轧等用户。热轧加热炉采用蓄热燃烧新技术，纯烧高炉煤气。

为保证热连轧、炉卷、宽厚板加热炉在纯烧高炉煤气情况下能达到稳定生产，设计上均采用了蓄热烧嘴新技术，与常规加热炉相比，煤气消耗量大大减少，单蓄热加热炉煤气消耗量降低 9%，双蓄热加热炉煤气消耗量降低 15%。

日照钢铁精品基地三条热轧线共设有 8 座加热炉，合计设置蓄热烧嘴近 200 对。加热炉采用高炉煤气单蓄热和双蓄热组合建设方式，这在国内尚属首家。实践证明高炉煤气蓄热燃烧技术加热温度、加热质量可满足生产要求，大气污染物排放达标，节能效果显著，特别是单蓄热技术节能效果明显。以热连轧 2 号加热炉为例，自 2018 年 1 月热负荷试车生产以来，加热炉各段分别采用空、煤气比例调节，设定炉温自动控制，满足了轧制工艺对板坯温度均匀性的要求。根据轧制工艺要求，板坯加热温度为（1230±10）℃，实际生产因钢种不同，均热段炉膛温度控制在 1250～1280℃范围内；小时加热板坯能力达到设计产量 280t/座以上；根据初步测算氧化烧损在 1%以下。

加热炉燃用高炉煤气，降低了燃烧局部温度，NO_x 排放在 13～30mg/m^3（标态）之间，低于 150mg/m^3（标态）的标准限值，大大减少了污染物排放量。

综上所述，加热炉采用蓄热烧嘴新技术不仅在全烧高炉煤气的条件下，能满足生产要求，还能减少排污量，而且节能可观，因此该新技术具有很好的推广价值。

2.1.2　缓冲与调峰用户充分配合，调节系统动态平衡

煤气平衡不仅取决于煤气用户，还与产气设备、煤气储配、输送环节相关。本着“系统稳定就是最大的节能”“工序节能服从系统节能”理念，燃气系统设计工作树立全局观念，强化系统节能意识，以达到系统的平衡与稳定。钢铁企业燃气系统平衡、压力稳定是保证各用户稳定生产的前提条件之一。

为达到此目的，日照钢铁精品基地燃气系统设计了大容量的煤气柜及缓冲用户。燃气储存设施包括 2 座 30 万立方米高炉煤气柜，2 座 10 万立方米转炉煤气柜、2 座容积分别为 10 万立方米及 20 万立方米的焦炉煤气柜。当某一生产环节出现故障时，煤气柜储气压力与总管网压力相等，因而能自动有效地削峰填谷，减少放散，稳定压力。但煤气柜只适合在短时间内平衡管网压力，要达到系统的稳定生产，还需要配备缓冲用户来调节整个煤气系统煤气量使系统达到动态平衡。这样可以最大限度地利用煤气，提高经济效益。日照钢铁精品基地（一期）项目配置了 2 座 350MW 超临界直流循环纯凝煤气掺烧发电机组及 40MW 高温高压燃气发电机组，从而具备了煤气工艺用户消耗、自备电厂高效机组吸纳、燃气发电机组调峰及煤气柜缓冲的综合利用设施，系统压力得到了充分的保障，煤气综合利用效率大大提高。经过 2 年运行，煤气系统实现了高炉煤气放散率为 0、焦炉煤气放散率为 0、转炉煤气回收率为 100%的目标。

2.1.3 改善煤气用户供气结构，取消大型高焦煤气混合站

在现代钢铁企业中，轧钢加热炉都是靠混合煤气燃烧来提供热能的。典型的煤气加压站控制系统是将高炉煤气、焦炉煤气、转炉煤气混合加压为一体的煤气加压系统，主要负责为现代化钢铁企业中需要加热的设备（主要是加热炉）提供生产燃气，但由于生产线工况不稳经常造成用量大幅度频繁波动；同时由于气源管网方面的状况较差，煤气压力大幅波动；其波动有时频率很快，调节系统产生震荡，经常出现长时间的低压，造成混压困难，使得保压力保不了热值，保热值保不了压力，甚至造成煤气蝶阀关闭、机前负压的险兆。不稳的气源、多变的用户，使得处于中间环节的煤气混合加压站成为矛盾的集中点和保障生产质量的关键。日照基地热轧用户按照高炉煤气设计，使以上问题得到有效解决。

该系统自投运以来，在生产正常的情况下，热值稳定，完全可以满足用户的要求，达到了预期的安全生产、提高产品质量、节能降耗的目的。为所有钢厂的煤气使用提供了新思路，也为实现节能、降耗树立了榜样。

2.1.4 煤气管网环形设置

日照基地高炉、炼钢及轧线呈一字排列，煤气送到炉卷车间时已是管道末端，随着管网压力的波动，在压力较低时将影响加热炉效果。

燃气管网一般可分为环状管网和枝状管网。在环状管网中，管网中任意 2 个节点存在 1 条以上的连通路径，因此管网中用户的燃气是由 2 根以上的管道供应的；在枝状管网中任何用户的燃气流量只能由唯一的管段供应。

当环状管网中的任意一点发生断裂时，由于管网中各节点的瞬间压力不同，会重新分配各个管段中的气体流量和气体流动方向，以便保证各节点的流量供应。因此，环状管网从安全供气的角度看可靠性较高。而枝状管网中的某点若发生断裂，将会影响局部地区燃气的正常供应；特别是如果枝状管网中发生事故的管道是燃气供应干管，将会影响到更大范围的用户。

另外，环状管网中的各节点的压力较枝状管网更趋于均衡。对于管网来说，较均衡的节点压力意味着更稳定的运行工况、更安全的供气和对下一级管网设备更好的保护。因此，从管网运行工况的角度来说，环状管网方案优于枝状管网方案。日照基地项目燃气系统采用环状管网，有效解决了末端压力问题，保障了各用户尤其是管道末端各条轧线稳定生产。

2.2 煤气高效利用措施

2.2.1 焦炉煤气制 LNG 及氢气，实现钢化联产

长期以来，焦炉煤气的主要用途之一是燃烧加热。这些用途虽然利用了焦炉

煤气的热能，但其价值未得到充分体现。焦炉煤气中含有大量H_2成分，仅作为燃料烧掉是一种低效利用，为提高焦炉煤气附加值，日照基地设置焦炉煤气制LNG、制氢设施。

全厂煤气用户优先考虑使用高炉煤气、转炉煤气，替代焦炉煤气生产LNG，尾气生产无水氨。日照公司设计LNG年产能22万吨，无水氨12万吨。按照目前市场价计算，年效益达到4.5亿元。一期二步项目投产后，LNG系统每小时可处理焦炉煤气8万立方米，为公司创造了可观的经济效益。

根据冶金企业特点及氢气质量要求，冶金企业氢气制取工艺有电解水、焦炉煤气制氢等。焦炉煤气制氢工艺能耗低，一般制取每立方米氢气电耗0.4~0.5kW·h。此工艺最大的缺点是需要对焦炉煤气进行预处理，即在进入吸附塔之前要脱除焦炉煤气中的H_2S、工业萘及焦油等，否则会造成吸附剂的堵塞和中毒。项目中巧妙利用LNG系统精制气降低了系统运行费用。

2.2.2 煤气系统要节流，更要开源

低热值煤气有富余，高热值煤气却不够用，是冶金企业煤气利用过程中长期碰到的难题。最大限度地利用煤气，首先要尽可能多回收煤气，争取少放散或零放散煤气。高炉冶炼过程中，均压煤气通常是直接排入大气，不但造成污染，还白白浪费了这部分煤气资源。日照精品基地对高炉均压煤气经除尘净化后回收，均压煤气回收后，每座高炉全年可回收高炉煤气1750~2100万立方米（标态），年经济效益约200万元。

2.2.3 转炉煤气柜多种运行方式，提高经济性

转炉煤气系统设计应保证吨钢回收热值及均衡回收，减少对煤气柜的瞬间冲击或满柜放散，确保煤气系统安全运行。燃气设施设置2座10万立方米转炉煤气柜，可以单柜单独运行，也可以按照主、副柜双柜并列、直列运行。

主副柜直列运行模式可充分发挥转炉煤气非连续回收的特点，把两个柜合成一个柜使用，有效控制煤气的定向流动，在回收环节提高了煤气的缓冲能力，并提高柜内煤气向外输送的稳定性等。经过两年运行，转炉煤气回收热值均在0.70GJ/t钢以上。

2.3 煤气源头治理，绿色减排

钢铁行业推动绿色制造是系统工程，努力推进超低排放，应对整个工艺流程进行改进。基地燃气系统设计从源头上加强对污染源的控制，减少污染物的产生，实现清洁生产，促进经济效益、环境效益和社会效益的内在统一。

2.3.1 焦炉煤气精制降低SO_2、NO_x排放

传统的精制工艺是脱除焦炉煤气中的焦油、萘、HCN、硫化氢等杂质，为满

足焦炉煤气用户燃烧废气中SO_2达标排放，并防止杂质对煤气设备、管道的腐蚀与堵塞，系统采用全干法工艺脱除焦炉煤气中的焦油、萘、HCN、硫化氢、NH_3及有机硫等杂质，再供应冷轧及焦炉用户。目前冷轧连续退火炉及镀锌退火炉SO_2排放指标在7.5~24mg/m^3（标态）之间，NO_x排放指标在20~57mg/m^3（标态）之间，两项指标都低于100mg/m^3（标态）、150mg/m^3（标态）的标准限值。焦化粗苯管式炉烟囱SO_2，NO_x排放指标分别在2mg/m^3（标态）、17mg/m^3（标态）之下，低于30mg/m^3、150mg/m^3（标态）的标准限值。

2.3.2 高炉煤气管道保温并预留脱酸设施

随着高炉煤气干法除尘工艺在多个钢铁厂的推广使用，开始出现高炉煤气管道及其附件发生快速腐蚀的现象。高炉煤气管道本身金属腐蚀是化学腐蚀、电化学腐蚀、缝隙腐蚀和应力腐蚀的综合效果。在高炉煤气运行过程中因冷凝水腐蚀会造成煤气管道减薄、补偿器漏水、排水器接管窜漏、阀门腐蚀等问题，造成煤气附属设施更换频繁，严重影响了煤气设施的安全稳定运行，使高炉煤气系统运行存在安全隐患。为减小煤气中酸性成分带来的不利影响，设计中对高炉煤气管道进行了保温并预留了脱酸设施。经过两年的实际运行，保温有效降低了凝结水的析出，管道酸腐蚀现象得到有效改善。

2.4 设置能源管理系统，形成管控一体化、智慧燃气系统

为及时、准确调度，充分合理使用各种煤气，建立以计算机为中心的遥测、遥讯及遥控技术和网络通信技术，分布控制技术为主的燃气调度中心，实现了对燃气系统的实时监测、控制、调整、故障分析诊断、燃气平衡预测、系统运行优化等专家系统以及高速数据采集处理和归档。同时，日照基地强大的煤气系统调配能力还可以做到根据煤气发生源和主要用户的生产使用节奏进行动态平衡调整，发挥煤气资源的最大效率。能源中心的设置，增加了系统平衡调整能力，发挥了系统节能的作用，形成了管控一体化、智慧燃气系统。

3 结语

日照钢铁精品基地（一期）项目已运行两年，燃气系统运行效果良好。系统设计中通过各种自主集成技术的应用，解决了常规燃气系统存在的许多问题，创造了良好的经济效益与环保效益，无论是改造项目还是新建项目都具有推广价值。山冶设计将不断研究利用新的工艺技术、设备，继续推进燃气系统项目节能降耗设计工作，努力使能源各项经济技术指标不断创新，为用户可持续发展、提升企业核心竞争力再作贡献。

特大型钢铁联合企业全厂供配电系统研究

蔡峻云，马相东，李　斌

摘　要：以日照钢铁精品基地全厂供配电系统规划设计为例，详细研究分析特大型钢铁联合企业供配电系统设计的难点和优化思路。主要通过分析电源条件和项目负荷及分布，确定合理的供配电系统结构，选择合适的配电电压等级和总降及区域变电站布局：考虑以220kV总降压变电站为支撑，系统结构上主要采用以110kV电压等级深入负荷中心；结合项目实际，中压系统采用小电阻接地方式，降低过电压水平，有利于电缆的安全运行；厂区配电网络主要采用电缆敷设，电缆敷设设施以电缆隧道敷设方式为主，以架空通廊敷设方式为辅，以电缆沟敷设方式为补充的综合框架结构，采用倡导短距离供电技术；注重电源质量管理和改善措施；提高供配电网络的智能化水平，推动企业智能化电网建设。

关键词：特大型钢铁联合企业；供配电系统规划设计；负荷中心；短距离供电技术；智能化管理

1　前言

钢铁产业是我国国民经济发展的重要支柱产业和基础产业，随着国家政策调整和技术进步，淘汰能耗高、污染重、效率低的落后产能设备，置换为能耗低、高效率、无污染绿色环保型钢厂成为目前钢铁企业的发展方向。特大型钢铁联合企业一般是指年产300万~500万吨以上，生铁、钢、钢材均能生产的企业，生产工序一般包括原料、烧结、炼焦、炼铁、炼钢、连铸、轧钢等全流程生产线以及所需大公辅系统等。特大型钢铁联合企业供配电系统有着其独特的特点：用电负荷大、负荷集中、生产连续性强、对供电的可靠性和电能质量的要求高、用电设备单机容量大、冲击负荷大且三相不平衡、谐波源多、系统短路容量大、系统网络结构复杂，等等，特大型钢铁联合企业供配电系统设计需要考虑企业的重要性、规模大小、电力系统的情况与企业总图布置、建设地的自然条件以及企业的发展规划等因素，经过全面的分析和技术经济比较后确定供配电系统，以满足企业用电设备对供电可靠性和电能质量的要求。

本文以日照钢铁精品基地项目全厂供配电系统规划设计为例，详细研究分析特大型钢铁联合企业供配电系统设计和优化思路。

2 项目背景

日照钢铁精品基地项目于2013年3月1日获得国家发改委批准，是国家最后一批特大型钢铁项目，是山东省深化改革、结构调整的重点项目，是山钢集团产业调整的重要举措。项目建设规模为年产810万吨铁水、850万吨钢坯、815万吨轧材，包括综合原料场1座、50孔7.2m焦炉4座、500m^2烧结机2座、5100m^3炼铁高炉2座、4×210t转炉炼钢连铸车间1座、2050mm热轧带钢生产线1条、2030mm冷轧带钢生产线1条及带钢后处理设施、3800mm炉卷厚板生产线1条、4300mm宽厚板生产线1条，以及配套的码头和铁路运输设施、制氧厂（含2套66000m^3/h（标态）空分制氧设备和1套18000m^3/h（标态）压缩空气装置）、自备电厂和矿渣等综合利用设施及其他公用辅助设施等，属包括从原料到冷轧等多个生产车间及配套公辅设施的冶金制造长流程工艺路线。项目一期工程全厂总装机容量约计1840MW，最大电力负荷约计832.4MW，年耗电量52.96×10^8kW·h。因此，日照钢铁精品基地项目属特大型钢铁联合企业，消耗电能巨大，通过研究基地负荷需求及分布，采取经济合理的供配电技术，对满足供电可靠性和经济性要求具有重大意义。

3 建设区域外部电源条件

日照钢铁精品基地项目规划建设地点为山东省日照市岚山区经济技术开发区，日照电网处于山东电网的东南部，是山东电网的重要组成部分。现日照电网已建成以华能日照电厂和500kV日照站为支撑，通过4回500kV线路和4回220kV线路与山东电网相连。区域内日照电厂装机容量为2060MW；500kV日照站主变容量1250MV·A，供电能力约1100MW，两大电源供电能力约3100MW。为确保日照钢铁精品基地项目的用电需求，电力公司在岚山区巨峰镇西南部建设500kV巨峰站，该变电站规划安装4台1000MV·A主变，总主变容量4000MV·A，规划配出16回220kV线路提高区域电网供电能力，并由电力公司负责优化区域供电网络结构，完成相应配套电网项目建设，因此，岚山区域电网完全有能力满足日照钢铁精品基地项目发展的电力需求。

4 供配电系统规划内容

4.1 供配电系统规划考虑的因素及基本要求

一个企业的供配电系统结构的规划是一个系统工程，与国家建设的各项方针政策、企业实际情况、企业重要性、规模大小、电力系统的情况、企业总图布置、区域自然条件以及企业发展规划等诸多因素有关。供配电系统规划设计概括来说有四大方面的基本要求：第一，应能保证生产，满足用电设备对供电可靠性和电能质量的要求；第二，接线方式应力求简单可靠、操作安全、运行灵活、便于施工、便于维护、节省劳动力；第三，力求技术先进、投资少、运行经济合理；第四，便于企业发展和适当留有技术改造的可能[1]。这些要求既相辅相成，同时也存在着相互矛盾，设计过程中需要重点关注，全面平衡比较，在进行全面技术经济比较后，结合实际工程确定相对优化的方案。

4.2 供配电系统规划要点

供配电系统规划设计大的方面包括电源电压选择、总降压站数量和布局选择、区域一次配电电压选择、区域变电站数量和布局选择、总降和区域变电站主变容量和台数选择、总降和区域变电站主接线结构选择、区域供配电线路选择等几个方面。

日照钢铁精品基地项目属于超大型钢铁联合企业，电力负荷巨大，且有不少重要的一级和二级负荷，轧机主传动在咬钢和抛钢时，都会对电网产生很大的有功和无功冲击；LF 炉及整流设备均会产生高次谐波，引起电压畸变。因此，对系统电网的要求除了供电可靠外，必须有足够大的系统短路容量。

4.3 供配电电源电压等级的选择

企业供电电源电压指的是从地区电力网（变电站）至企业总降压变电站之间的供电电压，与地区电网情况及企业负荷的大小、远期发展等因素有关[2]，根据前述项目建设地的外部电源条件及项目电力负荷数据，确定山东钢铁集团日照钢铁精品基地项目外部供电电源电压等级采用 220kV 是比较合理的。

厂区一次配电电压指的是从 220kV 总降压变电站至各区域变电站之间的配电电压。根据本工程的建设规模、厂区占地面积的大小、各工艺车间的布局、供电距离及负荷大小，立足采用高电压深入负荷中心供电，以减小线路损耗、减少电缆数量以减轻电缆敷设造成的厂区路由压力，故确定本工程的厂区一次配电电压为 110kV。

厂区二次配电电压指的是从各区域 110kV 变电站至各车间变电所（电气室）之间的配电电压。厂区的二次配电电压要尽量采用高电压等级深入负荷中心，减少电压层次，降低变电损耗。大型用电设备，如大型 LF 炉、热轧主传动等，由区域变电站或由总降变电站以 35kV 及以上电压直接供电更具有优势。考虑到炼钢车间 LF 炉变压器和部分轧机主传动整流变压器一次电压为 35kV，其他多数用电负荷的电压均为 10kV 及以下，确定本工程的厂区二次供配电电压为 35kV 和 10kV。

4.4 总降压变电站设置

关于企业总降压站的设置包括数量和选址两个大的方面，对于变电站数量的选择需要考虑的因素也是多方面的，如电源条件、负荷容量和分布、可靠性要求、企业现状、基建投资、运行管理，等等，这些都是在变电站设置数量时需要关注的重要依据，而且该工作的重要性是不言而喻的，必须认真对待，因为这关乎一个企业供配电结构的整体布局，一旦形成即不可逆转，如果考虑到任何因素再去改造的话会带来更高的投资，甚至是得不偿失。

日照钢铁精品基地属特大型钢铁联合企业，电力负荷巨大，整个项目包括从原料到轧钢全工序长流程生产线，主生产厂区按照流程由南向北依次布置，南北长度超过 4km，东西向 2km 左右，局地超过 2.5km，按区域自然形成铁前区和钢轧区两大区域，根据负荷分布，设计考虑设置 2 座 220kV 总降压变电站，1 号 220kV 总降压变电站设置在铁前区负荷中心，主要承担炼铁、烧结、原料、焦化等铁前区域负荷，2 号 220kV 总降压变电站设置在钢轧区负荷中心，主要承担炼钢、轧钢等区域负荷。由于场地东侧为大海，西侧为陆地，电源方向由内陆引来，故总降压变电站设置在厂区靠近西侧边界位置，使总降压变电站选址既要在负荷中心，同时还考虑到进出线方便顺畅问题。

从外部电源结构上，为了确保基地用电负荷需要，规划设计 4 回路 220kV 电源线路由区域所在地电网公司提供，每座 220kV 变电站设置 2 回路 220kV 外部电源线路，两座 220kV 总降压变电站之间设置一条 220kV 联络线和两条 110kV 联络线；厂区内 2×350MW 自备电厂 220kV 升压站与 2 座 220kV 变电站之间均设置联络线，使厂区内 220kV 系统组成环网结构；同时，2 座 220kV 变电站 110kV 系统均以放射式供电模式为各自区域的 110kV 变电站供电，以提高企业的供电可靠性。

针对基地总降压变电站变压器台数和容量问题，我们先后对国内类似工程进行技术考察，并对基地项目各建设工序和单体工程建设资料进行全面分析和了解，对项目负荷进行精确计算，最终确定 2 座 220kV 总降变电站内均设置 3 台 200MV·A、220/110/35kV 的主变压器，220kV 系统主接线采用双母线接线，110kV 系统主接线采用双母线分段接线，35kV 系统采用单母线分段接线方式，220kV 及 110kV 系统设备均采用 SF6 全封闭组合电器（GIS），变电站以 110kV 和 35kV 电压等级分别给基地各区域电力负荷提供电源，这样，既能满足项目生产用电要求，提高供电的灵活性，又能节约项目投资和基本电费费用。

4.5 区域变电站设置

如前所述，由于大型钢铁联合企业中各分厂的电力负荷都很大，而且相对较为分散，供电距离也比较远，故考虑采用以110kV电压等级电源线路深入大型负荷中心为主，以35kV电压等级深入小容量负荷中心为辅，向负荷集中区域供电。针对山东钢铁集团日照钢铁精品基地项目情况及各工艺生产工序电力负荷，设置了11座110kV区域变电站和5座35kV区域变电站，区域变电站配置参见表1。

表1　区域变电站配置

区域变电站类型	区域变电站名称	主变容量配置
110kV区域变电站	烧结区域110kV变电站	3×50MV · A
	炼铁区域110kV变电站	4×50MV · A
	高炉鼓风机110kV变电站	3×70MV · A
	炼钢区域1号110kV变电站	2×50MV · A+1×50MV · A
	炼钢区域2号110kV变电站	2×50MV · A+1×50MV · A
	制氧110kV变电站	2×63MV · A+2×31. 5MV · A
	热轧110kV变电站	3×90MV · A
	炉卷110kV变电站	2×63MV · A
	宽厚板110kV变电站	3×70MV · A
	冷轧区域110kV变电站	3×50MV · A
	码头110kV变电站	2×50MV · A
35kV区域变电站	原料35kV变电站	2×31. 5MV · A
	焦化35kV变电站	2×31. 5MV · A
	LNG 35kV变电站	2×40MV · A+2×31. 5MV · A
	厂前区35kV变电站	2×16MV · A
	循环经济园区35kV变电站	2×25MV · A

各110kV区域变电站110kV系统根据各区域用户对供电可靠性、稳定性、灵活性的不同要求，采用线路-变压器组、双母线等接线方式，主变压器容量和台数按照常规设计理念配置，既能保证安全可靠性供电要求，又能充分节约工程投资。

4.6　自备电厂及余热余能系统接入

现代化钢铁企业具有规模大、产量高、产值大、自动化程度高、生产连续性强、用电量大、冲击负荷大等特点，随着大型钢铁企业的发展，建设企业自备电厂也是一种必然的趋势，大型钢铁企业建设自备电厂除了能够供给钢厂部分用电负荷外，还可以作为钢铁厂的保安电源。另外，现代钢铁企业具有多种利用余压、余热发电节能的发电设施，能够充分利用钢厂二次能源，降低能源消耗，提高能源利用效率，作为钢厂用电的有效补充。

为了降低产品成本、充分利用可再生能源，并提高全厂供电安全和可靠性，山东钢铁集团日照钢铁精品基地项目建设有自备电厂和余热余能发电设施，其中自备电厂总规模为2台350MW发电机，余热余能发电项目包括40MW燃气发电机组、2×35MW高炉TRT发电机组、1×36MW烧结余热发电机组、2×30MW干熄焦余热发电机组、钢轧区12MW余热蒸汽发电机组等。

对于烧结余热发电、干熄焦发电、高炉TRT发电、燃气发电、轧钢余热发电等机组，由于其发电机组相对容量比较小，按照自发自用，就地消纳的原则，设计考虑各发电机组以直配电压方式，就近接入所在区域配电网络并网发电运行，以有效提高供电可靠性、减少变压器损耗和网损。而对于2×350MW自备电厂发电机组，为了发挥其强大的自供电能力及近距离供电优势，自备电厂发电机通过升压变压器升压至220kV电压等级，直接接入基地内部220kV电网并网发电运行，达到自发自用的目的，避免远距离输电造成的线路电能损耗，同时可在外部电源故障情况下提供强大的供电保障，保证钢厂安全运行要求。

规划形成的整个厂区供配电系统网络结构如图1所示。

4.7 系统中性点接地方式选择

电网中性点的接地方式选择涉及供配电系统的可靠性、设备绝缘水平、继电保护、通信干扰、系统稳定、断路器容量等诸多问题，特别是供电可靠性和绝缘水平是重点考虑的两个方面[3]，我国电网按不同电压等级通常采用的接地方式如下[4]：

（1）220kV及以上系统：中性点直接接地方式。

（2）110kV系统：大部分中性点直接接地方式，小部分为非直接接地方式。

（3）3~60kV系统：中性点非直接接地方式。

我国钢铁企业配电系统中性点接地方式的实际应用方式也比较较多。110kV系统多为直接接地；35kV系统多为经消弧线圈接地或不接地，近年来，也有经小电阻接地；10kV（6kV、3kV）系统多为经消弧线圈接地或不接地，近年来，也有经小电阻接地；380/220V系统多为直接接地，也有不接地系统。

日照钢铁精品基地项目进线电源采用了220kV电压等级，厂内一次配电电压采用了110kV电压等级，厂内二次配电电压采用了35kV和10kV电压等级，低压系统采用380/220V电压等级，由于项目建设特点是紧凑型短流程布局方案，在整个配电网络中110kV及以下线路全部采用电缆线路敷设方式，特别是中压系统接有大量的高压电机和配网电缆线路，使系统电容电流比较高，按照对电力系统中性点接地方式选择原则，借鉴钢铁行业近几年应用经验，对各级电压系统中性点接地方式的选择确定如下：

（1）220kV系统：中性点直接接地方式。

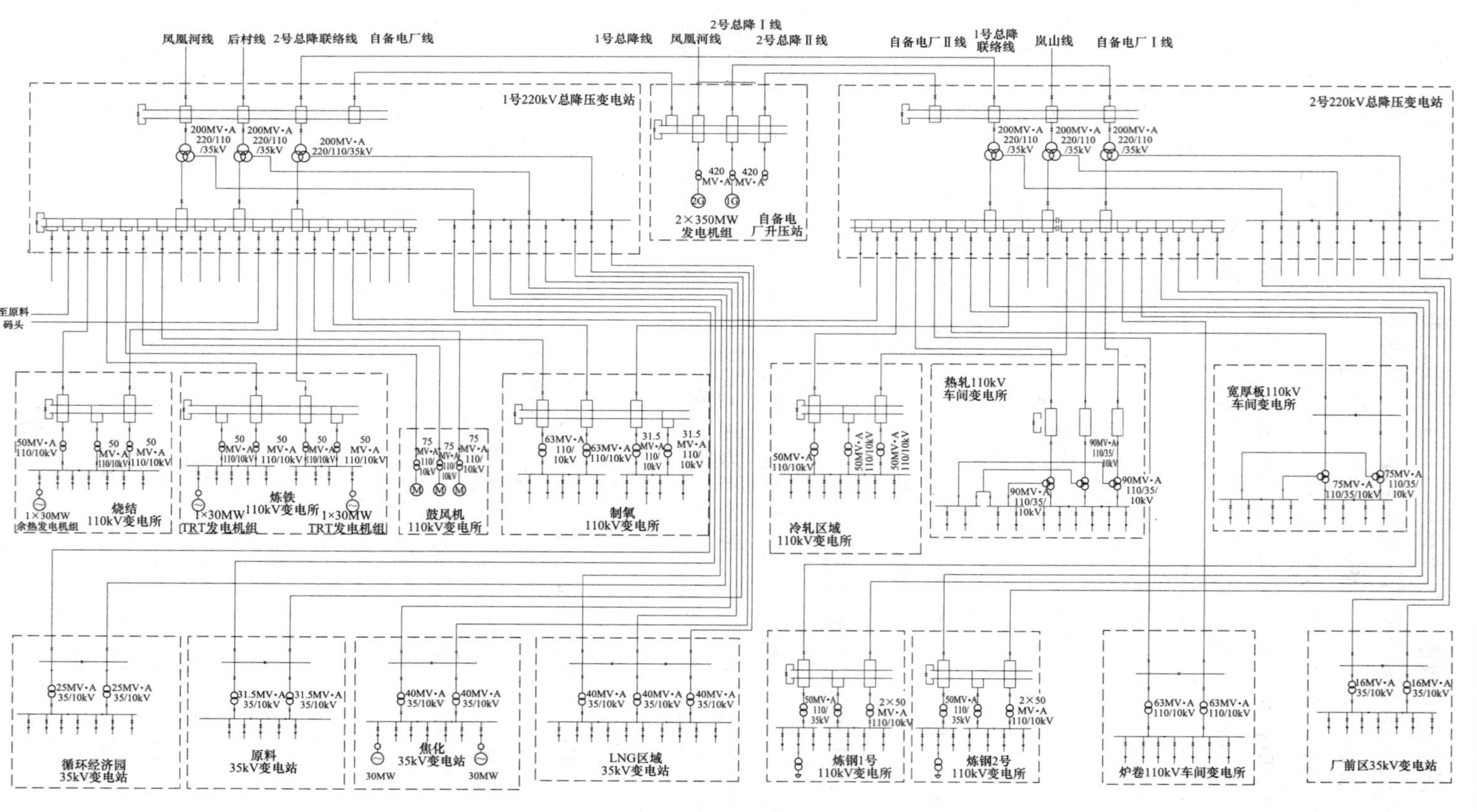

图1　供配电系统网络结构

（2）110kV 系统：中性点直接接地方式。

（3）35kV 系统：中性点电阻接地方式，阻性电流 160A。

（4）10kV 系统：中性点电阻接地方式，阻性电流 300A。

（5）380/220V 系统：中性点直接接地方式。

这样针对不同系统，从确保供电可靠性、降低系统绝缘水平、减少事故范围、确保继电保护可靠性以及工程经济性等多方面综合考虑，确定适宜的中性点接地方式。

4.8 供配电系统电源质量改善

由于日照钢铁精品基地项目建有轧钢及 LF 炉冶炼车间，有较大的有功及无功波动负荷，同时由于有大量的变流装置，将产生大量的谐波，因此基地需要设置谐波治理及无功补偿装置以满足相关国家标准和电力部门对电能质量的要求。对于基地谐波治理和无功补偿装置的设置本着就地和集中相结合的方式，对于各大型轧钢车间谐波严重的均采用就地治理、就地补偿的原则，其进线电源端的质量标准必须满足相应国家标准要求；对大型 LF 炉变压器设计考虑与其他动力及照明负荷分开，采用专用的电力变压器供电，并设置 SVC 补偿无功波动引起的电压闪变、滤掉高次谐波电流、补偿功率因数。

对于有大型同步电动机的系统，或者传动设备采用先进变频技术，设备本身为无谐波且功率因数比较高的设备，要充分合理利用其无功补偿能力，在区域内平衡，避免过补偿，节约设备投资。通过各单元的无功补偿装置设置，使基地与电力系统连接点负荷功率因数大于0.92，节约系统无功损耗，满足相关国家标准和电力部门对电能质量的要求。

4.9 供配电系统智能化管理

目前，智能电网技术是电力行业的前沿技术，国网公司正在开展智能化变电站建设，主要通过“信号采集数字化、信号传输网络化、信息共享标准化”以及后台高级应用功能来实现。为了提高全厂供配电系统的综合管理水平，设计中对全厂供配电系统按照智能化、信息化标准设计建设，在厂区骨干变电站推广应用数字化变电站技术，建设智能供配电网络，设置全厂电力自动化系统，采用智能化设备，自动化监控软件，信息化通信网络，自动完成信息采集、测量、控制、保护、计量和监测等常规功能，实现各变电站的无人值守；同时在变配电站全面采用智能传感技术和自动实时的预警机制，实现变电站一次主设备的全息监测和实时状态评价，通过在变配输电设备中安装监测电、热、力、像等传感器，经过数据信息收集、转发、上送，实现全站设备在线监测，完成监视、优化控制、安全运行、经济分析、运行管理、故障诊断等功能。通过智能变电站实时在线监测综合管理系统，可以全天候监测变配输电设备状态和变化趋势，精确判断设备运行状况，完善系统设备事故预警及处理举措，减少因人员巡检时效性、主观性导致漏检、误检造成事故扩大，提高变电站设备自动化监控水平，保证供配电系统安全可靠运行。

另外，全厂配套设有先进的电网调度自动化系统，完成各变电站遥控、遥测、遥信、遥调、遥视功能以及智能管理、智能调度、智能检测功能，实现全厂电力系统和电能综合管理，增加电能综合利用效率，确保电力系统运行安全。

4.10 厂区主干电源线路规划

特大型钢铁联合企业的厂区布置是一个庞大的工程，其中大跨距、超高超长大型厂房、高大单体设备设施和构筑物可以说是星罗棋布，物流运输通道纵横交错，区域管网十分复杂，空中有热力管道、煤气管道、氧气等燃气管道等，地下有生产生活给排水管网、消防水管网、厂区雨水排水管网等，因此，对于特大型钢铁企业厂区主干电源线路选择和规划难度十分巨大，必须进行科学的分析和综合技术经济比较。

我们在综合分析项目整体总图布置、外部电源条件和厂区内电力负荷分布情况以及区域内供配电设施布局情况后，采用了外部电源进线以架空线路为主，厂区内全部为电缆线路敷设，电缆敷设设施以电缆隧道为主，以电缆通廊为辅，局部以电缆沟敷设方式为补充的主体思路，结合厂区总降压变电站之间联络线路、自备电厂并网电源线路、各总降压变电站至各区域变电站的电源线路以及各自生产单元内部各级电源线路情况，充分优化厂区电缆敷设路由，既保证整个供电系统安全可靠，同时使各单元有机结合，通过各区域共路径敷设方式，优化电源结构，节省线路敷设工程造价，同时也方便电源线路运行维护管理工作。

5 规划设计效果

基于日照钢铁精品基地项目所处地理位置及其工序构成、负荷分布情况，设计拟研究采用短距离高压供电技术，以建造紧凑型工厂为目标，基地电源电压等级采用220kV，为基地建设2座220kV总降压变电站，同时根据区域负荷情况设置数座110kV区域变电站和35kV区域变电站，结合总图调整和优化，将220kV总降压变电站由基地厂区外围深入到基地电力负荷中心，各区域变电站兼顾总降位置和各自区域负荷中心布置，并以110kV区域变电站为主，以35kV区域变电站为辅，采用110kV和35kV电压等级深入负荷中心，通过各变电站主接线方案进行全面优化比较，既保证供电可靠性、操作灵活性，同时降低投资。厂区内配电线路工程全部采用电缆线路，保证线路占地面积小，线路路径最短，避免空间浪费，减少电缆投资，降低运行电耗。

在采用短距离高压供电技术原则下，在日照钢铁精品基地项目前期规划研讨的基础上，对日照钢铁精品基地项目全厂供配电网络进行了合理布局，对各区域变电站主接线和系统配置进行优化调整，使整个基地厂区全厂供配电系统在安全可靠、技术先进、运行灵活和经济合理等各方面做到了有机结合，为满足整个基地供电要求和提高全厂供配电系统管理水平打下坚实基础。由于220kV总降压变电站深入负荷中心，两座总降压变电站间距离缩短，使厂区内供电线路大大缩短，因此相应电缆及电缆敷设设施投资大大减少；考虑到线路建设费用节省以及因架空线路进入厂区增加线路建设费用和增加占地、绿化费用，工程总体造价可节省15225万元。同时由于厂区内线路优化后，减少了线路敷设路径，大大减少了网路电能损耗，使运行成本大大降低。

规划形成整个厂区供配电系统地理结构如图2所示。

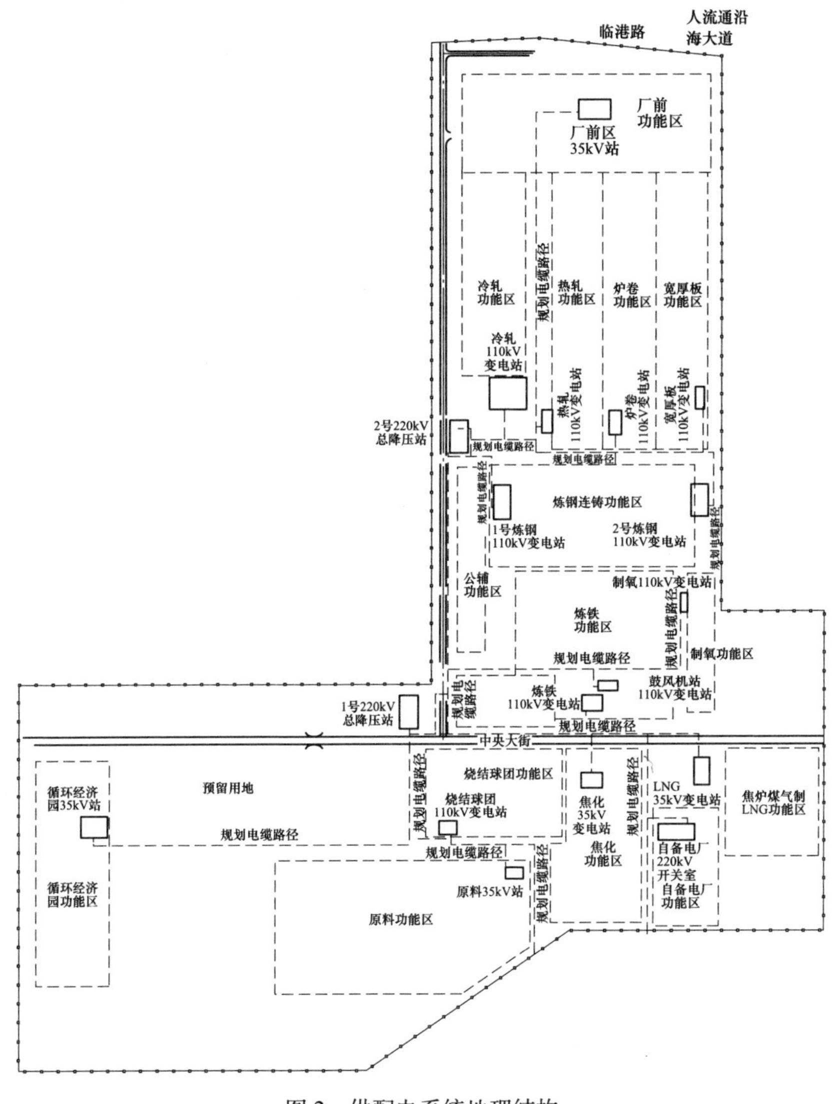

图2 供配电系统地理结构

6 结束语

日照钢铁精品基地项目全厂供配电系统设计是在勇于技术创新和设计精准化理念的指导下，经过多方考察、探讨、论证，通过对日照钢铁精品基地项目电力负荷及其分布充分研究的基础上，对全厂供配电网络进行合理分布，对各区域变电站主接线和系统配置进行优化调整，使整个基地厂区全厂供配电系统在安全可靠、技术先进、运行灵活和经济合理等各方面做到了有机结合，为满足整个基地供电要求和提高全厂供配电系统管理水平打下坚实基础，也对未来新建、扩建和旧产能升级改造特大型钢铁联合企业供配电系统规划具有借鉴意义。

参 考 文 献

[1] 钢铁企业电力设计手册编委会．钢铁企业电力设计手册［M］．北京：冶金工业出版社，1996.
[2] 电力工业部电力规划设计总院．电力系统设计手册［M］．北京：中国电力出版社，1998：145~148.
[3] 电力工业部电力规划设计总院．电力系统设计手册［M］．北京：中国电力出版社，1998：190.
[4] 钢铁企业电力设计手册编委会．钢铁企业电力设计手册［M］．北京：冶金工业出版社，1996：35~41.

日照钢铁精品基地供水及废水零排放综述

董广文，张玉卓

摘　要：介绍山钢日照钢铁精品基地供水系统、污水处理系统、浓盐水处理系统，阐述了降低生产新水用量的技术措施、全厂废水零排放的创新理念和先进技术，为实现冶金企业废水零排放进行了积极的探索。

关键词：海水淡化；R_0；浓盐水；蒸发结晶；零排放

1　前言

日照钢铁精品基地项目，位于日照市岚山工业园区中部，南临龙王河与日钢厂区隔河相对，西与G204国道毗邻，北至高旺铁矿，东临黄海。

日照钢铁精品基地设计年产铁水810万吨，粗钢850万吨，热轧钢材815万吨，选用冶金制造长流程工艺路线，建设5100m^{3}炼铁高炉2座、4×210t转炉炼钢车间1座、2050mm热轧带钢生产线1条、2030mm冷轧带钢生产线1条、3800mm炉卷厚板生产线1条、搬迁4300mm厚板生产线1条，以及配套的码头和铁路运输设施、原料制备设施、电站和矿渣等综合利用设施及其他公用辅助设施等。工程于2013年6月开工建设，2019年全部建成投产。

2　水源概况

日照市境内河流有沭河、傅疃河，多年平均降水量817.6mm，建有蓄水量3.18亿立方米的日照水库和蓄水量2.9亿立方米的陡山水库（隶属临沂市莒南县），两水库距日照钢铁精品基地直线距离分别约36km、49km。

3　供水方案

根据日照市境内水源分布情况和精品基地用水量统计，并综合考虑供水安全性、可靠性、经济性等多种因素，确定采用日照水库、陡山水库地表水源，并建设一座海水淡化厂，满足精品基地各种用水需求。

3.1 全厂生产新水用量统计

根据各生产工序情况统计生产新水用量见表 1。

表 1 生产新水用量统计

工程内容	生产新水用量/$m^3 \cdot d^{-1}$
自备电站	3840
原料场工程	360
球团工程	3360
烧结工程	5520
炼铁工程	12312
炼钢工程	9264
热轧工程	10800
冷轧工程	6264
炉卷工程	13248
宽厚板工程	11856
制氧工程	4881.6
焦炉工程	13020
合 计	94725.6

注：工业新水用量 94725.6m^3/d，未包含余热发电、焦化化产水量，折合吨钢耗新水 3.125m^3/t 钢。

3.2 全厂软化（海水淡化）水用量统计

根据各生产工序情况统计软化水、除盐水、超纯水用量见表 2。

表 2 软化（海水淡化）、除盐、超纯水用量统计

工程内容	海水淡化水 /$m^3 \cdot d^{-1}$	软化（一级 R_0）水 /$m^3 \cdot d^{-1}$	除盐（二级 R_0）水 /$m^3 \cdot d^{-1}$	超纯水 /$m^3 \cdot d^{-1}$
自备电站				1080
烧结余热发电	3600		888	
炼铁工程		160		
转炉工程		6000	1920	
加热炉余热发电	840			
干熄焦发电	3830			1560
LNG 工程			2328	1704
热轧工程			2400	

续表 2

工程内容	海水淡化水 /$m^3 \cdot d^{-1}$	软化（一级 R_0）水 /$m^3 \cdot d^{-1}$	除盐（二级 R_0）水 /$m^3 \cdot d^{-1}$	超纯水 /$m^3 \cdot d^{-1}$
冷轧工程			1680	
炉卷工程		1440		
燃气发电	4230			240
宽厚板工程		1440		
不可预测水量		720		
合计	12500	9760	9216	4584

根据精品基地用水量统计，海水淡化厂产品水主要供至烧结余热发电、干熄焦发电、加热炉余热发电、燃气发电等净循环水系统用水大户，提高循环水的水质和浓缩倍率，减少系统排污水量，从源头降低全厂污水总量，为实现废水零排放创造条件；同时将海水淡化输水管道与污水处理厂一级 R_0 产水管道联通，可作为软化水使用，并为后续除盐水生产系统提供保障用水。

3.3 供水方案

精品基地项目新水水源主要来自日照水库和陡山水库以及一座海水淡化厂。根据来水方向、厂区地形、投资、运行方式等因素综合考虑，分别在厂前区和厂西南角区建设北水厂和南水厂，其中北水厂水源来自日照水库，设计供水能力为 70000m^3/d；南水厂水源来自陡山水库，设计供水能力为 30000m^3/d；在自备电厂东侧设置一座海水淡化厂，设计供水能力为 20000m^3/d。

根据两个水库的水质、水压情况，确定日照水库来水采用长流程处理工艺，出水经新水水池储存，消毒后经泵站加压送至全厂新水管网，作为生产消防水使用。

给水处理工艺流程如图 1 所示。

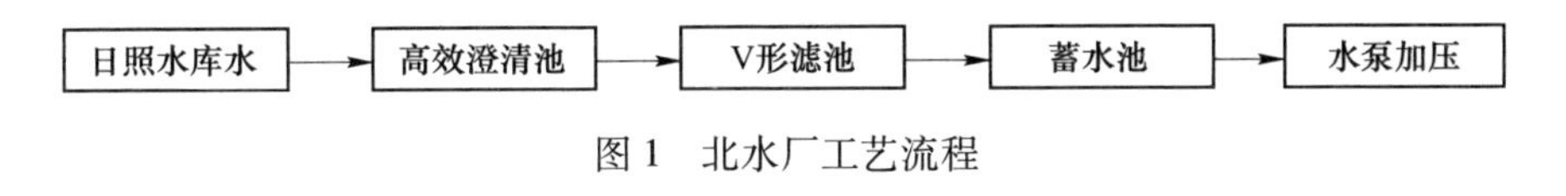

图 1 北水厂工艺流程

陡山水库来水采用短流程处理工艺，利用余压（>0.3MPa）经卧式砂滤器过滤后直接进入厂区新水管网使用，可以有效降低工程投资、节约运行费用。同时在南水厂利用地形高差建设一座容积为 15000m^3的蓄水池，作为应急保安水储水池使用，在厂区紧急状态下，保安水池水根据地形高差依靠重力快速补入生产消防水管网，保证厂区生产单元用水安全。

海水淡化厂水源采用自备电站设备海水冷却排水，经预处理及反渗透（R_0）

淡化后使用，海水淡化工艺流程如图 2 所示。

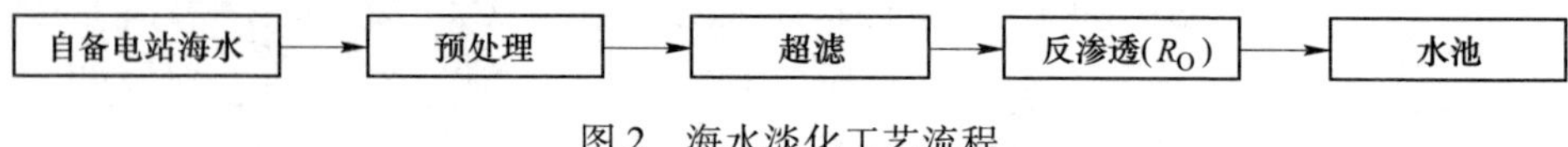

图 2　海水淡化工艺流程

产品水主要供至烧结余热发电、干熄焦发电、加热炉发电、燃气发电等用户的净循环水补充水。

以上方案实现了日照水库、陡山水库、海水淡化三水源供水模式，体现了供水的安全性、灵活性，更由于高位水池的设置，提高了全厂供水的安全性。

4　废水零排放

4.1　废水零排放背景

根据 2012 年 12 月 3 日环境保护部环境工程评估中心对《山东钢铁集团有限公司日照钢铁精品基地项目环境影响报告书》技术复核意见，确认该项目投产后的生产废水实现零排放。

4.2　全厂废水量统计

根据各生产工序情况统计全厂废水量见表 3。

表 3　生产废水量统计

工程内容	生产废水排水量/$m^3 \cdot d^{-1}$	备　注
自备电站	1070.4	
球团工程	48	
烧结工程	1152	
烧结余热发电	504	
炼铁工程	2640	
转炉工程	1056	
加热炉余热发电	24	
热轧工程	2059.2	
冷轧工程	480	
制氧工程	768	
干熄焦发电	720	
LNG 项目	1548	

续表 3

工程内容	生产废水排水量/$m^3 \cdot d^{-1}$	备 注
焦化煤气净化及制冷机	1920	
炉卷工程	3936	
燃气发电	600	
宽厚板	2712	
不可预测水量	1080	
合计	22317.6	

注：污水处理厂规模按照 30000m^3/d 设计。

4.3 全厂废水零排放处理工艺及水量平衡分析

4.3.1 废水处理工艺的确定

根据全厂废水零排放的要求，从源头上把控，对全厂废水进行分类、分质，对不同的废水采用不同的工艺分别进行处理，从而为实现全厂废水零排放创造条件。综合考虑焦化厂、冷轧厂由于废水的特殊性，确定在本工段对产生的废水进行预处理、生化处理、膜法深度处理，产生的净水补充本工段循环水系统，膜法深度处理产生的浓盐水进综合污水处理厂（浓盐水）系统进行再处理。正常循环水排污通过排水管道，直接进综合污水处理厂经预处理、深度处理，分别产生软化水、除盐水、生产新水、浓盐水，满足不同的用户需求。

废水处理工艺流程如图 3 所示。

4.3.2 创新工艺与传统处理工艺的对比

传统冶金企业综合污水处理工艺仅对原水进行一级 R_0 处理后，用于生产新水或者作为除盐水的制备水源，产生的浓盐水用于高炉冲渣或者直接外排（因一般企业没有零排放的要求），会对环境造成一定程度的污染。特别是随着 2019 年 3 月 10 日山东省地方标准《流域水污染物综合排放标准》（DB 373416.1—2018）的逐步实施，对外排浓水的含盐量提出了排水全盐量≤1600(2000)mg/L 的要求，使得外排污水更加困难。

本污水处理工艺和传统污水处理工艺相比，具有如下创新点：

（1）首次对来自焦化、冷轧的含高 COD 废水进行纳滤（NF）处理，一方面大大降低了浓盐水中 COD 含量，为后续浓盐水处理创造有利条件；另一方面把 NF 截留的含高 COD 的废水送转炉干法除尘进行高温裂解。

（2）对浓盐水再次进行 R_0 处理，从而减少了浓盐水的总量，为后续分盐创造有利条件。

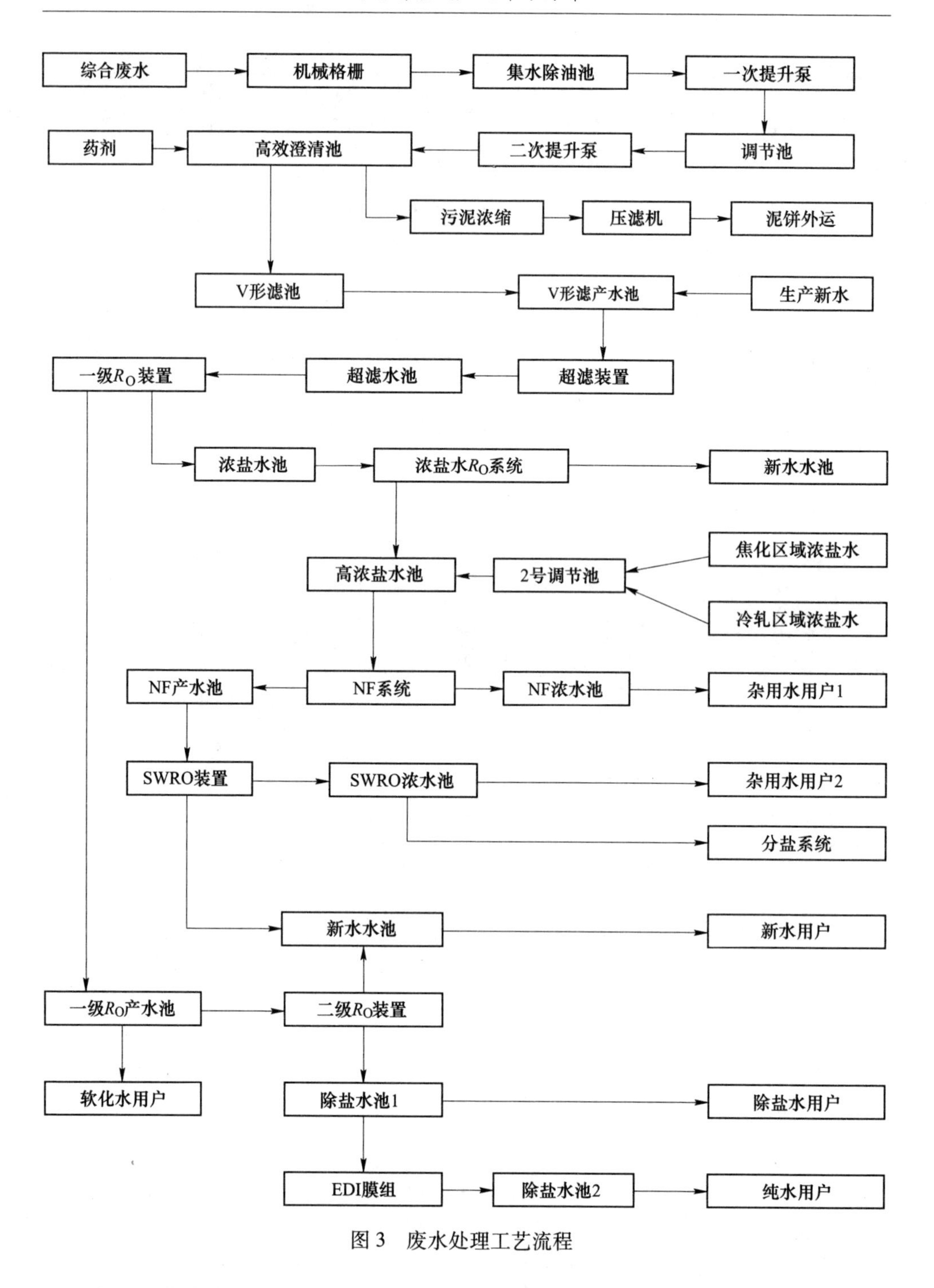

图3 废水处理工艺流程

全厂生产废水经过以上工艺处理后产生的高浓盐水，一部分补充到高炉冲渣水和炼钢闷渣系统，剩余的部分进行分盐处理，生产高纯度的氯化钠和少量杂盐，实现全厂废水零排放，提升生产绿色化率。

4.3.3 浓盐水分盐处理工艺

综合污水处理厂产生的高浓盐水量约 4000m^3/d，根据全厂废水量平衡，这部分水量完全可以通过高炉冲渣系统、炼钢闷渣系统和其他系统的补充水消耗掉；但是，由于含盐量太高（TDS 约为 20000~25000mg/L），长期使用会给相关设备的稳定运行带来影响，并给稳定生产带来隐患，因此，综合考虑各种因素，除高炉冲渣、炼钢闷渣消耗一部分水量外，对剩余的高浓盐水进行分盐处理，提盐后回用，实现全厂废水零排放。根据高浓盐水水质和经济技术比较后确定分盐处理工艺如下：

预处理—高级氧化—电渗析（DTRO）浓缩—MVR 蒸发

浓盐水处理工艺如图 4 所示。

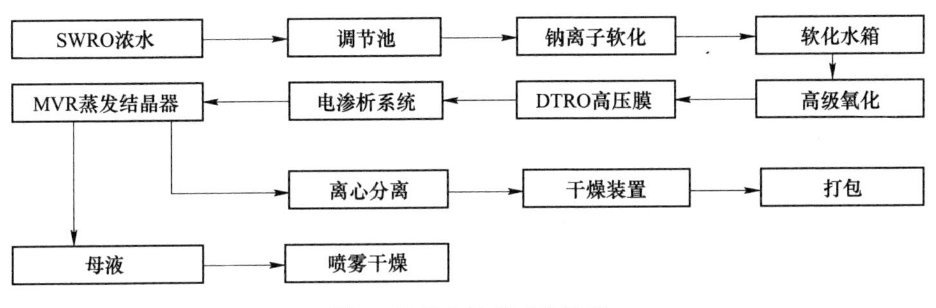

图 4 浓盐水处理工艺流程

以上分盐处理工艺的创新点主要如下：

（1）提出冶金浓盐废水进行分盐处理的先进理念并实施。

（2）首次采用高压膜和电渗析（ED）进行并（串）联浓缩工艺。

（3）首次对冶金浓盐水采用软化和高级氧化的预处理工艺。

经过分盐处理，产生约 80%的氯化钠（含量 98.5%）及 20%杂盐，实现全厂废水零排放。

5 结论

日照钢铁精品基地是全国第一家提出废水零排放的钢铁联合企业，在废水处理工艺上将冷轧和焦化浓盐水经 NF 处理后用于炼钢干法除尘喷洒是一个创新，首次采用了对废水浓盐水再次进行 R_0 浓缩处理的技术，首次在浓盐水浓缩工艺中采用了高压膜和电渗析（ED）进行并（串）联的工艺技术，是全国第一家提出对浓盐水进行分盐处理生产高纯度氯化钠的钢铁联合企业。

钢铁企业是耗水大户，如何降低生产新水耗量，实现全厂废水零排放是我们不懈的追求，通过日照钢铁精品基地的建设，有机会为实现这一目标进行一些有益的技术探索，未来还有许多关键技术有待实践验证，如何真正实现冶金企业废水零排放还有诸多困难需要克服。

参考文献

[1] 徐寿昌，等．工业冷却水处理技术［M］．北京：化学工业出版社，1984.
[2] 王苈曹，等．钢铁企业给水排水设计手册［M］．第2版．北京：冶金工业出版社，2004.

浅谈新一代钢铁流程智能制造研究与应用

万　军，常　亮，刘学秋

摘　要：本文主要介绍了对日照钢铁精品基地制造流程开展顶层设计的研究，对部分智能化生产与智能化管理技术的应用特点及效果总结，并对新一代钢铁流程智能化与绿色化协同发展的技术趋势进行展望。

关键词：流程创造；智能化生产；智能化管理；产销一体化；多业务协同

1　概述

日照钢铁精品基地采用冶金制造长流程工艺路线，包含了原燃料的输入与存配（原料场）—铁矿石还原铁水（烧结、球团、焦化、炼铁）—铁水预处理再氧化冶炼成钢水（炼钢）—钢水经过精炼凝固为表面无缺陷、内在组织和温度受控的连铸坯（连铸）—铸坯经过热轧、冷轧、热处理加工成为满足用户要求而且有市场竞争力的钢材等多道工序。在以流程智能化为目标指导下，遵循冶金流程动态-有序、协同-连续/准连续的设计理念，确定合理的生产工艺流程及系统配置，集成国际先进的成熟工艺技术，优化界面技术，实现物质流、能量流、信息流的最佳网络化，构建高品质、高效率、低成本的生产运行体系，在设计、制造、服务的全过程生命周期注重采用数字化、网络化、智能化技术。

新一代钢铁流程智能制造基于山钢集团现有制造流程的基础自动化（L1级）、过程自动化（L2 级）、生产管理自动化（L3 级）、企业管理自动化（L4级）的自动化系统架构，开展了流程创造的顶层设计，以智能制造为方向开展信息化建设，突破影响企业生产成本、质量等关键因素的信息技术瓶颈，以先进的IT 技术为支撑，搭建了以市场为导向的产销一体化系统，初步实现了集约生产、协同管控、集中一贯制、少人化或无人化等智能制造的目标。

2　对制造流程智能化研究

2.1　基于流程创造的顶层设计

以智能制造“工业 4. 0”为代表的如浦项制铁等国外先进钢企，在完成自动化、信息化的深入布局后，已经迈入钢铁流程的智能化生产模式。以《中国制造2025》为指导的如宝钢湛江为代表的国内先进钢铁精品基地以自动化、信息化的建设为基础，正在向钢铁生产的智能化进军。山钢集团充分认识到国内钢铁流程制造水平与国际一流水平在智能化的基础建设和管理流程上存在一定的差距，以《中国制造 2025》为指导，融合“工业互联网”和“工业 4.0”的特点，开展了新一代钢铁流程智能制造的探索，其核心在于流程创造和智能技术应用。

传统钢铁企业一般是先运营一段时间后再进行信息化建设，届时需再梳理、再优化管理流程（BPR，Business Process Reengineering，业务流程重组），由于流程再造遇到的阻力极大，往往难以达到预期的效果。日照精品基地作为一个全新的工厂，通过“流程创造”（BPC，Business Process Create，业务流程创造），可以较大幅度降低信息化建设实施风险，降低建设投资，取得“事半功倍”的效果。山钢集团日照公司结合精品钢制造以及临海特点，对影响生产运营的管理流程和信息化系统进行规划和顶层设计，设计出大流程 11 项，中流程 84 项，小流程 315 项。

顶层设计主要特点如下：

（1）突出销售。加强了“钢铁事业领域”的组织设计，对销售组织有较大程度地强化和细化。

（2）集中协同管理。采用“销产一体化”的思路，将营销与生产计划的组织复合设置，采用“集中一贯制”的管理思路，将人力资源、财务、设备、采购等业务进行集中管理。

（3）注重提高效率。生产经营“扁平化”，采用“一级计划”和“一级调度”，减少中间环节，最大限度提高效率。

2.2 智能制造架构

吸收“工业 4.0”CPS（Cyber-Physical System，信息物理系统）特点，将数字化、网络化、信息化技术与钢铁主工艺流程充分融合，打造由智能化生产系统和智能化管理系统组成的智能制造协同系统。

智能化生产系统由各生产单元的基础自动化和过程自动化两级构成，同步开发与三级系统的接口。系统以稳定可靠的计量、过程检测、传动与控制为基础，通过基于人工智能的软件模型实现生产过程的优化控制，指导作业。基础级自动化以“零故障、全天候、免维护”、过程级自动化以“高命中、自适应、免干预”为质量目标。

智能化生产系统满足“集中监控、扁平化管理”的管控要求。智能化管理系统由生产制造管理、企业资源管理、决策支持管理三级组成。生产制造管理又包含产销一体化、能源管理、计量、检化验、设备管理及维检、仓储等；企业资源管理又包括含 ERP、智慧物流、协同管控、专项信息支撑等；决策支持管理又包含企业经营分析、商务智能决策、企业信息门户等。

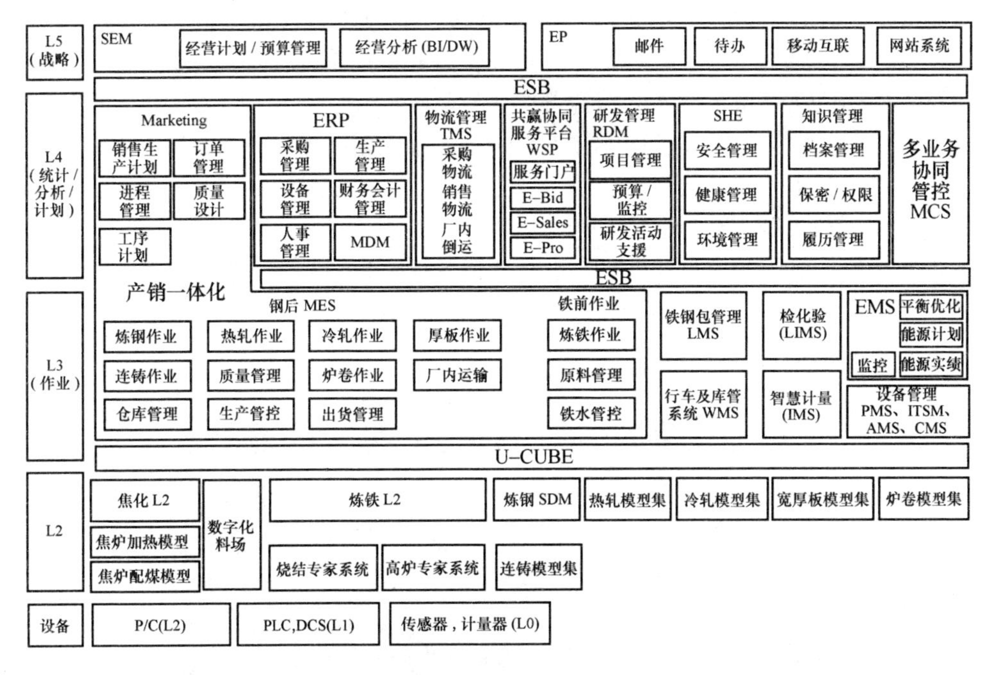

图 1 智能制造协同系统 5 级架构

智能制造协同系统的主要目标包括建设智能过程检测与执行系统、自动化系统、能源管理系统、远程计量系统、企业物联网、整体产销系统、生产能源管控大厅及数据中心等系统。采用“集中监控”与“无人化”技术，在一般值守性岗位实施集中监控；在堆取料机、高炉槽上、成品库行车等大型移动机械上实施无人化，在焦化四大机车上实施全自动运行。广泛采用安全总线、IP 软交换、音视频联动、物联网、GPS 定位、3D 可视化工厂等技术。建设完成了基于云计算技术私有云平台；搭建了基于软交换的语音交换系统；广泛推广移动互联技术，以移动信息平台为基础集成各业务系统，建设掌上工厂应用平台。

3 智能化技术的应用

3.1 新一代钢铁制造流程中的智能化生产技术

3.1.1 基于数字化平台的原料场无人驾驶集中操控技术

传统原料场料堆信息不能实时跟踪，需要定期进行人工盘库，同时采取的人工驾驶方式使司机身处粉尘、噪声环境，精神紧张，设备运行全靠手动调整，运行不如全自动化控制顺畅、稳定，不利于设备保养。日照精品基地原料场以“智慧物流”为建设理念，运用各种信息设备、智能设备、自动化设备作为采集手段，将各类智能化专业子系统资源整合成智慧的集控系统，实现物料信息、设备信息、操作信息集中于一体的综合管理监控。

原料场流程突破了设备碰撞技术、料堆三维模型技术、设备运转精确定位技术等难点，应用了防碰撞设备（雷达、微波光栅、机械开关）及报警程序、利用 3D 激光扫描仪与堆场管理系统（盘库系统）进行数据交互，利用数学算法，进行实时堆料建模和取料建模。实现了堆取料机全自动无人驾驶、料堆实时自动盘库、主控室集中远程监管控制等智能化功能。移动设备的视频数据通过 5G 通讯方式传输也得到了可靠验证。

图 2　料堆三维建模图

3.1.2　以无人行车为代表的产品库区智能管理系统

智能库区管理系统，利用行车定位系统实现物料的精准定位，实时更新库区的库位信息；可根据订单计划、物料堆放等规则，减少倒库、倒卷操作，同时优化吊运指令，实时发送指令给行车驾驶员。主要功能包括物料堆放管理（位置优化）、库区设备管理、设备跟踪管理以及行车命令管理等，具备远程监控功能，可以通过网络远程对库区库存状况及行车运行情况进行查询。实现了行车从 1 代（手动）向 2 代（库区自动化）和 3 代（行车无人化）的跨越，填补了山东省行车无人化技术实施与应用的空白。

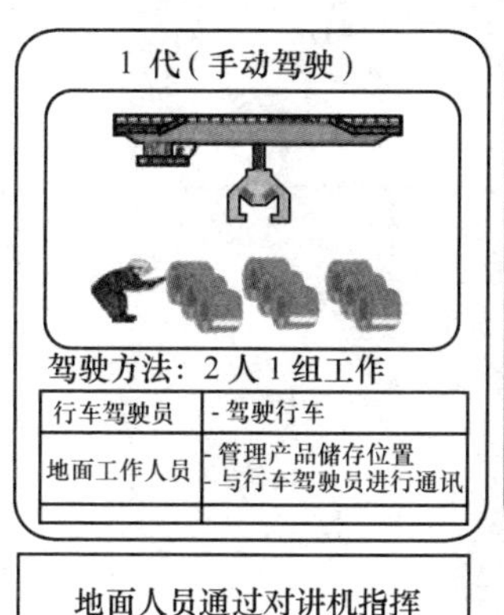

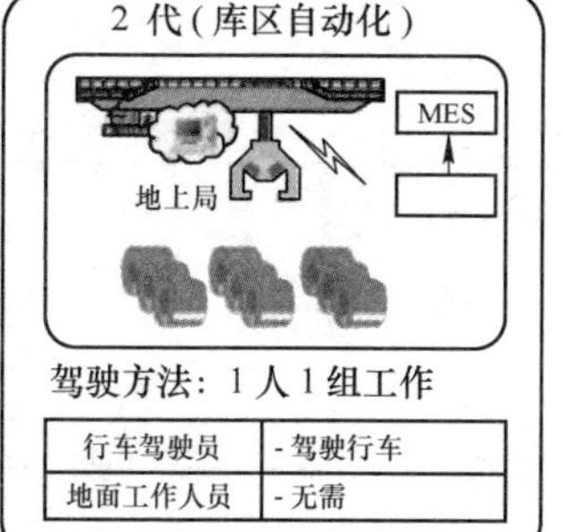

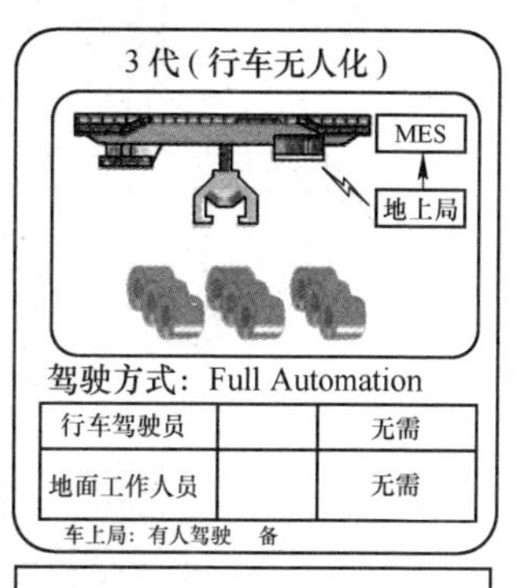

地面人员通过对讲机指挥行车驾驶员操作。人工录入库区物料信息，人工驾驶行车，人工传递物料信息。

行车精确定位，库区管理自动化，无线网络传递地面与行车之间的信息。行车驾驶员可以通过车载终端接收指令及查看信息。

信息自动化、行车无人化、库区管理智能化。行车无人，地面无人，全天候连续工作的运行模式，平均工作效率高。

图 3　第 3 代库区自动化技术展示图

3.1.3　成品运输链超级电容小车技术

目前国内外热轧带钢生产线后部钢卷运输一般采用的是托盘运输方式，其不足点是扩展性有限、不适于多路线运输、维护检修的工作量和费用较大。日照精品基地 2050mm 热轧生产线采用了轨道式超级电容运输车对运输流程智能化创造，可以露天运行、曲线运行、岔路运行，运行路线简单灵活，运行效率得到较大提高。

在动力方面，运输车采用了更加绿色环保的超级电容方式。超级电容全生命周期不污染环境，寿命可达十万次以上；能量回收能力强，紧急制动的能量回收可达 75%；尽管一次投入成本较高，但使用成本低，寿命长，免维护。

运输车采用模块化结构，将地面控制 PLC 作为数据中心，通过数传电台，与车载电台实时进行无线数据通讯，从而实现地面控制站对运输车的控制。地面控制站通过 Access Point（AP），与车载通讯模块建立无线连接，从而实现地面站与车载系统的无线通讯。

3.2　新一代钢铁制造流程中的智能化管理技术

3.2.1　面向市场的产销一体化信息平台

智能制造协同系统将传统 ERP（Enterprise Resource Planning，企业资源计

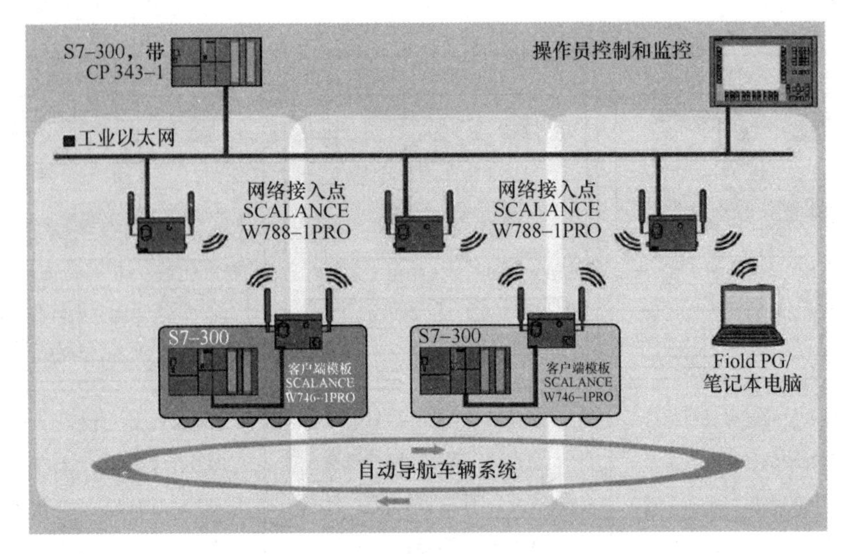

图 4　超级电容钢车无线通讯控制模式图

划）中的销售及 MES（Manufacturing Execution System，制造执行系统）中生产模块整合后搭建了 Marketing（营销）模块，充分体现了市场为导向的原则。在 L2 级以上的信息系统中，采用企业数据交换总线 ESB（Enterprise Service Bus，企业服务总线）等方式，搭建集中统一的数据接口平台，为形成企业级的数据仓库奠定了基础。

3.2.2　构建基于互联网的多业务协同运营体系

智能制造流程将信息流与钢铁生产各工序的物质流、能源流进行了充分的协同融合，基于工业大数据采集、深度挖掘利用和信息系统协同技术，建设了管控面积占地 600m^2 的智能协同管控大厅。区别于上一代钢铁企业的指挥中心，建立了生产、能源、物流、安防、设备等多种业务完全集中协同指挥的 MCS（Multi-task Coordinated Management System，多业务协同管理信息系统）。

3.2.3　基于工业大数据的先进钢铁材料生产全流程工艺优化技术

日照精品基地将工业大数据深度挖掘，广泛应用于工艺过程优化、产品质量控制、能源平衡与优化、设备预知维修。针对炼钢-轧钢流程质量控制采用基于大数据平台的产品质量分析系统 PQA（Product Quality Analyzer）。PQA 质量分析系统可完成对日照精品基地的炼钢、连铸、厚板、热轧、冷轧等诸多生产工序和产品的质量数据进行采集、监控、图像化分析处理和质量改进的大数据管理平台。PQA 项目通过与实际生产过程各工序的成分及重要参数的数据采集，对产生的大数据进行分析和挖掘，实时地掌控产品的质量标准和质量缺陷，并能够根

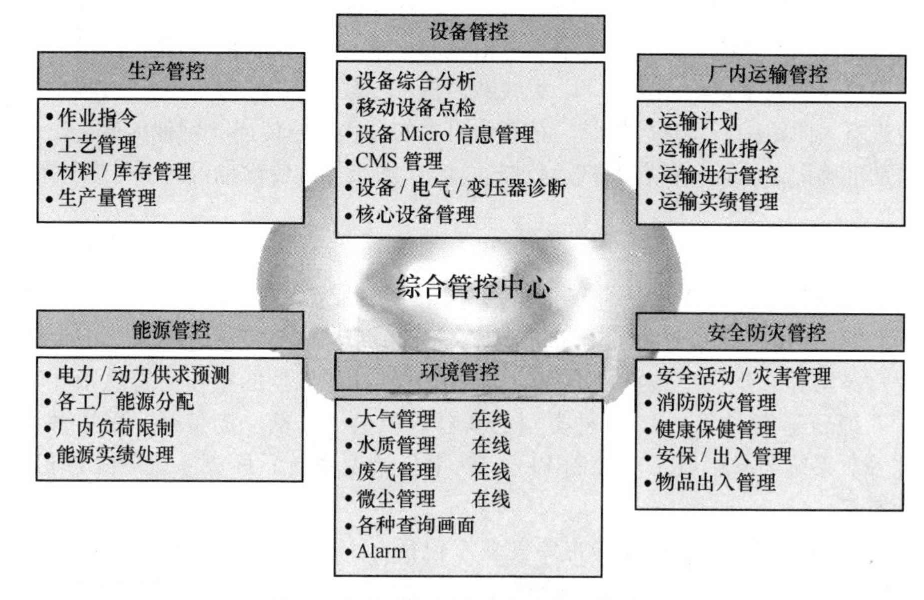

图5 多业务协同生产经营管理功能图

据数据预处理、预测模型能及时提出改进产品质量的科学化技术方案及提升钢铁企业的市场竞争力。

主要解决的关键技术有：钢铁工业大数据挖掘与分析技术；全流程产品工艺质量动态设计技术；产品质量追溯与工艺参数深度优化技术；跨工序产品工艺质量交互分析与异常诊断技术；工艺过程综合监控及预警技术；基于数据驱动的质量管控技术；适应大规模定制、多工序协同的先进钢铁材料生产全流程智能化质量工艺模型库、规则库构建技术；基于数据与知识融合人工智能新产品生产工艺仿真与质量设计技术。

3.2.4 “一罐到底”生产模式下的铁钢包智能调度技术

铁钢包调度是钢铁流程实现智能制造的重要界面技术，其流程是钢铁企业生产组织的关键环节，涉及炼铁、运输、炼钢三个部门，“一罐到底”的铁水运输模式要求炼铁和炼钢必须步调一致，协同生产。日照精品基地创造性地采用无轨化铁水运输方式实现组织调运灵活的超短运输流程，使用亚洲最大的汽运方式铁水车进行铁水运输。LMS（Ladle Manage System，铁钢包管理信息系统）融合了铁钢包计量、铁钢包识别与定位技术，建立数据全面、计量准确、功能齐全、技术先进的铁水自动跟踪系统，为生产和调度人员提供铁水调度直观、全面的数据支持，最大限度地保证安全出铁、安全调运，提高铁水调度效率。

利用 RFID 技术对铁包全流程跟踪，从铁包受铁开始，就准确记录铁包运输铁水过程，同时铁包与汽车进行关联绑定，以跟踪监控铁包的全流程运输过程，包括运输位置、铁水状态、关键作业节点等信息的记录。进入炼钢、铸铁机区域时，系统采用可靠的天车定位跟踪技术、无线数传技术、数据推理技术对生产过程中所有钢包进行去向跟踪，实现各转炉、精炼分班次的全程炉号传递、钢种传递、出钢重量自动准确记录统计。铁包及汽运数据通过 5G 通讯方式传输也得到了可靠验证。

3.2.5 智慧阳光物资计量系统

日照精品基地规划设计全厂每年厂外运输量约为 4000 万吨，厂内运输总量约为 9000 万吨。计量业务贯穿于进出厂、内部倒运物流的各个环节，担负着为企业财务结算、生产决策提供准确、实时的基础计量数据的重任。智慧阳光物资计量系统涵盖 70 多台、10 多种类型的衡器，包括汽车衡、皮带秤、辊道秤、钢卷秤等。系统与各区域工序控制 PLC、铁钢包调度系统、库管系统等无缝衔接、自动对接。

智慧阳光物资计量系统的主要创新点包括：（1）实现进出厂及厂内倒运汽车衡计量相关信息的准确收集、快速传递，规范厂内运输路线，均衡计量业务分布，缩短计量、运输及等待时间。（2）根据产线自动化生产特点，结合钢坯、钢卷、铁水等物料计量的要求和现场情况，确定科学合理的计量业务流程，定制化开发相关自动计量程序，实现了现场无人值守的全自动计量业务和信息化管理。（3）计量过程标准化、规范化，减少计量过程中的人工直接参与，严格岗位授权，跟踪计量全过程的相关信息，确保计量过程公开、透明，便于监督和事后追溯。（4）利用车辆综合身份识别、衡器运行状态监控、计量现场监控等手段，对承运车辆的计量过程进行全方位的监视、控制，规范计量，防止各类作弊行为的发生，减少或杜绝人为因素对计量数据影响，提高计量数据的可靠性。（5）建设物资量数据分析模型，实现各工序进出物资量的智能分析、自动比对、差异报警、报表出具；对计量过程相关人员违规行为实现智能诊断报警，降低监督管理人员的工作量。（6）优化采购、销售业务流程，采用“IC 卡+网络技术”实现车辆从进厂、计量、收发货、出厂各业务环节信息共享、业务环节相互验证、物流实时监控，充分利用信息化工具提高物流管理的效率和可控度。（7）利用信息化网络技术，实现计量业务与物流、门禁安防、质检、收发货等各业务环节的信息共享和信息验证，实现厂内物流的实时跟踪和监控，提高物流系统的整体管理效率。

3.3 钢铁流程智能制造公用技术的研究与应用

3.3.1 主干网及工控网深度安全平台

信息安全已经成为现代工业流程智能制造的关键保障技术。日照精品基地根据各个信息化系统的重要程度划分安全级别，将不同安全级别的系统分区域隔离部署，不同区域之间设置严格的访问控制规则，实现不同功能区域的网络职能隔离，防止非授权用户对公司核心业务资源的恶意破坏和病毒木马等恶意程序的无界传播。

针对各安全区、安全域的防护措施、检测及审计措施建立统一的、分级的监控系统，统一监控各业务板块的工业控制系统的安全状况。将各业务板块的工业控制系统安全风险进行集中的展示，以风险等级的方式给出不同工业控制系统的安全风险级别，全面了解并掌握系统动态。

通过关键节点设备的双机部署，增加网络可用性和稳定性，保障业务 24 小时不间断运行，实现网络零故障。

骨干区域节点间采用链路聚合，实现在业务增长后的带宽动态扩展，使得设备间的流量交换成倍增加，增加链路的可用性、可扩展性和冗余性，保障业务零故障。

3.3.2 机器代人技术应用与推广

针对钢铁流程当中环境恶劣、人工生产效率低下的操作工位，不断研究机器代人技术的应用与推广，在检化验、喷号、打捆、取样等五十余个工位采用了机器人技术。

质检站和炼钢自动分析中心装配了检化验样品取样、送样工业机器人，实现机械手搬运流程全自动，快速、准确的完成了样品送达至分析中心的各类分析仪器进行分析，保证了样品分析结果的准确性和稳定性，同时把质检分析人员从极大量的重复性工作中解放出来，大大提高了作业效率。

图 6　全厂智能快速检化验分析中心机器人车间

连续喷印喷号机（适用于热轧和冷轧钢卷）采用先进的机器人控制，具有极强的机械稳定性以及高速喷印的特点。即使在恶劣的工作环境下也能发挥非常稳定的性能。

图 7　热轧成品卷喷号机器人

入厂原燃料全自动智能取样机器人代替了大量人工取样工作，由于自动判断取样，避免了人工干预下的联合作弊行为。该机器人系统有车辆载货车厢尺寸识别、机械取样手臂随机走行取样、自动装样能力。当取样完毕后，道闸开启将车辆放行。

3.3.3　基于移动互联技术的“掌上工厂”

以工业大数据精准、高速、安全采集和利用为基础，实现信息在掌上工厂的移动互联，是新一代钢铁流程智能制造的典型应用。应用 H5、CSS、JSP、多平台/多架构应用的移动互联应用开发技术，以及 WebService、HTTP、SOCKET、SMTP、IMAP、RMI、SOA 技术的数据采集接口技术，开发了面向公司移动终端用户的工业 APP 集成平台——指尖钢铁。

该应用目前已实现办公邮件收发和文件审批（指尖钢铁）、设备状态在线监测与预警（轻简运维）、能源环保和生产数据监测与视频监控（随身工厂）功能，公司管理层近、操作层用户近 2000 人。

4　智能制造技术应用成果与展望

4.1　技术应用成果

日照精品基地通过以智能化为目标的流程创造，提升了钢铁流程总体智能制造水平，主要体现在如下几个方面。

4.1.1 精细化生产管控

对公司整个销售、计划、采购、制造、物流、质量、计量、财务等各个业务活动流程进行了详细的调研与分析，设计生产流程达到90余个。建设了具有国际先进水平的自动化生产线及ERP、铁前MES和钢轧MES信息系统，实现对生产过程进行全程监控，及早发现并排除异常；实现生产计划的优化排程、瓶颈设备的均衡负载、生产工序的优化调整，做到更规范精准的操作控制、更灵活的生产组织，提高主要产线精细化生产能力。投产两年后定单交付率达到96.5%，计划兑现率达到98.5%，热轧订单合格率达到99%，冷轧订单合格率达到95%。

4.1.2 成本精准控制

公司以成本精准控制为导向，确定了能力建设中的总体业务需求：实现高效的财务业务一体化目标，实现企业的生产、销售、采购等各个业务与财务的无缝集成，实现成本的精确核算、日清日结、动态管控。

数据方面：公司计划开发建设ERP、远程计量等核心信息系统，系统之间的数据需要有效挖掘，开发利用，形成有价值的信息系统。技术方面：结合实际业务需求与成本管理需求，进一步细化并统一产品/半成品成本核算维度，提高成本统计、利润分析的精确性。业务流程与组织结构优化：为实现高效的财务业务一体化目标，将企业的生产、销售、采购等各个业务与财务无缝集成，实现成本的精确核算、日清日结、动态管控，设计规划财务中流程8个，小流程28个；为打造成本管控能力，实现日成本的精准控制，对组织结构及相关岗位设置进行优化。

4.1.3 智能协同集中管控

数据方面：开发建设智能管控信息系统，系统之间的数据需要有效挖掘，开发利用，形成有价值的信息系统。

技术方面：实现对生产、能源、物流、设备、安防及视频等系统的数据集中、整合、共享，实现多业务的协同管控。以全厂生产工艺流程为主线，结合原燃料输入和产成品输出建立全厂的工艺管控流程，建立生产、质量、设备、及能源整合的管理体系。业务流程与组织结构：使组织与流程紧密结合，打造了简洁、扁平、高效的智能协同管控中心。实现一级计划、一级管制，在提高生产效率的同时，大幅减少生产指挥人员，满足智能化管理定位要求；建立一级管控，取消二级调度职能；直接由生产指挥人员在专业的生产、物流、能源、设备运行协同管控信息平台上进行一级管控，调度指令直接下达到各区域作业长进行执行。

智能化协同管控平台的实施，实现了主要量化指标：通过生产计划、物流调度统一管理，提高计划兑现率；通过物流集中调度统一优化，降低物流成本；通过订单执行跟踪，缩短订单交付周期；通过制定合理的能源介质工艺控制参数和基于预测分析模型的能源分配动态平衡技术，实现能源供给的经济运行，避免因过度保障生产，造成能源不必要的浪费，实现系统节能；通过优化供配电系统的运行方式，提高变压器的运行效率，减少线损，提高电能利用效率；以客观数据为依据，通过量化考核，对各产线进行能源消耗的精准管理，确保实现污水零排放，吨钢耗新水控制。

4.2 钢铁流程智能制造技术展望

钢铁制造流程的智能化与绿色化协同融合是未来钢铁制造流程发展的目标，通过智能化制造单元、数字化运营管控、个性化和智能化服务、有序链接上下游及相关产业、打造智慧生态圈实现新一代钢铁流程的三大功能，即高效优质的钢铁产品制造、能源高效转换与充分利用、大宗社会废弃物消纳处理与再资源化。为此建议在如下环节继续提升生产线的数字化、网络化、信息化水平。

借助5G、数据中心、云计算等新基建、新动能的推动，将智能化、数字化技术及装备在关键生产环节深度应用。

支持劳动密集、作业环境恶劣、高安全风险的工况逐渐采用“机器代人”。

发展远程运维服务，建立企业大数据平台，采用设备异地维护、主动式预测、远程系统升级等新型维护模式。

推动精密供应链管理、智能物流、零库存等新模式发展。

构建企业“智慧中心”，完善全流程数据采集分析系统和制造执行系统，实现全供应链、全生产线、全生命周期的科学管控，推动钢铁制造流程持续优化。

将钢铁制造流程制造与钢化联产、为城市服务密切结合，建立生态圈，打造城市生态钢厂。

参考文献

[1] 徐安军，贺东风，郑忠，等．冶金流程工程学基础教程［M］．北京：冶金工业出版社，2019：17，18

日照钢铁精品基地智能协同管控技术的应用

万 军，马向魁

摘 要：主要介绍智能协同管控技术特点以及在大型钢铁企业智能化管理方面的应用效果，对系统实施过程的硬件、软件架构进行研究，简述了具体实施过程中配套设施的配置。

关键词：智能化协同；能源物流

1 技术来源

随着信息技术和现代管理技术的发展，传统意义的生产调度职能正在向生产、能源、物流、质量等信息的综合协调管控的方向发展，在智能化管理需求的带动下，多业务协同管控中心的建设得到了广泛推广。近年来在钢铁企业信息化技术应用中，能源管控系统首先得到大力推广，在优化资源配置、合理利用能源、改善环境等方面逐渐显效，是实现从单一的装备节能向系统优化节能的战略转变的重要措施，也是创建节约型企业、实施清洁生产的必然要求。其可在满足提高劳动生产率、提高管理水平和生产控制精度等基本目标的基础上，进一步融合物联网、大数据、人工智能技术，实现公司级生产管制、能源环保、物流、设备、安防等业务的指挥和信息共享。

依据现代能源管理思想，加快推进工业化和信息化融合，加强互联网、云计算技术的应用，以提高能源资源利用效率为核心，以企业为实施主体，加快构建资源节约型、环境友好型工业体系，提高工业绿色发展水平。“两化融合促进安全生产”是国家倡导、重点推进的发展战略，是钢铁企业面临的新课题、新任务。不断创新安全生产管理，充分应用物联网、地理空间等信息技术，形成感知化的协同管理体系，最大限度地降低产线高等级危险源风险，实现企业整体智能化协同管控目标。

2 技术内容

2.1 功能架构

系统功能划分为5大模块，包括生产管制、物流调度、能源管控、设备运行监控和综合管控，如图 1 所示。

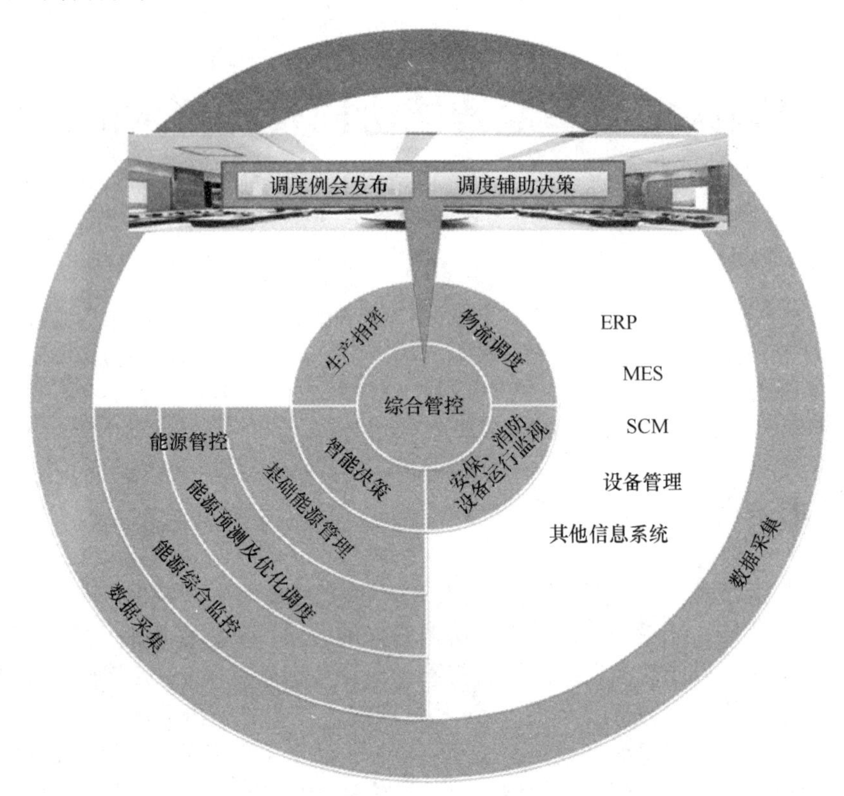

图 1　智能协同管控中心系统功能架构

（1）生产管制。依托产线 ERP、SCM、MES 等系统，实现生产计划、生产运行绩效的执行和监控。

（2）物流调度。依托信息系统中的 ERP、SCM、MES、物流、计量等模块，实现进厂、出厂、厂内物流及各类库存的监控。

（3）能源管控。系统功能划分为五个功能层次，包括现场数据采集与控制、集中监控、能源预测和优化调度、基础能源管理与决策支持。

（4）设备运行监控。依托信息系统中的 PMS、视频监控、AMS 等系统，实现安全环保信息监视、设备实时参数监控、检修停机管理、事故管理等功能。

（5）综合管控。系统功能分为调度例会发布、调度决策支持等功能。

（6）数据采集。涵盖全部工序的自动化设备及所有能源数据仪表等设备的数据采集。智能协同管控中心的应用软件按照数据来源可分为两类：一是通过数据接口从公司 ERP、MES、AMS、PMS、视频监控等系统获取数据，实现协同管控中心除能源管控之外的系统职能；二是通过能源管理系统自下而上实现能源的逐级管理，实现能源管控的系统职能。

2.2 系统应用软件架构

智能协同管控中心系统应用软件架构如图 2 所示。

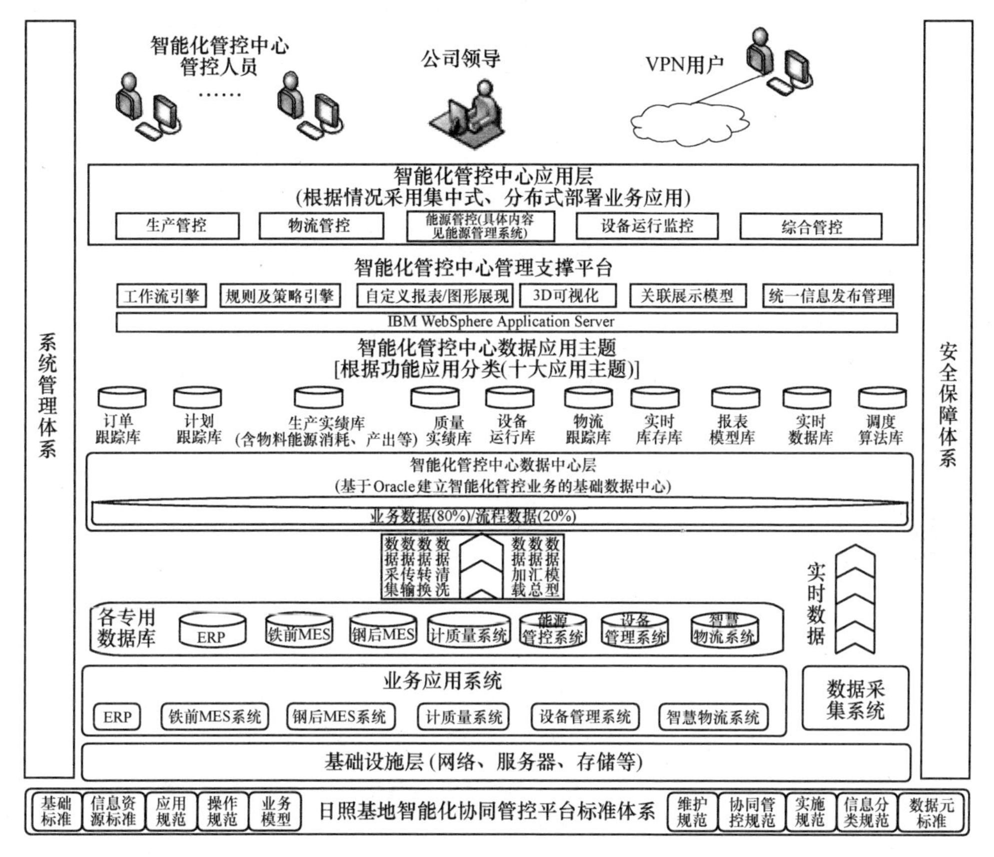

图 2 智能协同管控中心系统应用软件架构

2.3 系统硬件架构

各生产工序数据采集区域设置现场数据采集设备（PLC、DCS、RTU、网关），就近将自动化控制系统及智能仪器仪表数据采集、处理、转换、安全隔离后，通过光纤传输到监控中心管控平台进行集中监视、报警、趋势记录、统计与分析。系统集 SCADA、能源管理、WEB 发布、安全防护等功能于一体，远程授权用户通过浏览器访问 WEB 服务器对关注信息进行查询；与 OA、ERP、MES 等信息系统进行数据交互，并通过门户网站、无线终端等手段为领导以及相关管理部门提供多方位、可视化的便捷服务。充分利用现代网络技术和数据库，通过与集团办公网络平台的对接，实现信息快速传递、共享、管理和应用。

系统从功能上可以划分成数据采集、数据传输和数据应用三个层级。主要由现场数据采集设备、网络传输设备、服务器及工作站等设备组成。

系统采用中央以太网和骨干环网两层结构，B/S 和 C/S 混合模式。

中央以太网以智能协同管控中心大楼为中心，通过楼内综合布线，连接数据采集 SCADA 服务器、监控工作站、长时归档数据库/实时数据库服务器、应用服务器、大屏幕显示系统、网络安全设备、工程师站、GPS 时钟同步系统、数据备份系统、网络打印机等。

系统硬件架构示意图如图 3 所示。

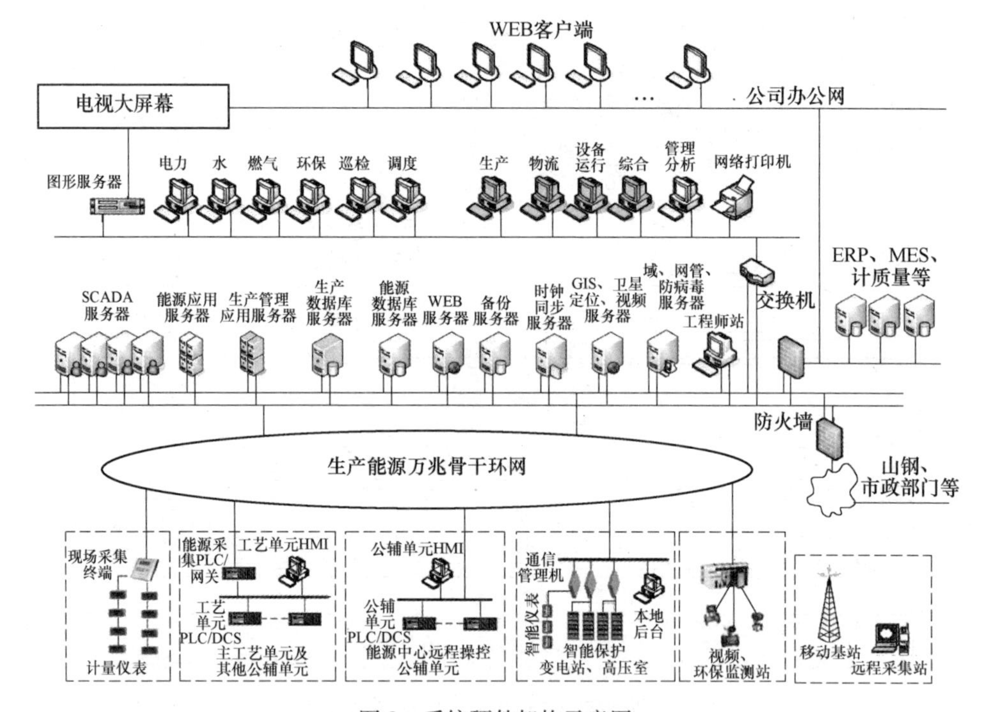

图 3 系统硬件架构示意图

3 智能协同管控中心配套设施

3.1 指挥中心资源配置

智能协同管控中心设在管控中心大楼内部，根据基地项目运营扁平化管理的需要，能源管控、生产管制、物流调度等系统共享中心大厅、中心机房等。指挥中心资源配置如图 4 所示。

3.2 管控中心大厅布局设计

管控中心大厅包括大厅总体布置、装修设计、照明、空调、消防、弱电布线

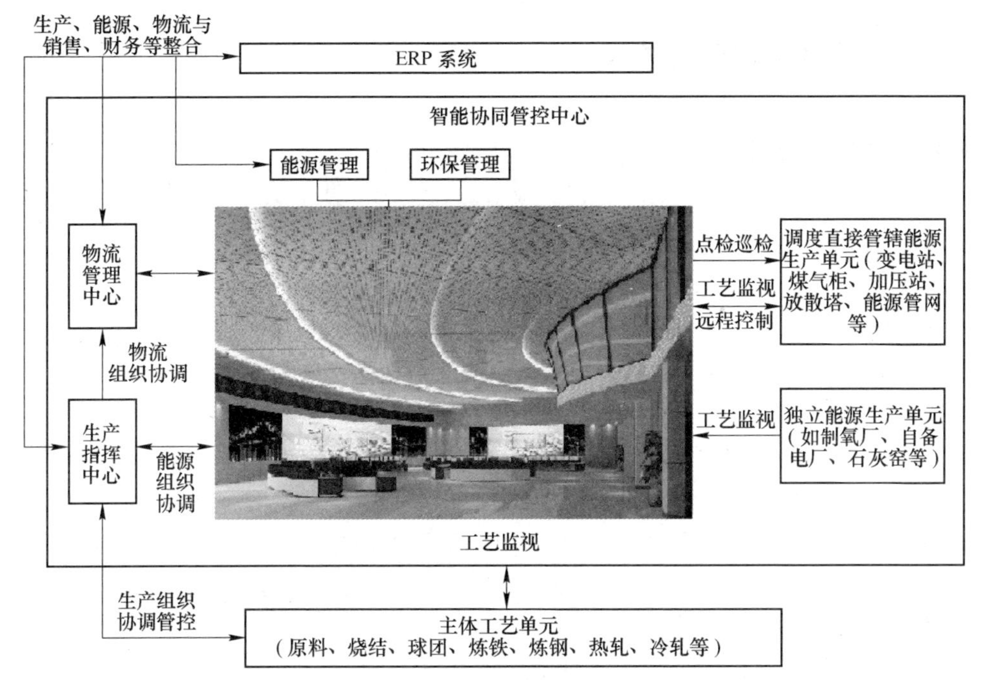

图 4　管控中心资源配置示意图

等，在进行大厅总体布置时需考虑线缆桥架的布置、线缆的走向等，预留电缆桥架。

大厅内设置操作台、电视大屏幕、通信设备等，布置美观、大方、实用。大厅效果如图 5 所示。

图 5　管控中心总体布置

4　应用目标和预期效果

4.1　技术应用目标

（1）依托产线 ERP、MES、PCS 等系统建立统一的生产指挥平台。生产指挥平台依托产销一体化管理系统（ERP\MES）、生产过程控制系统（PCS），以生产运营绩效为核心，重点关注生产计划的执行和实绩跟踪，通过关键生产、运行的各类指标展示公司的生产运营现状，使管理人员能够全面动态地掌握公司的生产经营情况及运行情况，协调公司各单元的生产组织、物料平衡，确保生产过程中物流、信息流的畅通。

（2）依托智慧物流、计量、质量等系统建立统一的物流调度平台。以实现公司“扁平、简约、高效、智能”的管理思路和逐步形成物流管控一体化的管理格局为出发点，对进厂物流、出厂物流、厂内调拨和库存现状等信息进行监控，掌握物料入库、投料消耗、实际库存量、物流成本等情况，实现物流优化、压缩库存和减少资金占用的目的。

（3）建立能源管控平台。实现能源的集中化管理、智能化监控，保证能源系统的实时动态监控和能源平衡优化配置，为节约能源创造有利条件。为决策层及时了解和掌握能源消耗情况、分析研究问题，为提出切实可行的节能措施提供决策支持的管理手段。

实现从能效管理到整体效率的跨越：能源考核到班组，能效考核到岗，责任到人；能源管理到工序，实现精细管理，整体优化；成本管理到产品批次，实现成本透明，科学决策。

（4）依托设备管理、数据采集等系统建立统一的安全环保、设备运行监视平台。重点关注检修计划的制定和执行过程；通过视频监控、电子监控，直观掌握全公司安保、消防、环保及主要工艺设备的运行状态；通过数据采集，实时获取现场设备的运行参数，打造工厂全景 3D 视图，进而实现企业生产运行过程的立体化监测；通过建立生产事故分析系统，构建事故预案库，为质量控制、监控设备运行和故障处理等提供支撑手段。

（5）以智能调度为目标建立智能指挥平台。汇总各信息系统的数据，实现调度例会信息发布和各类综合报表的自动生成；采用运筹学的整数规划、线性规划、动态规划等数学模型算法，为生产指挥、物流调度、能源管控人员在资源均衡分配、物流智能调度和能源优化平衡等方面提供辅助决策。

4.2　技术应用成果

通过生产计划、物流调度统一管理，实现集约化生产扁平化管理，全公司已实现“一级计划”和“一级调度”，大幅减少生产指挥人员，人均年产钢达到1600t；提高计划兑现率，通过引入整合销售生产计划体系制定精准的接单计划及能力管理，订单交货准确度达到90%。

通过物流集中调度统一优化，实现产供销物流实时管控，增强了各部门之间的协同合作，提高了发货速度25%~30%，降低物流成本，把产品库存时间缩短为6日之内，提高企业服务和竞争力。

通过物流集中调度、设备运行监控，实现铁钢界面多目标柔性智能调度系统在线作业率达98%，调度准确率99.9%，每罐铁水运输过程减少温降1.8℃以上。

通过制定合理的能源介质工艺控制参数和基于预测分析模型的能源分配动态平衡技术，实现能源供给的经济运行，避免因过度保障生产，造成能源不必要的浪费，实现系统节能3%。

通过优化供配电系统的运行方式，提高变压器的运行效率，减少线损，提高电能利用效率。

以客观数据为依据，通过量化考核，对各产线进行能源消耗的精准管理，确保实现污水零排放，吨钢耗新水控制在3.2m^3以内。

节能减排型钢铁企业的设计与实践

高贵东，张燕平，胡　绳

摘　要：随着我国经济的飞速发展以及社会主义现代化建设的不断完善，我国的钢铁工业迅猛发展，钢铁产量逐年增多，钢铁的应用范围也在逐渐扩大。钢铁行业作为我国的能耗大户，遵循低碳经济、循环经济、生态经济原则推进节能减排，已成为钢铁企业发展的最关键因素。钢铁行业节能减排对于工业领域的整个节能减排影响巨大。以山东钢铁集团日照钢铁精品基地项目为例，该企业的建设是在淘汰落后工艺、技术和设备的基础上，实现产业升级，特别是在节能减排方面采用了干熄焦、烧结余热利用、TRT 高炉煤气余压发电、冷印巴炉渣处理、铁水一罐制、热装热送等先进工艺技术，配套建设智能协同管控中心，以及采用能源管理体系等节能管理措施。山东钢铁集团日照钢铁精品基地项目在节能减排方面做了大量工作，取得了较好的成效并积累了很多经验。未来钢铁发展的方向是：产城共融、智慧制造、低碳冶炼。本文以日照钢铁精品基地项目为例，介绍了目前钢铁企业所采取的先进的节能减排措施，供同行业参考，以促进行业的共同发展。

关键词：钢铁；节能减排；对策措施

1　引言

我国经济快速发展的同时也带动了钢铁行业的发展。在过去的几年中，我国钢铁行业在技术与结构方面不断作出调整，取得了较大的进步。但仍然存在钢铁资源二次能源利用率低、耗能大、环境污染严重的现象，与国外先进钢铁企业相比还有一定差距。

国务院于 2009 年 3 月发布的《钢铁产业调整和振兴规划》，把优化钢铁产业布局，推进山钢集团实质性重组和日照钢铁精品基地建设，列为钢铁产业调整振兴的重点任务，提出要“按照首钢在曹妃甸减少产能、发展循环经济的模式，结合济钢、莱钢、青钢压缩产能和搬迁，对山东省内钢铁企业实施重组和淘汰落后产能，推动日照钢铁精品基地建设”。深入贯彻落实《钢铁产业调整和振兴规划》将为山钢集团产业结构调整带来重要的发展机遇。

2011 年 10 月 2 日，《国家发展改革委关于在山东省开展钢铁产业结构调整试点工作的通知》（发改产业〔2011〕2183 号）同意在山东省开展钢铁产业结构调整试点工作，并明确要求：山东省要通过淘汰落后产能，依法依规处理违规项目，推进企业联合重组，实现钢铁产能向沿海地区转移。由山东钢铁集团重组日照钢铁公司，分阶段淘汰日钢落后产能，并在日钢现有厂区基础上建设千万吨级钢铁精品基地。

按照《山东省钢铁产业结构调整试点方案》要求，“十二五”期间，山东全省钢铁产能压缩1000万吨以上，总规模控制在5000万吨，2015年前，全省淘汰炼铁产能2111万吨、炼钢产能2257万吨。山钢集团按照实施方案的要求，结合日照钢铁精品基地的建设进度，完成了相应的淘汰落后产能工作。到2015年底，山钢集团共淘汰落后产能炼铁1955万吨，炼钢1784万吨。

日照钢铁精品基地建设既是贯彻落实国务院《钢铁产业调整和振兴规划》（国发〔2009〕6号）的重要举措，也是山东省钢铁产业结构调整试点工作的重要内容。

2 节能减排型钢铁企业设计理念

日照钢铁精品基地项目由山东钢铁集团有限公司投资建设，地点位于山东省日照市岚山工业园。项目设计产能为炼铁810万吨、炼钢850万吨、钢材790万吨。主要产品为高附加值的热轧薄板、冷轧薄板、镀层钢板、宽厚板，主要配置：4座7.3m焦炉、$2\times5100m^3$高炉、$2\times500m^2$烧结、150万吨球团、4×210t转炉、2050mm热连轧、2030mm冷轧、3500mm炉卷、4300mm宽厚板及其配套公辅工程。

日照钢铁精品基地装备流程如图1所示。

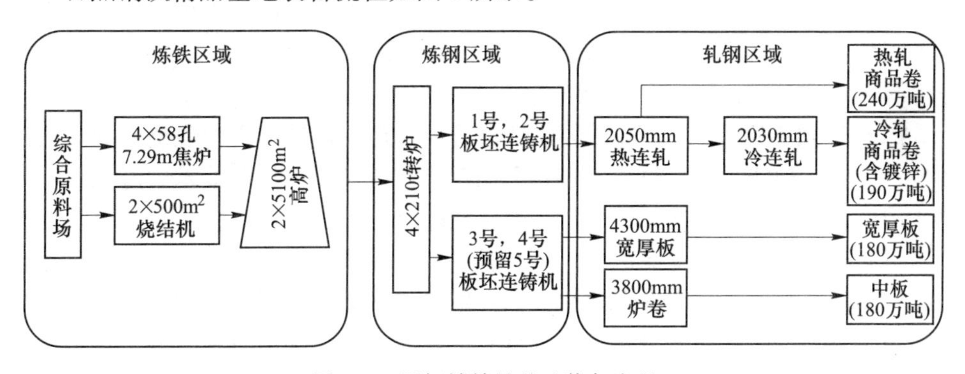

图1 日照钢铁精品基地装备流程

（1）合理选择先进的生产工艺和技术。从工艺路线选择、技术方案、设备选型、总图布局等各方面全面贯彻落实新一代钢厂的科学设计理念，通过对物质流、能量流、信息流运行轨迹的深入研究分析，构架新一代钢铁工厂最优化的钢铁制造流程和整体技术方案。

（2）全面贯彻落实精准设计理论。通过对每个工序和生产环节技术方案的详尽比较和科学论证，结合集成创新，选择国际上先进可靠的技术、能力匹配的大型化装备、紧凑式的工艺布置，减少不必要的冗余设计，实现建设项目的最佳经济效益。

（3）贯彻落实循环经济、低碳经济和生态经济理念。积极推行清洁生产技术，以源头节约、过程管控、末端利用为手段实现资源、能源的高效利用，以抓源头、控过程、治末端的设计方法控制生态环境影响，挖掘技术源泉，力争实现对生态环境的修复功能。

日照钢铁精品基地项目的建设以“追求完美，超越标杆”为理念，采用先进、经济、实用技术，集成全球已有技术成果。项目建成投产后的技术经济、产品质量、节能减排、综合利用、清洁生产等各项指标达到或超过国内外一流水平，实现低碳经济、循环经济、生态经济，建设具有世界先进水平的现代化绿色钢铁精品基地。

3　节能减排型钢铁企业设计创新

3.1　采用先进节能措施，提高能源利用效率

3.1.1　节能技术措施

（1）原料场工序负责全厂大宗原燃料的受卸、储存、加工和供应，管理全厂物流，集中堆存原燃料可以节省占地；输送系统大马力设备采用变频驱动，实现不同堆密度物料均达到设备满负荷输送；选用高效装备分时段接续输送物料，减少起停空转时间，实现全厂物流的有序流动。

（2）炼焦工序采用7.3m顶装焦炉，通过合理的设计，优化燃烧室的高向温度分布，保证炉体高向加热均匀性；采用双联火道及废气循环技术，起到拉长火焰作用，有利于焦炉高向加热的均匀性，同时降低燃烧点的温度；采用分段加热技术，有利于炉体高向加热的均匀性，且减少氮氧化物的产生；采用分格蓄热室技术，使加热煤气和空气在蓄热室长向分配更加合理，燃烧室长向的气流分布更加均匀，有利于焦炉长向加热的均匀性；采用非对称式烟道技术，便于调节从机侧到焦侧各立火道煤气流和空气流，且便于废气流的排出，有利于焦炉长向加热的均匀性；采用薄炉墙技术，有利于提高炭化室炉墙的传热速率，提高焦炉热效率。

焦炉同步配套建设干熄焦装置，干法熄焦工艺利用红焦炭的热量产生蒸汽并发电，使二次能源合理利用、节约能源。

（3）烧结工序设置了余热锅炉和烟气热水换热器，可以降低整个工序的能

耗。同时，采用低温厚料层烧结工艺，料层厚度可达850mm，充分利用料层的蓄热作用降低燃料消耗，并提高烧结矿的还原性能。烧结机台车采用新型防边缘效应结构，头尾风箱采用新型端部密封技术、台车采用新型密封板，烧结主抽风机采用变频调速技术等新技术和新设备。这些措施降低了烧结系统的漏风率（达10%~20%），并实现高效烧结生产，节省电耗超过20%。采用新型高效密封环冷机，降低环冷机漏风率，可以提高烟气余热利用效率，减少冷却风量。采用高效密封点火保温炉，燃气采用高炉煤气，助燃空气采用环冷机引来的约200℃热烟气。热烟气作为助燃空气可以不采用预热炉，在保证点火质量的前提下有效降低煤气消耗。

（4）球团工序采用合理的热工制度，充分利用球团氧化放出的热量和冷却球团的回热风，以降低燃耗。采用良好的密封结构、合适的耐火内衬和管道绝热材料，减少系统散热。回转窑点火采用可调节火焰形状和长度的烧嘴，通过主烧嘴伸缩和助燃风量的变化，控制、调节火焰形状和长度，减少不必要的能源消耗。

（5）高炉大型化是降低炼铁工序能耗、提高综合经济效益的重要途径。日照钢铁精品基地高炉采用了国内外行之有效的先进工艺和技术，如精料、高压炉顶、高效高风温热风炉、富氧喷煤、回收高炉煤气、高炉软水密闭循环冷却、计算机控制管理等。热风炉空气和煤气预热系统采用前置预热炉加板式换热器的方式，将助燃空气预热至500℃，煤气预热至200℃。利用热风炉烟气作为制粉系统干燥剂，不但可以降低制粉系统干燥剂的氧含量，还可以降低混风烟气炉的燃料消耗。采用冷印巴炉渣处理工艺，结合冲渣水余热利用系统，回收余热用于采暖保温等用途。设有TRT高炉煤气余压发电系统，回收高炉煤气的压力能、热能。

（6）炼钢转炉铁水采取汽车“一罐制”模式。即高炉出铁及铁水运输、铁水脱硫及向转炉兑铁水均使用同一个铁水罐，中途不倒罐，工艺流程短、简化生产作业环节、总图布置紧凑、铁水温降小、烟尘排放量少，能有效减少工程占地、降低生产运行成本、减少环境污染，转炉汽化冷却回收蒸汽，回收蒸汽量100kg/t钢水；同步建设转炉煤气回收系统，回收煤气量100m^3/t钢水。

（7）2050mm热轧工程采用板坯直接热装技术，实现最大限度节能，减少板坯库存、库容，大大缩短了炼钢到热轧产品的生产周期，提高了产品竞争力。板坯热装温度提高到650℃，热装率达到60%，加热炉的燃料消耗可降低10%~12%。采用双蓄热式加热炉，同时水梁采用汽化冷却系统，可高效利用低热值煤气，同时降低能耗；加热炉炉体采用复合炉衬，加强炉体绝热，减少炉体散热损失。采用低温轧制技术，降低板坯的出炉温度，可显著减少燃料消耗，降低废气排放。

(8) 3800mm 炉卷工程采用部分板坯热送热装，热装温度为 400~800℃，热装率≥40%。选用高效节能的加热炉，采用汽化冷却方式，不仅大量降低了冷却炉底梁的水量，而且可以产生大量蒸汽，回收后供本车间使用及外供。采用蓄热式加热炉将空气、煤气预热到 900~1000℃，最大限度回收余热。

(9) 4300mm 宽厚板工程采用热送热装工艺，热装温度为 500~900℃，热装率≥40%。轧钢车间与炼钢连铸车间毗邻布置，连铸板坯通过辊道直接从炼钢运输至轧钢车间，减少中间汽车或火车倒运的能源浪费。

加热炉采用了汽化冷却方式，不仅大量降低了冷却炉底梁的水量，而且可以产生大量蒸汽，回收后供本车间使用及外供。采用双排装料：每排步进机构单独驱动，提高加热炉的利用率，降低了能耗。采用空气、煤气双预热技术，预热温度 950~1050℃，最大限度回收余热。

采用高效节能型热处理炉、脉冲燃烧控制系统，使烧嘴处于最佳燃烧状态，提高热效率、降低能耗。

(10) 2030mm 冷轧工程采用推拉式酸洗机组及酸轧联合机组，配置蒸汽冷凝水回收系统，循环用于酸洗段的漂洗水，节约水耗，且采用酸再生工艺使处理后的再生酸可回用。连续退火机组退火炉、热镀锌机组退火炉等通过节能燃烧技术及余热回收利用措施来减少燃料消耗，提高热工效率。

3.1.2　智能协同管控中心设计

智能协同管控中心是实现生产管控、物流管控、质量管控、设备管控、视频监控及能源管控的中央管控中心，可实现新精品基地的生产、能源、物流、安全的实时监控、优化调度和集中一贯的扁平化管理。生产管控中心、物流管控中心、视频监控中心、能源管控中心设立在智能协同管控中心里面。管控中心实现的功能如图 2 所示。

建设智能协同管控中心，以实现生产指挥、能源管控、物流调度以及安保（包括门禁）、环境、设备运行、消防的集中监视，实现集团公司精准高效的产销一体化、物流运输一体化、能源一体化、安保消防一体化的运营目标。

智能协同管控中心监控的范围覆盖从原料投入直到成品产出的一贯制生产过程，通过收集各区域的关键信息，从安全环保、合同指标、设备运行、质量信息、产量信息、库存原料、能源信息等方面反映公司的生产及设备状况，及时、准确地提供反映生产目标、实绩指标和水平的生产、设备管制信息；同时为各级管理者提供需要的统计数据或报表。

能源管控分为电力调度自动化系统和水、风、气 SCADA 监控系统以及基础能源管理、能源过程优化、能源决策支持几部分。公司内各种能源通过多种能源生产工艺进行生产，通过能源管控，节省能源费用、最小化碳排放量，并支持绿

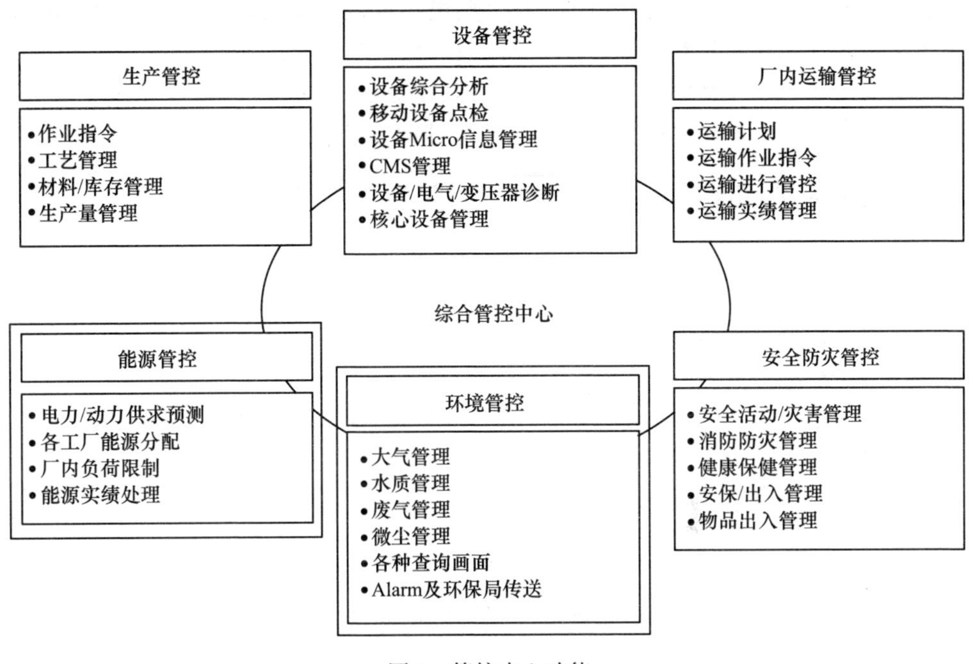

图2　管控中心功能

色作业。

能源平衡与调度技术，是建立在综合监控系统基础之上，同时结合先进调度管理方法的一套综合调整管理技术。能源管理中心系统将采用相关的数学模型（如能源平衡预测）、专家系统等方法为优化能源平衡和调整提供可行的解决方案，实现整体的、系统的节能目标。

能源管理控制系统是对公司能源管理从整体到局部、自顶向下的梳理。为确保系统安全、稳定、高效运行，提高公司能源生产的科学性、先进性、高效性及综合管理智能化水平，能源系统要与 ERP 系统联系在一起，在 L1/L2 进行中长期能源供求计划建立、每日电力/GAS 供求预测及实时控制、能源使用实绩管理、能源节约及碳排放量管理。通过数据分析与挖掘技术，重点对能源管理的全局性指标进行分析，将分析结果作为能源决策的重要参考。

智能计量系统具有智能远程计量、智能检化验两大功能。

（1）建立远程计量模式下的业务、视频及环境集中监控体系。以计量业务管理为核心，贯穿采购、进出厂验配、门卫检查、计量、收货、扣重及产品发运等环节，实现流程化闭环计量管理模式。例如汽车衡业务自动（自助）远程计量，动态与静态轨道衡、铁水衡远程集中计量，皮带秤数据自动采集及远程监控功能等。

（2）统一规划和统一管理检化验系统。根据原燃辅料、化产品、中间产品、产成品、副产品、水、气等介质的不同，设置不同的检化验流程，按规定实现与相关信息系统共享检化验数据。

根据《用能单位能源计量器具配备和管理通则》（GB 17167）等标准规范，严格配备能源计量器具，建立三级能源计量管理体系。

3.2 采用先进环保措施，降低污染物排放

3.2.1 废水“零排放”

日照钢铁精品基地项目，形成了一套行之有效的节水技术，实现了废水“零排放”，具体方法如下：

（1）同一个系统工艺之间的串水使用。在炼钢工艺、轧钢工艺、炼铁工艺等工艺内部串水使用。

（2）不同工艺之间的串水使用。将不同地点的排污水按照工艺要求串水使用。

（3）污水利用最大化。公司坚持能利用污水的地点一律使用污水，将污水利用率提高到最大化。生产厂区绿化、厕所等能用污水的地点全部改造为使用污水，大大提高污水利用率，实现污水排放就近利用化，有效节约新水资源。

全厂生产废水预处理设施用于处理全厂生产废水，其出水全部进入全厂化水站；全厂城市中水过滤后的出水大部分进入全厂化水站，进一步除盐制备全厂生产新水或软水、除盐水，另外小部分直接进入全厂生产消防储水池作为生产给水；全厂水库过滤出水作为生产新水直接进入全厂生产消防储水池作为生产给水。由于生产废水出水需要进入全厂化水站进一步制备软水、除盐水，需要生产废水处理抗冲击负荷能力较好、出水水质较稳定，以保证生产废水出水达到全厂化水站的进水水质要求。

经过全厂综合污水处理厂后的出水水质完全可以满足国家城市污水再生利用——工业用水水质标准 GB/T 19923—2005 要求，能够全部回用，不外排。

综上所述，日照钢铁精品基地项目做到没有废水排放的关键是全部废水回用。各个生产车间采用节约用水、减少排水等措施，对全厂废水处理后制备化水回用；同时，对产生的浓盐水再次减量处理，减量后的浓盐水全部用于高炉冲渣等低水质用户，实现了废水全部回用。

3.2.2 废气污染防治先进技术

（1）原料场建设封闭环保料场。

（2）烧结机机头烟气处理工艺采用碳基催化剂脱硫脱硝及多种污染物协同脱除工艺。

本项目烧结机机头废气采用 2 台四电场除尘器+1 套炭基催化剂干法烟气多

污染物一体化脱除（CRPCC）装置进行处理。

炭基催化剂干法烟气多污染物一体化脱除技术是北京国能中电节能环保技术股份有限公司在中国科学院山西煤炭化学研究所近20年技术积累及863课题研究成果基础上，进行工程转化的技术产品。其主要反应原理如下：

该技术的核心反应器采用移动床结构设计，烟气以错流方式进入反应器系统；烟气中SO_2被氧化为SO_3，再与烟气中水结合为H_2SO_4，吸附在炭基催化剂上；烟气中NO_x与加入的NH_3在炭基催化剂的催化作用下发生SCR反应，转化为无害的N_2和水；重金属及二噁英等被同时吸附在炭基催化剂上，脱除污染物后的烟气实现达标排放。当炭基催化剂达到饱和吸附后，被送入高温再生器解析出SO_2，一般SO_2浓度达20%以上可用于后续硫化工产品生产；二噁英等有机污染物在再生过程中发生降解，重金属等有害物被转化后在后续洗涤、冷却等化工过程中被脱除及收集。

炭基催化剂干法烟气多污染物一体化脱除技术在脱硫的同时还能脱除硝、重金属、二噁英等；其中脱硫效率可达95%以上，脱硝效率可达80%，脱汞效率可达90%，二噁英排放浓度<0.1ngTEQ/m^3（标态）；烟气脱硫脱硝的反应温度在100~150℃，不需要对烟气进行加热；脱硫过程不耗水，适用于水资源缺乏的地区；可回收得到硫酸、硫磺等化工原料；不回收时，可用碱液吸收；具有良好的环保性能，不会对环境造成二次污染；较活性焦干法一体化脱除技术，一次性投资成本可降低1/4，运行成本可降低1/3；适用于钢铁烧结、垃圾焚烧、工业窑炉、中小锅炉等多种行业的污染物治理。

（3）炼钢除铸坯火焰清理采用布袋除尘外，转炉二次烟气、转炉三次烟气、精炼废气、脱硫扒渣废气、料仓除尘等均采用捕集罩+预荷电直通袋式除尘器，除尘效率≥99%，控制出口颗粒物浓度≤10mg/m^3。

与常规除尘系统不同，预荷电直通袋式除尘器由“863”——钢铁窑炉烟尘PM2.5控制技术与装备课题研发，运行可靠，性能稳定，排放浓度6~8mg/m^3，运行阻力800~900Pa。该技术采用预荷电与袋式除尘组合的方式，前段在进口喇叭内设置预荷电器，使得进入除尘器的烟尘荷电，烟尘聚集，微粒长大，形成多孔粉尘滤饼，袋式除尘采用超细面层PM2.5精细滤料，对烟尘进行过滤。该技术装置属“863”成果，自主创新获得发明专利，具备技术领先、环保节能、效果显著的优势，兼具节能和高效双重优势，与传统袋式除尘器相比，总能耗可降低40%，设备占地减少20%。

（4）焦炉采用单孔调压，减少无组织排放。焦炉装煤采用SOPRECO单孔调压实现无烟装煤。SOPRECO单炭化室压力调节系统通过自动调节系统控制桥管处调节阀阀体开度实现对每个炭化室的压力调节。SOPRECO单孔调压系统使集气管保持负压状态，使与负压集气管相连的每个炭化室从开始装煤至推焦的整个结焦时间内的压力可随煤气发生量的变动而自动调节，从而实现在装煤和结焦初期使负压操作的集气管对炭化室有足够的吸力，保证荒煤气不外泄；在结焦末期保证炭化室内不出现负压，从而避免炭化室压力过大导致炉门冒烟和炭化室负压吸入空气影响焦炉寿命和焦炉窜漏。

（5）电厂锅炉烟气采用低温双室五电场除尘器。本项目电厂采用高效低温静电除尘器（设计除尘效率 99.86%）+脱硫吸收塔+湿式静电除尘器（脱硫采用石灰-石膏湿法脱硫装置，脱硫效率按 99.15%、除尘效率按 89%计，联合烟气净化装置总除尘效率按 99.992%计），出口颗粒物浓度≤5mg/m^3、SO_2浓度≤35mg/m^3、NO_x 浓度≤50mg/m^3。

本项目低温电除尘器采用双列双室五电场低低温高效电除尘、湿式静电除尘技术方案，双室五电场低低温静电除尘器采用高频电源、复合式功率振打技术、先进的电气控制技术等拥有众多成熟应用经验的提效技术。

采用高频电源供电技术。根据瑞典 ALSTOM 的应用统计，高频电源可以有效降低 30%~70%的烟尘排放水平，根据国内多年应用情况的分析和统计，最保守的数据，仅在第一电场应用高频电源后，相当于增加了 5%的收尘面积。全部电场均采用复合式功率振打技术，保证清灰效果，从而保证除尘效果的长期稳定。采用最先进的电气控制技术，能够针对不同煤种条件、不同工况条件、不同负荷条件，快速准确地适应变化，自动调节输出电压和电流。特别是具有“反电晕自动控制”、防止“电晕封闭”等应对特殊工况的手段。除尘器前设低温换热器，通过降低烟气温度以降低飞灰比电阻和烟气体积流量，提高除尘效率。

4 节能减排型钢铁企业实践效果

日照钢铁精品基地充分体现了新一代钢铁厂的三大功能，即低成本的产品制造功能、能源转换功能、社会废弃物消纳及再资源化功能，并通过优化制造流程结构，提高冶炼过程的 H/C 比例，使用清洁能源，选择能源利用率高的生产设备和节能减排措施，大幅度减少 CO_2的产生量，同时采取 CO_2吸附措施，控制 CO_2的总排放量，达到环境友好的生产要求。

日照钢铁精品基地通过工艺优化，应用多项新技术、新工艺，初步探索出了一条创建节能减排型的钢铁企业之路。今后还需进一步提升绿色钢铁能级，积极探索产城共融新模式，研究和探索消纳污泥、工业垃圾、飞灰、废塑料等城市废弃物的可行技术路线和方法。

我国现在是钢铁大国，但不是钢铁强国，随着国民经济发展，钢铁产量将继续增长。从长期发展来看，需兼顾长、短流程钢企发展，短流程发展是方向，要兼顾区域发展特点、特色，可适当发展短流程。若要成为钢铁强国，必须对现有钢铁工业进行技术改造，用经济流程建设新的钢铁企业，这将是今后钢铁工业的发展趋势。

参考文献

[1] 郑祖强. 钢铁企业节能减排的实践 [J]. 包钢科技，2012，38 (4)：76~78.

[2] 王维兴. 钢铁工业能耗现状和节能潜力分析 [J]. 中国钢铁业，2011 (4)：19~22.

[3] 李士琦，吴龙，等. 中国钢铁工业节能减排现状及对策 [J]. 钢铁研究，2011，39 (3)：1~8.

[4] 中国金属学会，中国钢铁工业协会. 2006—2020 年中国钢铁工业科学与技术发展指南 [M]. 北京：冶金工业出版社，2006.

全自动检化验系统中机器人的应用

刘健萍，焦玉莉，李　寰

摘　要：从进厂原料质量把关、中间产品监控、成品检验判定，到售后质量异议处理、新产品的工艺研究等，检化验系统起着企业眼睛的作用。检化验系统实现实物流过程自动化、分析检测过程自动化、信息流过程自动化、实验室管理自动化，已成为钢铁生产企业必不可少的手段。而智能机器人的应用，为试样采样、试样传输、试样制备、试样分析之间的自动化集成提供了可能性，使检化验系统实现全自动成为现实。

关键词：机器人；全自动原料分析；全自动冶炼分析

1　工程简介

目前，国内钢厂原燃料检验多采用自动取样、人工送样、人工制样分析的模式，铁水钢水检验多采用人工取样、风动送样、人工/自动制样分析的模式。随着新技术在钢铁生产企业的大量应用，生产过程越来越高速化、连续化、自动化，传统的分析检测方法已不能满足生产需求，分析数据及时、准确、稳定的反馈，可更加优化炼铁和炼钢工序的原料配比，提高冶炼钢种命中率。规避在检验过程中的人为干扰、降低劳动强度，从而提高分析数据的准确性和及时性，是检化验系统研究和发展的方向。钢铁行业属于流程型行业，在检化验系统中应用机器人，对于企业的质量提升、成本降低、廉政生产等具有积极作用。

日照钢铁精品基地项目全厂检化验承担着进厂原料检验、生产过程检验、出厂检验，以及对生产过程中出现的次品、残品、废品进行质量分析和鉴定的工作。在分析日照钢铁精品基地项目原料进场方式、物料特点和生产检验要求后，分别将自动采样、风动送样、自动制样、仪器自动分析、数据自动上传等单项技术集成应用，通过机器人自动完成各单项之间的操作，实现了原料分析系统、冶炼分析系统从采样到试样数据上传的全自动化。

2　在全自动原料分析系统中的应用

对于钢铁企业的原燃料，如原煤、铁矿粉、烧结矿、球团矿、焦炭、石灰石、白云石等，采用自动随机采样、机器人自动制样和在线分析、样品风动送样至原料分析中心的全自动工艺方案，在提高检化验数据的及时性和准确性上有着非常积极的意义。

2.1 原料分析系统组成

日照钢铁精品基地原料分析系统由采样点、制样间、试样传输系统、原料远程监控中心、原料分析中心五部分组成。

（1）采样点。承担在线采样任务，共设置了8个自动采样点，分别是1个码头采样点、1个火车采样点、2个汽车采样点、1个高炉入炉料采样点、1个混匀料采样点、1个烧结生石灰粉采样点、1个球团膨润土采样点。根据物料特点，分别选用门式火车采样机、桥式汽车采样机、皮带机头部自动采样器完成自动采样。

（2）制样间。承担在线物理检测和试样制备任务，根据原料进场方式和生产检验要求，集中设置了3个全自动制样间和1个人工制样间。全自动制样间包括火车全自动制样间（铁矿粉和煤）、汽车全自动制样间（铁矿粉和煤）、高炉入炉料全自动制样间（烧结矿、球团矿、焦炭），分别配置了全自动制样分析设备，临近自动采样点所采样品，由皮带送至制样间，可实现在线粒度和水分等的测定以及样品的制备。汽车人工制样间（铁矿粉、煤、石灰石、白云石等）作为汽车全自动制样间的补充配备了样品制备设备，所采样品由皮带送至制样间。

（3）试样传输。在火车全自动制样间、汽车全自动制样间、汽车人工制样间和原料分析中心设置风动送样系统，铁矿粉、煤、石灰石、白云石在制样间完成试样制备后，经风动送样系统送至原料分析中心。对于取样量大的烧结矿、球团矿、焦炭，试样自动制备后由人工送至原料分析中心。

（4）原料远程监控中心。承担操作和监控自动采样点和制样间设备的任务，各自动采样点和全自动制样间均无人值守；同时承担监控关键人工采样点的采样、制样、现场检验的任务。为保证生产顺行，在制样间设置控制室和操作台，也可操作和监控自动采样点和制样间的设备。

（5）原料分析中心。承担原料燃料的粒度、含水率、热稳定性、强度试验、膨胀试验、灰分、挥发分、化学成分、煤岩等项目的分析检验等。

2.2 全自动取制样分析系统组成

全自动取制样分析系统主要组成部分：（1）汽车自动采样机、火车自动采样机、机头自动采样器；（2）转运皮带；（3）试样制备分析设备，包括破碎机、缩分机、水分检测系统、粒度检测系统、转鼓强度检测系统等；（4）机器人；（5）

试样标签打印系统；(6) 风动送样系统；(7) 弃料系统。汽车全自动制样分析系统如图 1 所示。

图 1　汽车全自动制样分析系统

2.3　主要工艺流程

汽车、火车来料的待检车辆信息刷卡进入系统，系统后门式火车取样机/汽车自动采样机/机头自动采样器自动取样；样品通过皮带机转送至附近的制样间；根据需求，在制样间内完成水分检测、粒度检测、转鼓强度检测，实验数据上传原料取制样远程监控中心；制备化学分析样和冶金性能试验样，制完的试样自动封包贴样品编码；载样器通过风动送样系统送至原料分析中心；弃料通过皮带机送至室外弃料仓。整个过程破碎、缩分、筛分、样品取放、样品盘清扫、弃样等操作任务由机器人自动完成，如图 2、图 3 所示。

图 2　机械手取样

图 3　机械手转送试样

2.4 特点及优势

（1）特点。采用机器人实现各设备之间的样品取放、设备工艺件选取和更换，代替了传统的人工制样；采用风动送样，代替了传统的人工送样。

（2）优势。大大提高了铁前实物流过程的自动化率，降低了工人的劳动强度，保证了理化样品输送的及时性，提高了原料分析的速度和精度，最大限度杜绝了原料分析过程中的人为因素干扰。

2.5 效果

现场样品制备、在线物理检验（不含全水测定烘干时间）周期仅需 10min；份样质量波动 CV 值≤15%，系统对样品的关键检验指标进行测定的测定值精密度小于 0.8%，系统有效作业率≥98.5%；全水分测定准确度及精密度均符合国标要求。

3 在全自动冶炼分析系统中的应用

日照钢铁精品基地全自动冶炼分析系统可以实现钢样、铁样、渣样、氧气、氮气、氢气样品从炉前自动发送到实验室；钢样和铁样自动制备和自动分析，分析结果自动上传到过程控制机；渣样经手动样品输出口输出，线下制备试样后再插入自动线自动分析，分析结果自动上传到过程控制机；气体样经手动样品输出口输出，线下制备试样和分析，分析结果自动上传到过程控制机等功能。从试样送至实验室开始计时，全自动冶炼分析系统可在 3~4 分钟内把分析数据传递到各岗位，可使岗位人员及时调整和优化生产参数，保证冶炼成分达到标准要求，对冶炼工艺优化、新钢种的开发、节约能源等均具有重要作用。

3.1 主要设备组成

全自动冶炼分析系统采用环状机械手布置方案，主要由：（1）24 套风动送样系统，包括试样发送装置、试样接收装置、风动试样管道；（2）样品接收系统，包括 2 台机器人、样盒开盖装置、渣样和气体样输出转盘、样品取出装置；（3）样品制备系统，包括 2 台机器人、传输皮带、标签打印机、单工位铣床 2 台、双工位铣床 1 台、磨样机 2 台；（4）分析仪器，包括 5 台配有机械手的自动化直读光谱仪、2 台配有机械手的自动化荧光光谱仪；（5）实验室管理系统组成。

3.2 主要工艺流程

（1）钢样和铁样全自动流程。现场操作人员将试样装入试样盒，放入发送站，输入试样号，按下发送按钮，试样盒在压缩空气推动下，经风动送样管道传至冶炼分析中心接收站；接收站自动接收，机器人 A 取出试样盒并开盖，样品取出装置吸出试样，经分冷水冷装置冷却，再由机器人 B 夹取试样到铣床（铁样可用磨床），自动定位夹持试样，铣削（磨削）到设定深度后，由机器人 B 夹取试样到试样待检位置；直读光谱仪配备的机器人 C 将试样夹取到扫描装置下，扫描检查试样表面质量，将符合要求的试样放到直读光谱仪激发台上，自动激发检测试样；已检测试样或检查不合格的试样，由机器人 C 将试样放入传输皮带，传输皮带将试样输送到试样标识位置，自动打印粘贴标签，试样自动归入试样收集装置。风动送样系统机器人 A 如图 4 所示，自动化直读光谱仪机器人 C 如图 5 所示。

（2）渣样半自动流程。渣样经手动样品输出口输出，线下制备试样后再插入自动线，由机械手 B 转移至荧光分析皮带；荧光光谱仪配备的机器人 D 将试样传输至检测位置，检测位置正位后分析；已检测试样或检查不合格的试样，由机器人 D 将试样放入传输皮带，传输皮带将试样输送到试样标识位置，自动打印粘贴标签，试样自动归入试样收集装置。

（3）O/N/H 气体样半自动流程。气体样经手动样品输出口输出，线下制备试样和分析，分析结果自动上传到过程控制机。

（4）备用方案。为应对成品试样、紧急试样和特殊试样的分析，冶炼分析中心内还配备一套钢、铁样品手动分析仪器和制样设备。

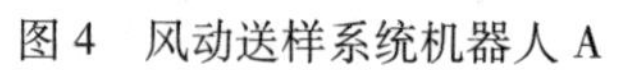

图 4　风动送样系统机器人 A

图 5　自动化直读光谱仪机器人 C

3.3 特点及优势

（1）特点。采用环状机械手方案，可靠性高、兼容性好、灵活性高；全自动和半自动相结合，兼顾了效率和投资；钢样采用铣床处理，铁样可采用磨样机或铣床制备，系统互备性强。

（2）优点。工艺路线清晰、流程短、样品处理时间短、系统效率高。

3.4 效果

除去风动送样时间，试样分析时间从人工的5min到全自动的3~4min；试样分析数据有效率由92%提升至98.5%。

4 结论

（1）分别将自动采样、风动送样、自动制样、仪器自动分析、数据自动上传等单项技术集成应用，通过机器人自动完成各单项之间的操作，实现了原料分析系统、冶炼分析系统从采样到试样数据上传的全自动，在提高检化验数据的及时性和准确性上有着非常积极的意义。

（2）机器人动作连锁条件和对样品质量的判断条件，是未来机器人编程优化的重点，也是目前不得不阶段性辅以人工干预的原因。

（3）全自动原料分析系统、全自动冶炼分析系统的正常使用与操作工技术水平和责任心密不可分。

（4）目前使用的机器人为进口设备，亟待实现国产化，从而降低设备投资和运行费用，机器人国产化对全自动原料分析系统、全自动冶炼系统的推广应用意义重大。

地基处理中的关键问题及解决措施

王永臻，董经付，何正波，高卫国，李建权

摘　要：山东钢铁日照精品基地项目，陆地 6.57km²，填海造地 1.32km²。场地属于丘陵边缘倾斜平原、海滨平原地貌，场地内第四系海相及海陆交互相沉积，砂类土与黏性土互层或夹层产出。钢铁厂厂房及设备荷载较大，浅部地层难以满足建（构）筑物对地基承载力及沉降的要求，甚至部分对地坪、道路的正常使用都有影响，地基必须进行处理。

对项目采用的四类主要地基处理措施进行综述，按具体区域介绍了地基处理方案的选用原则、试验方法、施工详情以及检测效果；并选取“强夯置换”处理措施进行介绍，通过记录试验、设计、施工和检测全过程，分析地基处理方案对项目顺利实施的效用。

关键词：地基处理；强夯置换；复合地基；地基检测

1　项目概况

山钢集团日照钢铁精品基地位于于日照市南部、岚山区虎头镇东北、国际海洋城区东南的黄海之滨。项目一期占地 7.89046km²（其中：陆域占地 6.57146km²，海域 1.319km²）；二期占地 4.55km²。

场地地貌上属丘陵边缘的倾斜平原、滨海平原地貌，场地整体上由西向东倾斜，场地内沟、坎、坡地等微地貌较为发育，并有水塘、小水库及虾池散布在场地内。

2　场地地质条件及地基处理的必要性

2.1　场地地质条件

（1）场地地层概况。根据项目勘察结果，场地内主要地层有：

① 层素填土或杂填土（Q_4^{ml}）。结构松散，厚 0.5～6.0m，场地内普通分布。

② 层粉细砂（Q_4^{m}）。松散～稍密状态，层厚 0.7～11.7m。

②-1 层中粗砂（Q_4^{m}）。稍密~中密，饱和，层厚 1.0~11.77m。

②-2 层淤泥质粉质黏土（Q_4^{mh}）。可塑-流塑状态，含少量有机质及细砂粒，层厚介于 0.4~5.9m。含水率 W=22.2%~49.6%，平均 39.84%。

③ 层粉质黏土（Q_4^{mc}）。可塑状态，局部呈硬型状态，层厚 0.6~10.5m，整个场地均有分布。含水率 W=1.96%~34.2%，平均 26.2%。

④ 层淤泥质黏土（Q_4^{m}）。可塑-流塑状态，含少量有机质、局部含较多砂粒，层厚 0.5~5.1m，主要在场地东侧中南部、东侧北部局部地段分布。含水率 W=33.4%~62.3%，平均 45.3%。

④-1 层粉质黏土（Q_4^{m}）。可塑-硬塑状态，含少量有机质和细砂粒，仅在场地东侧南部少数钻孔中揭露，层厚 0.7~2.1m。含水率 W=19.1%~32.2%，平均 25.3%。

⑤ 层粉细砂（Q_4^{m}）。稍密-中密，层厚 0.5~8.9m。

⑤-1 层中粗砂（Q_4^{m}）。稍密-中密，分布较普遍，层厚 0.4~7.8m。

⑤-2 层粉质黏土（Q_4^{m}）。可塑-硬塑状态，局部夹薄层砂土，厚 1.2~1.5m，仅在项目场地北端局部地段分布。

⑥ 层粉质黏土（Q_3^{al+pl}）。可塑-硬塑状态，局部夹薄层粉土，层厚 0.5~13.20m，整个场地均有分布。含水率 W=16.5%~58.0%，平均 25.6%。

⑥-1 层黏土（Q_3^{al+pl}）。可塑状态，局部呈软塑状态，层厚 0.5~4.3m，在项目场地东侧南部局部地段分布。含水率 W=24.4%~51.6%，平均 37.0%。

⑥-2 层中粗砂（Q_3^{al+pl}）。中密状态，层厚 0.7~10m，整个场地均有分布。

⑦ 层黏土（Q^{el}）。硬塑状态，局部可塑状态，层厚 0.7~7.5m，整个场地均有分布。含水率 W=12.8%~44.9%，平均 25.95%。

⑦-1 层碎石（Q^{el}）。中密状态，层厚 0.5~2.9m，在项目场地东南侧局部地段分布。

⑦-2 层中细砂（Q^{el}）。中密~密实状态，饱和，厚 0.5~5.6m。

⑧ 层全风化花岗片麻岩（Ar）。原岩结构、构造已经风化破坏，矿物已蚀变，岩芯呈砂土状，层厚 0.5~9.0m，场地内普遍分布。

⑨ 层强风化花岗片麻岩（Ar）。原岩结构、构造已基本风化破坏，层厚 0.4~15.60m，场地内普遍分布。

⑩ 层中风化花岗片麻岩（Ar）。粒状结构，片麻状构造，属较硬岩。

（2）地下水概况。场地地下水有第四系砂类土中的孔隙水及花岗片麻岩中的裂隙水，地下水位标高-1.15~4.58m，年变化幅度 1~2m；场地内虽有弱透水~极微透水的粉质黏土、黏土分布，各地层分布多不连续、无贯通的隔水层。孔隙水与基岩裂隙水相互联系较为密切，抽水试验为中等透水层。

2.2 地基处理的必要性

根据场地地质条件分析，场地内第四系海相及海陆交替相沉积土层（②层~⑥层）厚3~27m，场地内大部分地段分布有厚薄不均的②-2层及④层淤泥质黏性土，其层顶标高多在0~2m左右，层厚多数为2.5~5.0m，地基土承载力特征f_{ak}介于50~60kPa。场地整平标高4.50m，②-2层及④层淤泥质黏性土正好分布于一般深基础埋深附近和一般浅基础的主要持力层，因其强度低，而且在上部建（构）筑物荷载作用下会发生较大的沉降及不均匀沉降，故需要加固处理后才有可能作为建（构）筑物的地基持力层；②层~⑥层除淤泥质黏性土层强度很低外，其他土层地基土承载力特征值为120~200kPa，难以达到大部分拟建建（构）筑物对地基的要求，须加固处理。因此，场地内需根据各建（构）筑物设计确定的基础形式及基础埋置深度、地基承载力等参数要求，分类进行地基处理。

3 地基处理方案的选用原则

该场地地基土分布复杂，根据地基处理试验结果，结合建（构）筑物对地基土的要求，采取了不同形式的地基处理措施，主要有以下四类：

（1）地基承载力要求大于300kPa，软土层顶面标高低于-2.0m区段，环境不允许强夯地段及填海地段，采用桩基方案；

（2）地基承载力要求不大于300kPa，基础可以浅埋，②-2及④层埋深不大的地段，采用强夯置换方案；

（3）地基承载力要求不大，基础埋深较大，③层或⑤层及以下地层可以满足建（构）筑物对地基承载力及变形要求，在解决好深基坑支护后，基础可置于天然地基上；

（4）地面有一定承载力要求，而②-2或④层软土零星分布、埋深变化较大、软土层顶标高低于-2.0m、强夯置换处理较困难地段，采用“碎石桩+强夯”方案。

4 地基处理方案施工详情

4.1 桩基施工项目

4.1.1 项目分布

受建（构）筑物荷载普遍较大，地层复杂及场地环境影响，日照钢铁精品基地的较多区域采用了桩基础，如炼铁区、炼钢区、焦化区，宽厚板区、炉卷区、厂前区的管控中心、技术研发中心、板材检测中心、研发实验室、污水处理厂、石灰窑、水渣微粉、高炉及转炉煤气柜、燃气发电、220kV变电站南站、公路桥墩及大部分支架基础等。

4.1.2 桩基种类

为满足上部荷载及腐蚀环境的要求，桩基础采用钻孔嵌岩灌注桩、预应力管桩、预制方桩、挤扩支盘桩。其中钻孔嵌岩灌注桩桩径ϕ600~ϕ1500mm，单桩竖向极限承载力6000~25000kN；挤扩支盘桩单桩竖向极限抗压承载力3000~7000kN；预应力管桩及预制方桩单桩竖向极限承载力2000~7000kN。

4.1.3 施工措施

桩孔的定位、桩孔深度及桩端进入持力层的深度、钢筋笼制作及达到保护层的措施、桩身混凝土浇注的连续性、提拔导管的速度、钻孔桩桩底沉渣厚度的控制、预制桩的型号、接头处理方式、锤击或静压终止、沉桩要求等均为影响单桩承载力主要因素，都是施工中检查的项目，在设计文件中作了详细要求。成桩过程中由甲方、监理、勘察、设计及施工单位对各工序进行全过程检查，并加强了成桩后的检测工作，桩的完整性低应变检测由规范要求不应少于桩数20%提高到100%；从桩身的完整性及缺陷、桩底曲线、桩长来判别桩的质量是否满足要求；对单桩极限承载力的验收检测，每分项均作不少于3根的单桩竖向抗压静载荷实验；将高应变检测量从规范占总桩数5%提高到20%；对有较大缺陷的桩，对其周围的桩均作高应变检测。对于桩位的偏移规范中都有明确要求，场地内钻孔桩绝大多数直径为800mm、1000mm的大直径桩，单桩承受较大荷载，单桩独立承台，桩间设连系梁。对偏移超过10cm的桩，分不同情况将单桩承台组成4桩承台、六桩承台或八桩承台，而对出现偏移较多的二号焦炉，取消了单桩承台及连系梁，改为大筏板以确保各桩受力均匀。

采取这些措施的目的是使得每根桩都能到达设计要求，确保建（构）筑物的安全运营。经过系统的检测、检查后，对发现的少数质量达不到设计要求的桩进行了处理。

4.1.4 具体项目遇到的问题和解决措施

炼钢循环水泵站基础为ϕ600挤扩支盘桩，小应变检测中发现87号及91号桩有缺陷，经压桩实验，其单桩竖向极限承载力为3200kN、2000kN，远小于设计要求4000kN。对周围的桩都作高应变检测均达到设计要求。经查证该处正值强风化花岗片麻岩埋深剧裂变化地段，支盘位置未作调整导致单桩承载力下降。根据实际检测结果经设计复合后，单桩承载力达到1800kN即可满足要求，因此未做补桩处理，但对该桩周围进行了压力灌浆处理，以提高盘下土体承载力及桩周摩阻力。

烧结烟囱基础有92根ϕ600mm钻孔桩，小应变检测发现9根桩有明显缺陷，深度在3~4m处，后对其中14号及46号桩进行抽芯检测，发现该地段岩芯稍破碎，有气孔存在，但桩身抗压强度满足设计要求，最后开挖检测此段正值岩土交界面附近，桩身明显扩经造成缺陷假象，9 根桩未作任何处理。

4 号焦炉桩基础，在低应变检测中发现 J213、J194、J214 桩身有明显缺陷。J213 桩初判缺陷在 4m 深度为断桩，开挖后对断桩部位进行了处理，并做了静载试验，单桩竖向极限承载力达 10000kN，符合设计要求。J194 桩小应变推测桩长 17m，明显低于施工记录的 26.79m，也判为断桩，经压桩试验单桩竖向极限承载力 3000kN，低于设计要求 8000kN，处理方式是在该桩的东西两侧各补一根 ϕ800mm 的桩；J214 桩，桩径 ϕ1000mm，小应变推测桩长略小于施工记录桩长，而且入岩反射不明显，推测桩底有沉渣，经压桩试验单桩竖向抗压承载力极限值为 8000kN，虽小于设计要求 10000kN，经对其周围 16 根桩做高应变检测，单桩竖向极限承载力均达 10000kN，符合设计要求。经设计复核单桩竖向抗压承载力极限值为 8000kN 基本能够满足要求，此桩也可不做处理。经调查了解，这三根桩所在区域，施工时普遍存在混凝土浇注时间过长的现象。经与监理、施工方研究，为确保安全，将 J214 周围四根桩连成四桩承台。

3 号连铸机基础共设 258 根钻孔桩，桩径 800mm，设计单桩竖向极限承载力为 8000kN；在桩顶为-1.0m 处先检测 3 根桩小应变，明显桩身有缺陷，3 根桩经压桩试验，单桩极限承载力分别为 3200kN、1000kN、2400kN，又在已开挖-4.6m 标高上对 3 根桩做压桩试验，单桩极限承载力分别为 3200kN、5600kN、5600kN；在-1.0m 标高上对 3 根桩进行抽芯检测，钻孔分别达 21.3m、29.8m、24.4m，均未达到施工记录的桩底深度，抽芯孔均已离开桩身。每个孔岩芯中可见 3~6 段破碎段，岩芯表面有沟槽，岩芯呈蜂窝状，胶结差、夹泥，说明 6 根桩均不合格。经监理、设计、施工方商讨后，对其余桩都进行高应变检测。除 6 根静压桩外，在-7.5m 标高外（未检到）的 4 个桩顶标高面上进行了 78 根桩的高应变检测，其单桩竖向极限承载力为 2086~6905kN，无一根桩达到设计要求，出乎所有人的预料。从检测结果、施工单位反馈的情况，当时施工场地较差、积水严重，桩身混凝土浇筑不顺利，形成孔底沉渣很厚，桩身不少地段不完整，造成单桩承载力达不到设计要求。经设计复核后，确定单桩竖向极限承载力小于 2000kN 的为废桩，约占检测桩数量的 1/4。在其余桩可利用的条件下，除北部 JZ1 东西条带为通廊、荷载不大、未再补桩外，在 JZ-1a、JZ-2a、JZ-5a、JZ-6a、JZ-7a，5 个桩顶平台共补桩 68 根，桩径 ϕ600mm，并采用后压浆方法。

4 号连铸机基础有 130 根 ϕ800mm 钻孔桩，单桩极限承载力要求 6600kN，低应变检测发现 79 号桩在 12m 深度处断桩，压桩试验极限承载力为 2640kN，为设计值的 40%。对其周围的 4 根桩进行高应变检测，承载力均满足设计要求，设计复核后，对桩身 12m 深度一带及桩周进行压力灌浆处理。

4.2　强夯置换施工项目

4.2.1　项目分布

强夯置换地基处理主要用于冷轧区、热连轧区、烧结区、球团区、原料场区、厂前区行政办公楼、职工公寓、餐饮中心、道路及高炉、炼钢区中的部分建（构）筑物等。

4.2.2 地基处理试验

4.2.2.1 地基处理试验目的

（1）为强夯置换墩的技术、经济比较提供依据和设计参数。

（2）为后期的施工方案提供基础参数。

（3）对液化消除的可能性进行检测。

4.2.2.2 地基处理试验方法

（1）强夯实验区的选择。根据场地地质条件及拟建建（构）筑物初步布置情况，拟在场地北端设第一试验区，主要针对②-2 层进行强夯置换试验，其典型地质剖面图如图 1 所示；在拟建高炉地段的空地上设第二试验区，主要进行桩基

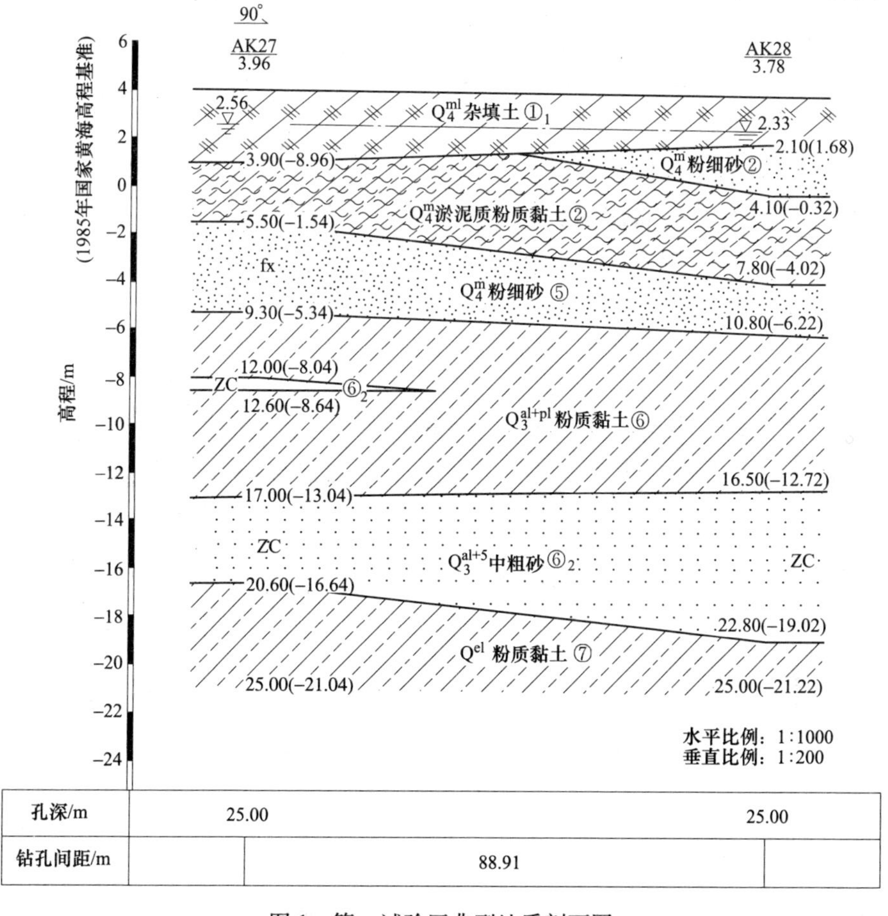

图 1 第一试验区典型地质剖面图

础试验，其典型地质剖面图如图 2 所示；在拟建原料场北端设第三试验区，其典型地质剖面图如图 3 所示，主要针对④层进行强夯置换试验。先行开展的第三试验区因土地原因移至拟建原料场南端；第一试验区短期内无法进行试验，随将第一试验区的一部分试验移至第三试验区，但调整后的第三试验区场地由于第四系地层较薄，部分试验仍未能开展，调整至厂前区职工公寓地基强夯置换施工时进行。

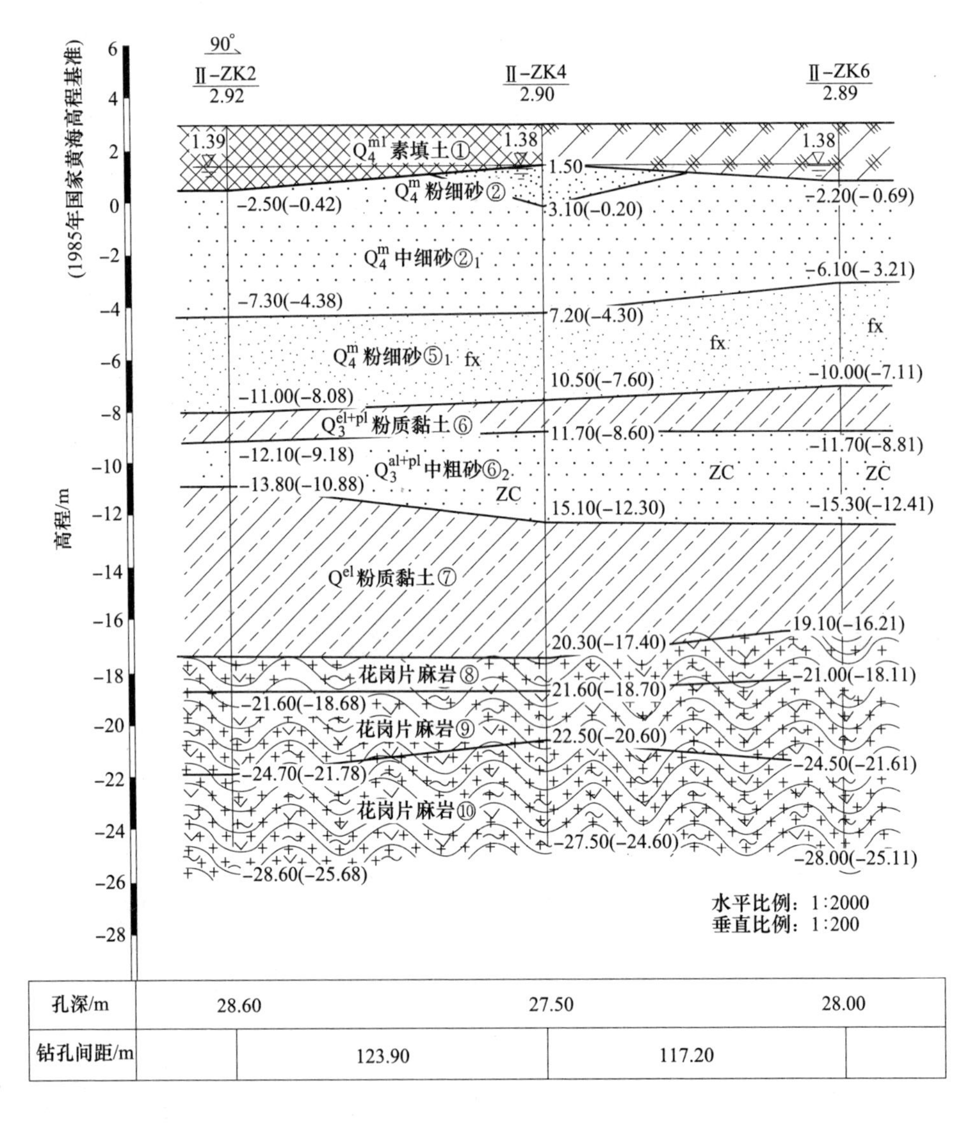

图 2 第二试验区典型地质剖面图

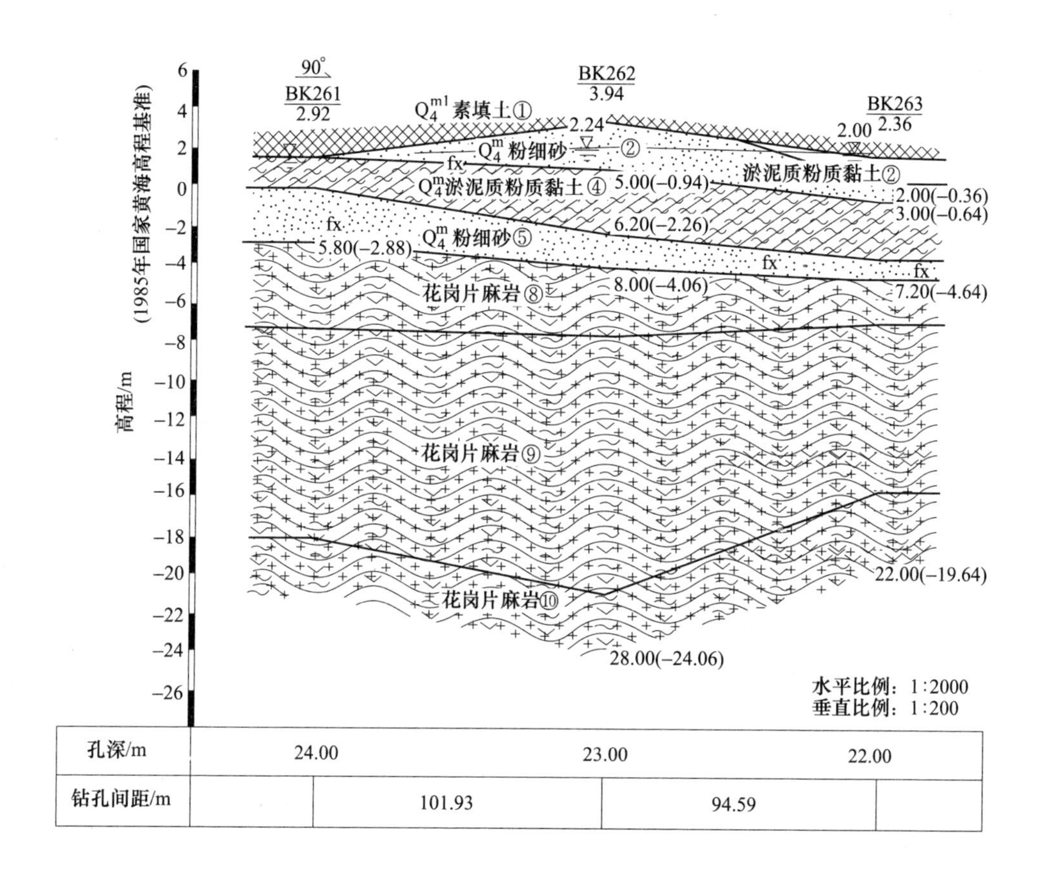

图3 第三试验区典型地质剖面图

调整后的第三试验区位于项目场地南端老沿海公路边的虾池内。根据在调整后的第三试验区虾池周边的8个夯前钻孔资料：场地内虾池埂有①层素填土和②层粉细砂分布，虾池底即为④层淤泥质黏土，层厚5.6~6.8m；其下分布厚0.5~0.9的薄层⑤层粉细砂；再下为下伏为⑧层全风化花岗片麻岩，埋深7.2~8.0m，顶面标高−2.63~−4.13m。其典型地质剖面图如图4所示。

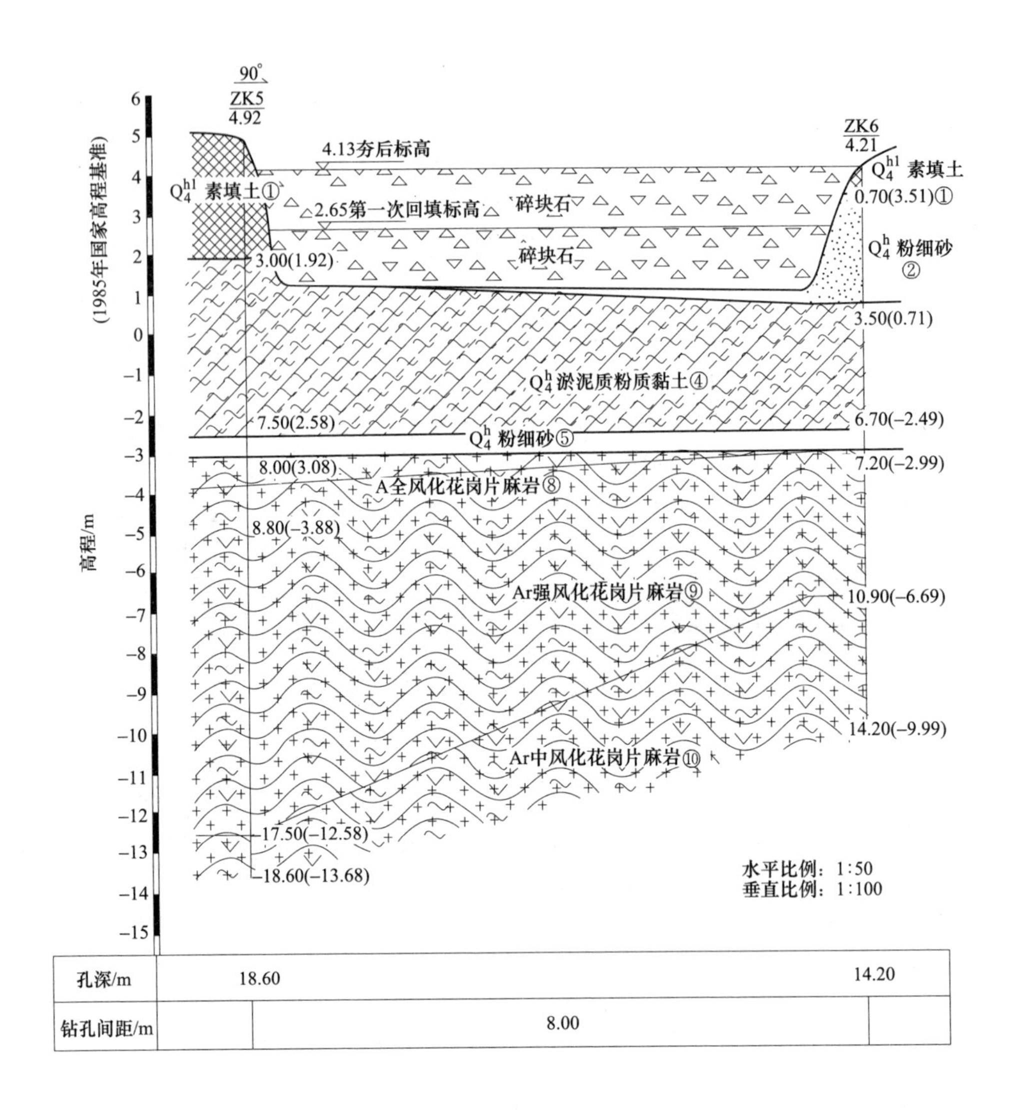

图 4　调整后的第三试验区典型地质剖面图

项目厂前区职工公寓位于项目场地北端，场地内第四系地层厚 21~25m，主要有粉细砂②、中粗砂②-1 层、淤泥质粉质黏土②-2（软塑~流塑状，层厚 0.5~2.80m）、粉细砂⑤层（层厚 3.5~8.8m），粉质黏土⑥层（层厚 3.10~10.50m）、中粗砂层⑥-2 层（层厚 2.1~7.4m）、深部依次残积层粉质黏土⑦层和下伏花岗片麻岩全风化带，顶面埋深分别介于 19.20~23.30m、21.00~23.70m。其典型地质剖面图如图 5 所示。

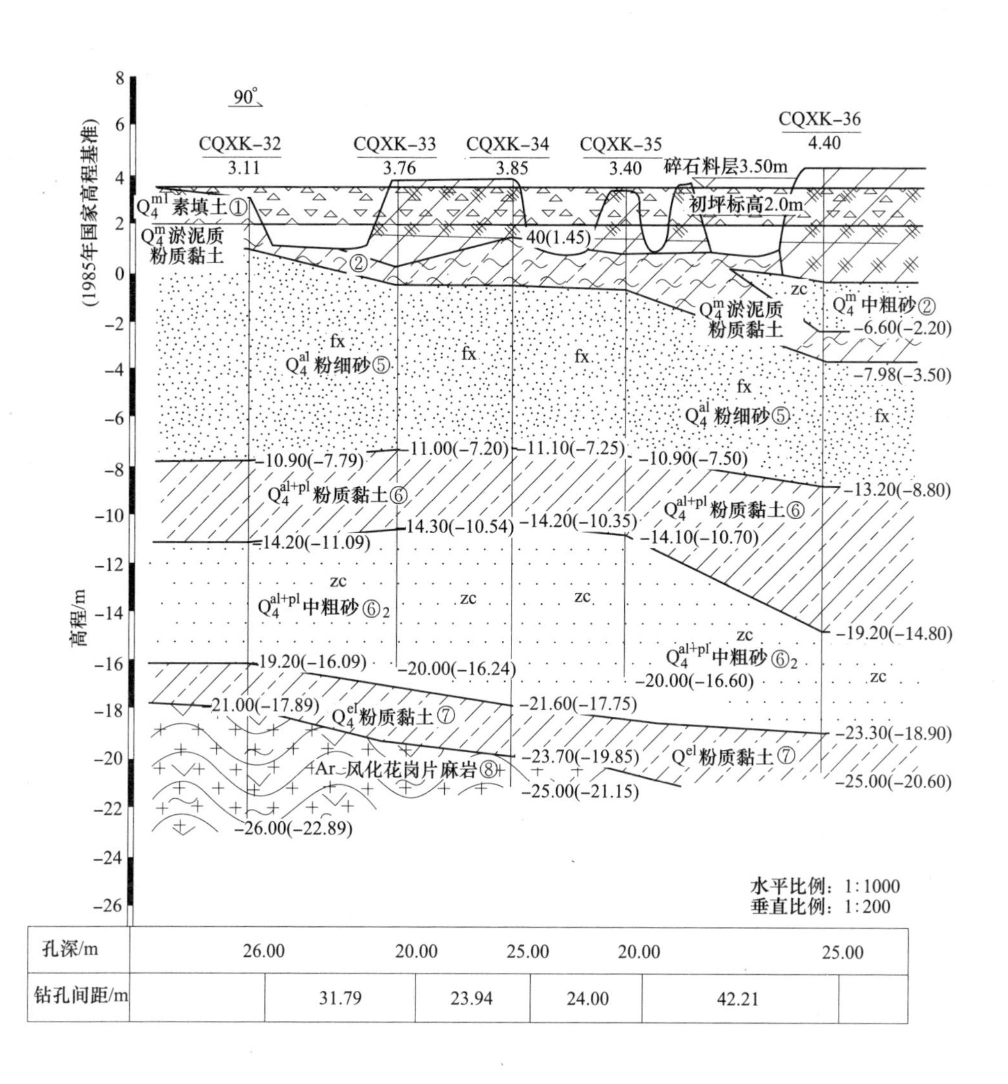

图5　职工公寓试验区典型地质剖面图

（2）强夯实验区实验方法。各试验区的地基处理内容见表1，各区的强夯置换墩点布置如图6、图7所示。

表 1　试验区地基处理试验内容

<table>
<tr><th>区位</th><th>实验项目</th><th>实验方案</th><th>测试方法及目的</th></tr>
<tr><td rowspan="6">调整后的第三强夯置换区</td><td>强夯置换施工方法</td><td rowspan="6">AⅡ区：采用 3m×3m 正方形布墩；第一次夯击能 6000kN · m；第二次夯击能 4000kN · m。
AⅠ区：采用 3m×3m 正方形布墩；第一次、第二次夯击能 4000kN · m。
B 区：采用 4m×4m 梅花形布墩；第一次夯击能 6000kN · m；第二次夯击能 4000kN · m。
D 区：采用 3m×3m 正方形布墩；第一次、第二次夯击能 4000kN · m。第一次夯击数：①列 7 遍、②列 8 遍、③列 9 遍。
以上各区：第二次夯击最后两击小于 10cm；点夯锤底直径 1.5m，重 33.2t；满夯锤底直径 2.4m，重 20t，带通气孔</td><td>（1）地质雷达检测墩长；（2）钻孔检测墩长；（3）最后两遍夯沉量预测墩体密实度。从墩长、墩体密实度、置换用料确定施工方法</td></tr>
<tr><td>强夯置换墩长和强度</td><td>（1）地质雷达检测墩长；（2）超重型动探检测墩长和评价墩体密实度及强度；（3）墩上静载实验求墩体强度和变形模量</td></tr>
<tr><td>墩间土强度</td><td>（1）标准贯入试验；（2）浅层平板荷载实验；（3）螺旋板荷载实验。三种方法测求墩间土的强度和变形模量</td></tr>
<tr><td>强夯置换施工中孔隙水压力变化</td><td>场地周边埋设空隙压力计观测强夯置换中孔隙水压力增加及消散</td></tr>
<tr><td>强夯施工振动测试</td><td>检测评价强夯施工振动对周边的影响</td></tr>
<tr><td>用料统计</td><td>为强夯置换地基处理预算提供基础资料</td></tr>
<tr><td rowspan="4">厂前区职工公寓区</td><td>强夯置换墩长和强度</td><td rowspan="4">置换墩布置按照 3m×3m 基本原则考虑；点击锤直径 1.5m，锤重 30t；满夯夯击能 2000kN · m，满夯锤底直径 2.5m，重约 20t。
采用墩点“二次夯击发”，B 区 AC 至 AK 轴线内墩点第一次点夯夯击能 4000kN · m，第二次点夯均为 4000kN · m。面积 1.06 万平方米，111 个基础下均有监测点</td><td>（1）地质雷达检测墩长；（2）超重型动探检测墩长和评价墩体密实度及强度；（3）墩上静载实验求墩体强度和变形模量</td></tr>
<tr><td>墩间土强度及饱和砂土地震液化消除评价</td><td>（1）标准贯入试验，每米 1 次，至 20m 深；（2）浅层平板荷载实验；（3）螺旋板荷载实验。三种方法测求墩间土的强度和变形模量，评价夯后饱和砂土液化消除情况</td></tr>
<tr><td>强夯施工振动测试</td><td>检测评价强夯施工振动对周边的影响</td></tr>
<tr><td>用料统计</td><td>为强夯置换地基处理预算提供基础资料</td></tr>
</table>

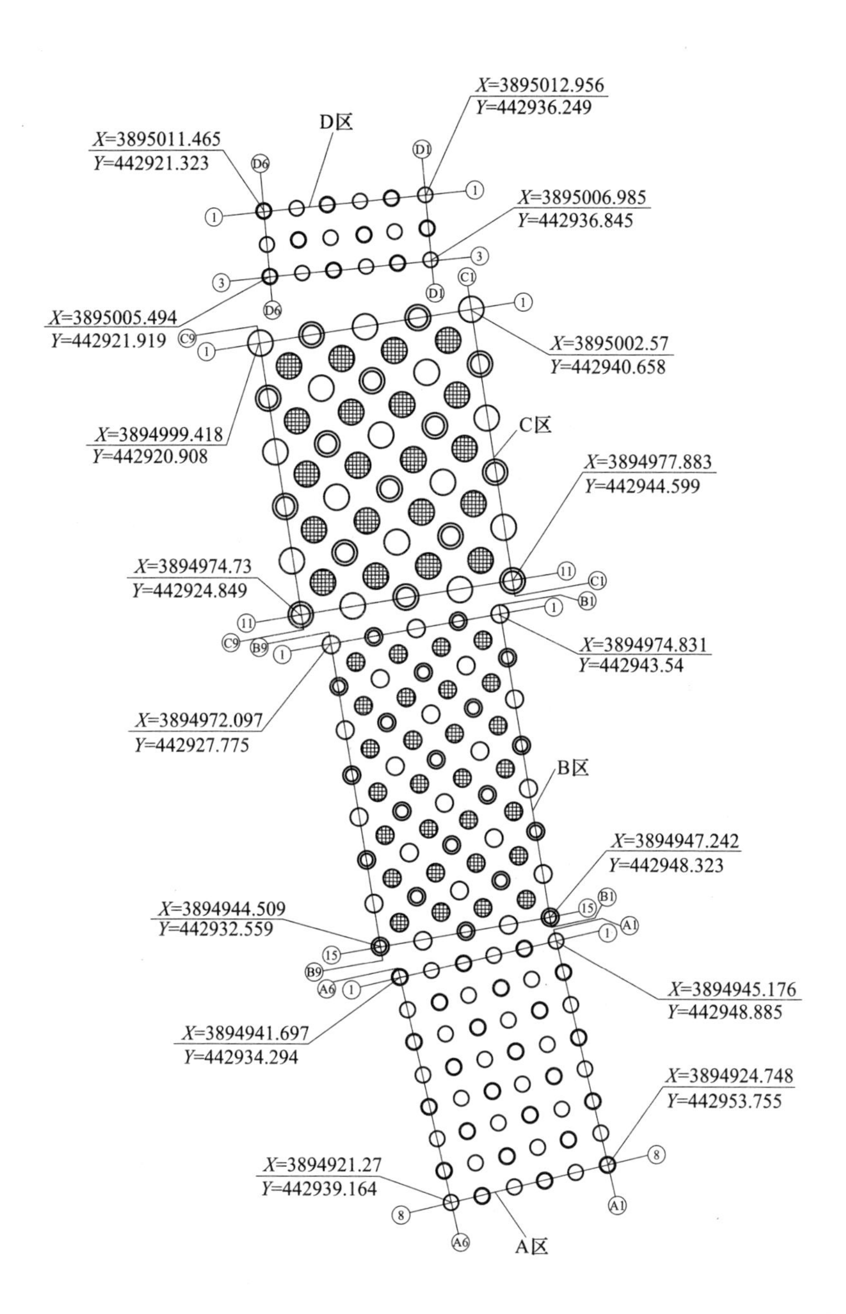

图6 调整后的第三试验区夯墩布置

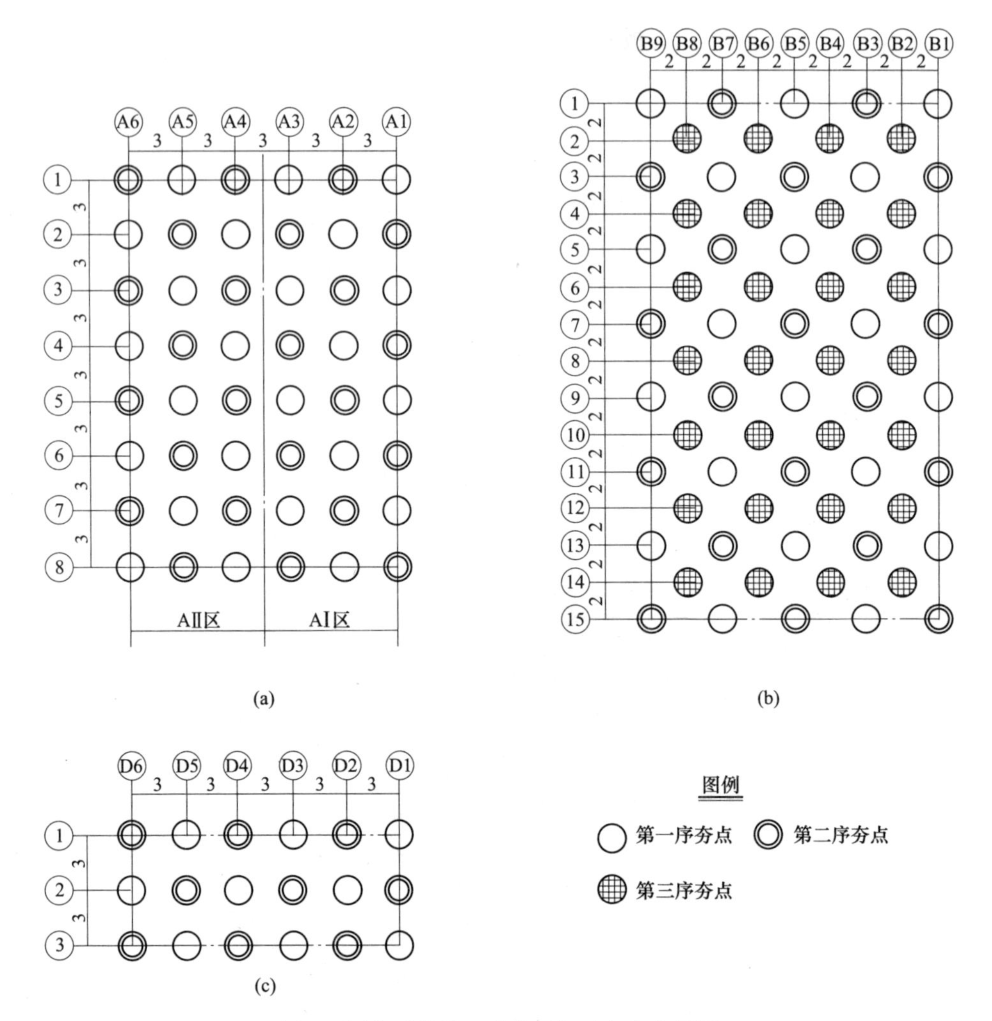

图 7　调整后的第三试验区各区夯点布置图

(a) A 区；(b) B 区；(c) D 区

4.2.2.3　复合地基承载力的确定

(1) 单墩的地基承载力特征值。在调整后的第三试验区强夯置换施工结束后，对 A 区、B 区、D 区置换墩体共进行 13 点静载荷试验；职工公寓区分别在第一次点夯夯击能 4000kN · m 区 8 个墩点和 6000kN · m 区的 6 个墩点上共进行 14 点静载荷试验。调整后的第三试验区最大加载值 2500kN，职工公寓区最大加载值 3000kN。根据 27 点静载试验成果，*P-S* 曲线均呈缓变的直线型，均未达到极限状态；最大加载时的沉降量：调整后的第三试验区为 16. 49 ~ 56. 88mm，大于 40mm 的三组试验均为各区边墩；第一级加载沉降量占总沉降量的 6. 03% ~ 24. 65%，说明满夯未能将表层加固密实；加载至 1500kN 时，两区墩点沉降量多数为 6~15mm，相当于承压板直径 d 的 0.01 倍左右；综合分析单墩承载力特征值取 850kPa。

同时在实验区采用超重型动力触探（N_{120}）对墩体进行检测。根据试验成果，调整后的第三试验区 D 区墩体 N_{120} 平均值随随第一次点夯的夯击数的增加而增大。两个区中第一次点夯夯击能 6000kN · m 的墩体上修正后 N_{120} 结果比夯击能 4000kN · m 的略大。两区墩体的修正后 N_{120} 平均值达 14 击/10cm 以上，墩体呈很密状态，其地基土承载力达 850kPa 以上，结合墩上静载核试验成果单墩承载力特征值取 850kPa 是可行的。

（2）墩间土地基承载力。根据在调整后的第三试验区以及职工公寓区墩间土平板静载荷试验、墩间土螺旋载荷板试验结果，墩间土由于其成分组成的差异，各种试验获得地基承载力特征值 f_{ak} 差异较大。从平面展布及立面展布的分析：3~6m 深度处的螺旋板载荷试验、标准贯入试验应为④层淤泥质粉质黏土被置换的区间墩间土，其地基承载力特征值 f_{ak} 应较低，而 7m 深处已经进入⑤层粉细砂，墩间土的强度应远高于 3~6m 深度段，A、B 两区 7m 深处螺旋板载荷试验获得的地基承载力特征值低于 3、5m 深处，一般 100~200kPa，而 D 区为 125~150kPa，均比⑤层粉细砂的强度低，夯后强度仍未恢复，待时间的增加，地基土强度仍有可能增长。三个区螺旋板载荷试验的平均值为 143kPa，墩间土的强度指标建议值取 120kPa。

（3）置换强夯处理后的复合地基承载力。根据调整后的第三试验区 13 点和职工公寓区 14 点置换墩上平板载荷试验结果，点夯锤直径 1.5m，按规范墩径可按 1.1~1.2 计算，当取 1.1 倍计算得：

3m×3m 正方形布置，$f_{spk}=0.237\times848+(1-0.237)\times120=292.5(kPa)$；

4m×4m 梅花形布置，$f_{spk}=0.267\times848+(1-0.267)\times120=314.4(kPa)$；

根据以上计算，当软土埋深不大于 10m、建（构）筑物基底要求地基承载力特征值不大于 250kPa 时，可采用 3m×3m 正方形或 4m×4m 梅花形布置的强夯置换地基处理，而要求达 300kPa 时，置换率不宜小于 0.26。

（4）液化消除检测。根据试验区夯前夯后的数据对比，在强夯置换的冲击力及震动力影响下，夯后饱和砂土的标贯击数比夯前有较大幅度提高，且实测各点标贯击数均大于相应的液化判别标贯击数临界值，即地面以下 20m 深度内饱和砂土在 7 度地震作用下可能发生的轻微~中等液化现象，经强夯置换处理后已经全部消除。

4.2.3 强夯置换方案的制定和实施

（1）强夯置换区场平及回填要求。在初平清除地表植物及种植土、障碍物后，根据不同的场地处理方式，回填中、强风化花岗片麻岩碎石块，填料厚度不小于1.5m，填料最大粒径不大于300mm且200~300mm的粒径不大于30%，不均匀系数大于5，含泥量不大于5%。

（2）强夯置换的夯击能视要求置换墩的长度、要求加固的深度确定，一般采用4000kN·m，要求置换墩较长的采用6000kN·m；夯击方法采用“墩点二次夯击法”，第一次点夯分两序或三序进行，第二次点夯不分序次，应连续从建筑物场地中间向外夯击。

（3）墩点布置原则。置换墩点应按基础平面布置，以利于上部荷载作用与墩的受力密切结合；基础中心（或柱下）宜有墩点，基底中心下墩点可作为第一次点夯的第一序夯点，以获得最大的置换深度，同时避免基础面积过小时，基础一端两个墩点施工误差均向外时，基础一端全部置于墩间土上可能带来沉降不均的影响。强夯置换地基的复合地基承载力特征值最大为300kPa，上部荷载大于3000kN时宜有几个墩在基础平面内近均匀布置，以利于上部结构的作用力与墩的作用相适应。

（4）基础施工前在置换墩顶铺设一层厚度不小于300mm的褥垫层，垫层材料与墩体材料相同，粒径要求不大于100mm，压实系数不小于0.95，这样有利于调整墩及墩间土的共同作用及不均匀沉降，充分发挥墩间土的承载力。

（5）置换墩的长度应按详勘资料，根据建（构）筑物范围内场地各土层的分布情况来确定。建（构）筑物地段的②-2层及④层软土应完全置换，墩体应穿过②-2层及④层软土。

（6）在满足建（构）筑物对基础埋深要求的前提下，基础尽量浅埋于地下水面以上或附近。

4.2.4 强夯置换处理后检测工作

地基处理后的质量检测是地基处理的最后一道关口，由于场地内地层变化大，施工中也有不利因素的影响，除精心设计、认真施工外，需通过质量检测工作及时发现不合格地段，不合格地段需返工至合格后才能施工基础，以确保建（构）筑物的安全和正常使用。检测工作在休止期达28天后进行。

对基础下的所有墩的墩长进行全部检测，每个基础下不少于1个墩用超重型动力触探检测墩体的强度和长度，每个单体建（构）筑物宜在3个墩上进行静载荷试验，以保证墩的强度可靠。墩间土检测：每个基础下不少于1个孔的标准贯入试验（或重型动力触探试验），标准贯入试验应每米1次，检测深度至15~20m；在基础砌置标高至深15m段做2~3组螺旋板载荷试验，螺旋板面积宜为200cm^2；在基础砌置深度宜做一组平板载荷试验。通过几种方法检测地基处理后的复合地基承载力及复合地基变形模量，达不到设计要求的，必需重夯合格后才能施工基础。

4.2.5 强夯施工过程遇到的问题和解决措施

烧结、球团一带，详勘中出现④-1 及④-3 层粉度黏土，呈可塑-软塑状态，其地基承载力特征值 80~120kPa，多数分布在④层以下，按要求必须用碎块石将其置换，但在烧结机头电除尘及主抽风机房地段，④-1 层以上的中粗砂厚达 2m 左右，砂层经强夯后密实度很快增大，影响夯击能向深部传递，降标高点夯后墩底仍残留④-1 层 0.5~2.0m，经动力触探及螺旋板荷载试验检测，其承载力特征值 250kPa 左右，且离基础底面有一定距离，将残留的④-1 层作为软弱下卧层验算，满足承载力及变形要求，故而不再要求返工。

冷轧区场地段②-2 层埋深及厚度变化大，有的整平标高就揭露②-2 层，而部分地段②-2 层顶上的②层粉细砂层底标高达-0.80m~-1.70m，②-2 层上面就存在 1~2m 厚的砂层，施工队怕“沉锤”，在淤泥中开挖找该重锤，每个点开始时用低能级（2000kN · m 或 3000kN · m ）多次点夯，对②-2 层上面的②粉细砂②-3 层粉度黏土进行加固，因而影响了夯墩碎石的向下运动，使夯墩短，达不到要求。另外，地下水位较高，已近地表，对强夯置换中上涌的软土又清理较差，从而使上涌的软土吸收了夯击能，加之场地回填的碎块石粒径很大，对强夯的效果有较大影响，施工中虽对夯击能加大，也未完全解决问题，导致部分置换墩下还残留可塑-硬塑②-2 层黑色粉质黏土，置换未达到设计要求。冷轧区②-2 层下的③层粉质黏土分布普遍，在强夯中其承载力特征值提高到 300kPa 左右，置换中未达到设计要求的柱基础，将基础加深 1~3m 置于③层强夯加固土上。

烧结、球团区 2016 年初开始强夯置换施工，3 月对烧结 1 号主厂房地基进行检测，47 个基础、101 个检测点，仅散布的 20 个点墩体已穿过④层、④-1 层进入⑤层粉细砂层中，达到强夯置换地基处理的要求，其他墩底下还残留 0.5~2.5m 厚的灰黑色黏性土。究其原因，一是地质条件的变化，④层软土比初勘增厚，其层底标高达-3.2m，④-1 层初勘中只有个别钻孔揭露，呈可塑-硬塑状态，而详勘中④-1 层分布普遍，且多位于④层以下，其状态为可塑-软塑状态。而在球团区在④-1 层下还有④-3 含有有机质可塑粉质黏土。从工程质量要求，④层、④-1 层、④-3 层均需碎块石置换形成碎块石墩，这样就增加了置换的难度；二是回填的碎块石粒径过大；三是对强夯置换中上涌至强夯面上的软土清除较差，导致强夯冲击能在表面软土中有较多吸收，使强夯置换效果不佳。面对大面积的返工，根据日照公司对工程质量的要求，结合地质条件的变化及施工队伍的情况，对已经过一次置换强夯后地基土强度有明显提高从而增加再次置换的难度区域，采取了降低夯面标高再进行强夯置换的施工方案。

对已完成强夯置换施工经检测不合格地段，将标高由 4.4m 降至 2.8m 进行“墩点二次夯击法”施工，夯击能为 6000kN · m，第一次夯击 15 遍，第二次夯击数由 10 遍改为不少于 15 遍，且最后两遍夯沉量均小于 150mm；未实施强夯置换施工地段，先将地面标高由 4. 4m 降至 3. 9m，主要清除粒径远大于 300mm 的大块石，进行第一次点夯，第一次点夯结束后，将场地降至 2. 8m 标高，再进行第二次点夯，以上第一次、第二次点夯均分二序进行，每序点夯结束将上涌软土清至起夯面标高后才能进行下一序点夯。夯点检测合格后，用碎石块将场地回填至 4. 3m 标高，进行两序 2000kN · m 夯击能的满夯，夯击数由 3+2 变为 5+2。满夯后再进行墩间土检测。在降标高中，球团及烧结脱硫脱硝地段，未见地下水，而且④层已呈可塑状态，大部分下挖至标高 1. 0m，局部达-1. 0m 标高，后用碎块石回填至 2. 8m 后进行强夯置换施工。夯后，经检测起夯面以下墩长一般 4~6. 4m，比返工前满夯后所测墩长增 1~3m，烧结、球团区经返工后，除烧结机头电除尘地段④-1 层未能全部置换外，其他均满足设计要求。

原料场是场地内软土④和②-2 层大面积分布最厚的区段。②-2 层淤泥质粉质黏土厚 0. 2~6. 9m，层底标高 2. 71 ~ -6. 40m。局部分夯布④层底标高 -1. 52 ~ -7. 44m，比初勘资料厚度增大，底标高降低。地基处理方案制定时，软土层底标高-6. 40~-7. 44m 地段位于原料区东北及东南角的拟建转运站区，建议采用桩基础，避免要求置换墩长大于 10m 的情况。2016 年 3 月原料场强夯置换施工陆续开展，根据烧结、球团区施工中遇到的难点，按原设计强夯参数进行 20 点的试夯，有的认真清除上涌至起夯面以上的软土，经检测大部分达到设计要求，但也出现一部分检测不合格的情况。针对烧结区强夯置换施工的情况及软土层较厚其层底标高-3. 8~-5m 的难题，对原方案的强夯参数进行了修改。措施为：原料场东部，按原方案实施，夯击能两次均为 6000kN · m，第一次、第二次点夯均分两序实施，每序点夯结束均将上涌至起夯面以上的软土全部清除，再进行下序点夯。点夯结束先进行墩点检测，合格后才将场地回填到 4. 0m 或 4. 3m 标高进行满夯，满夯分两序，夯击数改为 5+2 击，满夯后再进行墩间土的检测。原料场西半部分位于老沿海路周边，由于初平至标高 2m 时已有软土揭露，而且这带软土底标高多低于-2. 0m，部分软土底标高达-3. 50~-4. 95m，回填标高为 4m 的起夯面上，墩长需达 6~9. 5m 才能满足置换要求，难以实现，因此需采取降低起夯面标高的施工措施。因该处的软土太厚，其上的碎石填层薄了易“沉锤”，为安全施工，再回填 1m 厚的碎块石，将起夯面由 4m 提高到 5m，分两序进行第一次点夯，第一次点夯结束后，将场地降低至 1. 5m 标高后用碎块石回填到 2. 5m 标高，再分两序进行第二次点夯。每序点夯结束需将起夯面以上的软土全部清除，才进行下序点夯。点夯夯击能第一次为 6000kN · m，第二次由 4000kN · m 改为 6000kN · m，夯击数第一次 15 遍，第二次由 10~15 遍改为不小于 15 遍，且最后两遍的夯沉量均小于 150mm。点夯结束后对墩点进行检测合格后，才能将场地回填至 4. 8m 或 5. 1m，因回填厚度达 2. 5m，在回填面上进行 3000kN · m 的一般强夯，夯点为 5m×5m 梅花形布点，点夯击数 13～16 遍，最后两遍夯击量均小于 50mm，点夯完后，推平场地进行满夯，满夯夯击能为 2000kN·m，两序夯击数为 3+2 遍。

原老沿海路一带，两家强夯置换施工单位交界区出现一片“流泥区”，在强夯振动影响下，软～流塑状态的淤泥质粉质黏土触变为流动状态，填土地面呈现小面积的“自行塌落坑”，施工中发生的这特殊区段，采取低能级置换点夯，增加地基强度、消除塌陷的发生，防止“沉锤”，为降标高强夯创造条件。具体方法是：用碎块石填平至 4m 标高上，第一次点夯夯击能为 2000～4000kN·m，分二序进行，夯击数为 15 遍；第二次点夯也分两序进行，夯击能增至 4000～6000kN·m，点夯击数 10～15 遍；第二次点夯结束后将场地标高降至 1.5m 后用碎块石回填到标高 2.5m 进行第三次点夯，夯击能 2000～4000kN·m，分两序进行，夯击数 10～15 遍；第四次点夯仍在 2.5m 标高上，夯击能为 4000～6000kN·m，分两序进行，夯击数 15 遍；第四次点夯完后，清除上涌软土，再进行第五次夯击能为 6000kN·m 第五次点夯，要求最后两遍的夯沉量均小于 150mm。每序点夯结束需将上涌至起夯面上的软土清除，才能进行下一序点夯。第五次点夯结束，经墩点检验合格后，用中风化碎块石从 2.5m 标高填至 5.1m，其上进行 3000kN·m 一般强夯，点夯击数 13～16 遍，且最后两遍夯沉量均小于 50mm，然后进行夯级能为 2000kN·m 的满夯，两序夯击数为 3+2 遍。五次夯击能由低到高的强夯置换点夯，相当于进行了多次“墩点二次夯击法”的点夯施工，各序对上涌软土的不断清除，加强了碎块石对软土的置换，使该地基土得到较好的加固。

原料场的强夯置换地基处理，吸取了烧结、球团区的经验，修改了原施工参数，强夯置换地基处理获得较为满意的效果。

4.3 深基坑施工问题

主要在冷轧区主轧跨的深基坑，冷轧区经对②-2 层强夯置换处理后，②-2 层及以下未见软塑状态的软弱夹层，②-2 层以下地层在强夯冲击能及振动的作用下土体在一定深度内得到较好的加固，地基土强度有明显的提高，经几种原位测试手段的检测，③层粉质黏土、⑤层粉细砂、⑥层粉质黏土的承载力特征值从 130～200kPa 提高到 300kPa 以上，深基坑在做好降水的条件下，1∶1 的边坡比，十几米深基坑的边坡也是稳定，而边坡上的建（构）筑物基础最浅埋至置换墩的底部，有的接近③层底部。现场开挖显示，基础底面接近了墩底，但还残留 0.2～0.4m②-2 层土，其强度虽有提高，但不满足要求，采取了将基础底面下落置于③层粉质黏土层上的处理措施。

4.4 碎石桩+强夯施工问题

具体项目遇到的问题和解决措施：

（1）场地东北角的宽厚板及炉卷区。该区域北部有②-2 层淤泥质粉质黏土分布，层厚 0.2~6.0m，平均厚度 1.5m 左右，层底标高-7.41~4.07m，而分布普遍的④层淤泥质黏土，厚 0.1~5.5m，平均厚 1.4m 左右，底层标高-11.7~2.8m。由于软土层埋深大，置换强夯难以达到效果。同时该场地的砂土层在 7 度地震条件下可能发生中等~严重液化现象。该区域的地基处理方案为：采用夯击能为 6000kN · m 的一般强夯进行处理，主要建（构）筑物基础采用桩基础，载荷小的建（构）筑物可以建在强夯处理地基上；对地面大面积堆载且地基承载力特征值要求 150~250kPa 的板坯库、磨辊间、成品库等地段，采用“碎石桩+强夯”对地基进行处理，即先打碎石桩，再进行一般强夯。在 2.0m 初平标高面上打碎石桩，碎石桩桩径 500mm、1.5m 间距正方形布置，北部成品库地段桩长 10m 左右，南部磨辊间、板坯库桩长 12m 左右，桩端进入砂层 2m 左右。碎石桩施工采用振动沉管工艺，反插施工，以保证桩径不小于 500mm。碎石桩施工结束，用碎块石回填至标高 3.8m 进行 6000kN · m 一般强夯，夯点 5m×5m 插花形布置，点夯击数 13~16 遍，且最后两遍夯沉量均小于 10cm，点夯完成后堆平场地，用碎块石回填 1m 后进行 2000kN · m 夯击能的满夯，满夯分二序，夯击数 3+2 遍。碎石桩的作用是对软土进行置换，置换率虽 8.7%左右，但对增加软土层的强度有一定作用，而碎石桩的重要作用是形成一明显排水通道。对桩顶以上加垫层强夯时，地基土中不易形成较高的孔隙水压力，强夯的冲击力也易沿碎石桩传到碎石桩底部，这样强夯不仅使碎石桩的密实度有较大幅度的提高，而且桩身穿过的土体也能得到较好的加固，可达到对浅部土体加固的目的；同时冲击力沿碎石桩传到碎石桩底部也使桩底砂土层的液化性消除。碎石桩桩径及密实度是施工中监测的重点，通过加强反插施工工艺及控制充盈系数不小于 1.3 的碎石用量，在宽厚板、炉卷的板坯库、磨辊间、电机检修区及成品库，通过对碎石桩施工后对碎石桩的抽检，一般在 0~2m 碎石成松散状态，2~3.5m 呈稍密状态，3.5m 以下均呈中密状态。碎石桩施工能按设计要求实施，也与场地内软土层普遍较薄有关，为浅部地基土加固好创造了条件。在桩顶上设 1.5m 后的碎块石进行夯击能为 6000kN · m 的一般强夯后，桩身检测用 N_{120}方法，深度 5.0m 以内，N_{120}一般 3~9 击/10cm 呈稍密~中密状态，有的 1~5.0m、N_{120}达 7~12 击/10cm 呈中密~密实状态，深度 5m 至桩底 N_{120}均达 11~26 击/10cm 呈密实状态。桩间土砂土呈中密~密实状态，以密实为主，局部黏性土呈可塑~硬塑状态，其承载力及变形模量达到设计要求。

（2）厂前区道路及 4 号门附近道路、停车场、地磅房及人工制样间。4 号门附近的汽车人工制样间、进场150t汽车衡、道路及停车场一带，场地地面标高4m左右，地表下1~2.0m的人工土成分以砂土为主，其下分布有厚1.7~2.5m的②-2层软塑-流行状态的粉质黏土。②-2层以下有约1m厚的⑦层硬塑残积黏土或全风化花岗片麻岩。地质条件适宜用强夯置换对地基土进行加固，但穿过场地的输电线路短时间内不能拆除，无法进行强夯施工，为赶工期，方案定为“碎石桩+2000kN·m满夯”对地基进行处理。由于碎石桩施工时未能按设计要求实施，施工中对碎石桩桩身及桩间土进行抽检时，桩端虽按设计已进入全风化花岗片麻岩，但桩体呈松散状态，桩间粉砂呈松散状态或软塑状态，碎石桩施工后对地基土的加固效果明显达不到设计要求。通过满夯试夯，加固效果达不到设计要求。在碎石桩施工完后输电线路拆迁了，为达到加固效果，将满夯改为4000kN·m的一般强夯。先清除一部分人工填土，对回填土强风化花岗片麻岩碎块石进行强夯，夯坑深度超过2m时向坑内填强风化碎块石，点夯击数不少于13遍，且最后两遍夯能量均小于50mm，满夯为2000kN·m，两序夯击数为3+2遍；这样在碎石桩成桩较差的情况下，改选填料为强风化碎块石及加大夯击能的处理措施，夯实后15天，在3.5m标高上按200m^{2}一组检测点检测，碎石桩身N_{120}检测0~1.5m深度为5~15击/10cm，而其下均大于10击/10cm，浅部为稍密~中秘状态，1.5m以下呈密实状态；桩间土用$N_{63.5}$检测，表层下约1.7m碎块石段为15~30击/10cm，进入软土段为5~10击/10cm，杆长修正后软土段$N_{63.5}$平均值约7.11击/10cm，桩间土承载力特征值大于250kPa，穿过软土段进入⑦层或全风化花岗片麻岩，$N_{63.5}$达25~44击；5组边长为3m载荷板的复合地基静载荷试验，试验深度2.5m，板底已穿过碎块石垫层进入软土分布地段，最大加载400kPa，相应沉降17.94~20.44mm，承载力特征值大于200kPa，完全满足地基处理要求。

（3）除建筑物、发展预留用地及绿化带以外的道路、设备用房、传达室及围墙。厂前区原虾池底分布淤泥及②-2层软塑~流塑状态粉质黏土，层厚1.2~2.9m，层顶标高多为1.7~2.2m，埋深较小，其承载力特征值仅50kPa，这样就可能影响到道路、场地地坪的正常使用。采用碎石桩对软土进行加固，要求地基承载力特征值不小于120kPa，在2m初平标高上用振冲工艺施工碎石桩，碎石桩桩径800mm，采用间距为2m的等边三角形布点，置换率可达14.5%，桩长穿过软土进入砂层，长度不短于6m，碎石桩顶上用碎石分层碾压至3.8m标高，压实度不小于0.95。施工结束后21天，按总桩数5%进行了桩身$N_{63.5}$、桩间N及ϕ1500mm压板复合地基静载荷试验。上部$N_{63.5}$修正后为14.9~17.5击/10cm，呈中密状态，4m以下也按每米统计$N_{63.5}$达16.2~20.5击/10cm，呈中密~密实状态；桩间土②-2层N为3~12击/30cm，平均值5.1击/30cm，②-2层承载力特征值最小值不小于120kPa，最大值大于300kPa，9组复合地基静载荷试验，最大加载250kPa，相应沉降量17.37~21.55mm，复合地基承载力特征值不小于

125kPa，满足了场地地基处理要求。

5 地基处理方案及施工的总结和分析

以上就山钢日照钢铁精品基地地基处理施工的四个主要方法中常见问题及解决措施做了简要的论述，还不能盖以全程。在地质条件复杂的情况下，地基处理必须慎重考虑各种不利因素的影响，施工中加以克服，把好最后的质量检测关；同时要认真做好基础施工前的“验槽”工作。可针对实际情况，对一些不利条件采取必要的措施，以消除地下隐患，确保建（构）筑物的安全、正常运营。

参考文献

[1]《建筑地基处理技术规范》（JGJ 79—2012）.
[2]《强夯地基处理技术规程》（CECS 279—2010）.
[3] 顾晓鲁，钱鸿缙，刘惠珊，等．地基与基础 [M]．第3版．北京：中国建筑工业出版社．

综合原料场工艺及特点介绍

李　焱，吴洪勋，孙荣生，乐建华，贾春海

摘　要：介绍了日照钢铁精品基地综合原料场工程的工艺设施、技术特点及生产应用情况。该工程在工艺配置和设备选用上采用了一系列高效节能环保新技术，以适应原料场大型化、智能化的要求。从总图布置、封闭料库选择、集约化工艺流程等方面进行了优化设计。原料车间投产以后，生产运行平稳，混匀矿质量优良稳定，达到了建设绿色智能料场的目标。

关键词：大型智能化原料场；封闭料库；集约化布置；低成本运行

1　概述

山东钢铁集团有限公司日照钢铁精品基地一期年产铁水 810 万吨，铁前系统建设 $2\times5100m^3$高炉、$2\times500m^2$烧结机、320 万吨焦炭生产线、链箅机回转窑球团生产线等。原料场负责全厂铁前工序主要原燃料的集中进厂、储存、加工和管理，原燃料年输入总量为 2250 万吨。

综合原料场统一管理厂内所需各种原燃料，相同品种合并堆存，宽料条大储量减少占地，采用大型高效的卸堆取运设备，卸堆取运设备共用互备，输送设备网络化配置，集中控制管理；同时，注重环境保护，建设环境友好的绿色智能化原料场。

原料场设计根据地形特点和用户分布，采用储矿料场和储煤料场分区布置，南侧为储煤料场，北侧为储矿料场，两个料场功能相对独立，关键功能可以互补。

2　总图布置

日照基地综合原料场总图位置考虑原燃料进厂方便，供料路线输送主要大量用户距离相对较短等物流顺畅原则，布置在全厂西南。原料场西侧为规划的厂外铁路编组站，码头位于厂区东南以外约 2km；北侧是烧结车间、球团车间，烧结车间北侧是高炉车间，料场东北是焦化车间、自备电厂。

料场从南向北依次布置储煤料库、储矿料库、混匀配料室、混匀料库。

3　原料场主要工艺方案

3.1　原料场受卸系统

日照基地原燃料中大部分铁矿石和约30%的焦化用煤由船舶海运进口，小部分铁矿石、70%的焦化用煤、高炉喷吹煤、电厂动力煤、烧结无烟煤由内陆铁路运输，小部分原燃料和厂内含铁废弃物由汽车运输。根据以上原燃料进厂条件，设置受卸系统如下。

3.1.1　水运

日照基地规划建设散货码头，码头设置30万吨级泊位，卸船能力9000t/h(矿粉)/4000t/h(煤)，卸船后原料不在码头料场落地直接运到厂内原料场堆存(减少倒运费用)，厂内无法接受原料时可以通过胶带机运到码头料场暂时堆存。

3.1.2　铁路

铁路设置两台折返式翻车机，翻卸车型考虑C70、C80、C90。一台用于卸焦化煤，一台用于卸其他煤和矿粉，卸车能力2500t/h(矿粉)/1500t/h(煤)，两台翻车机相对独立但功能上可以互为备用。卸车后通过胶带机运到一次料场堆存；两台翻车机共用一个全封闭翻车机室。

3.1.3　汽车

设置两组地下受料槽，一组用于卸煤，一组用于卸矿，卸车能力2500(矿)/1500(煤)t/h，卸车后通过胶带机运到一次料场堆存；两个汽车受料槽区域设封闭厂房，汽车道路出口设自动洗车设施。

3.2　一次料场

一次料场采用钢结构网架封闭厂房，设置一跨封闭煤库和两跨储矿料库。

封闭煤库厂房跨度100m，长度620m，两个料条，主要储存高炉喷吹煤、烧结无烟煤、电厂动力煤。厂房中间设两台共轨斗轮堆取料机，堆取料能力1500/1000t/h；

两跨封闭矿库，每跨厂房跨度100m，长度620m，每跨两个料条，主要储存烧结用矿粉、高炉用块矿、杂矿等。每跨厂房中间设两台共轨堆取料机，一台主要用于接收码头来料，堆取料能力9000/2500t/h，一台主要用于接收火车和汽车来料，堆取料能力2500/2500t/h。

3.3 混匀料场

3.3.1 混匀配料室

混匀配料室设置一排共16个称重钢结构料仓。其中，10个铁矿粉仓（容积700m³/个）、4个除尘灰仓（容积600m³/个）、1个球团返矿仓（容积600m³/个）以及1个块矿筛下粉仓（容积700m³/个）。

3.3.2 混匀料场

混匀料场采用钢结构网架封闭厂房，封闭厂房跨度100m，长度610m。

混匀料场布置两个料堆，场地总储料面积4.32万平方米，储料能力2×26.7万吨。每个混匀料堆存料量约为2×500m²烧结机8天生产用量。

混匀料场选用混匀堆料机1台，堆料能力2500t/h；双斗轮混匀取料机2台，取料能力2000t/h。

混匀矿质量指标见表1。

表1 混匀矿质量指标

TFe波动	SiO_2波动	CaO波动	水分	粒度（>10mm）
±0.3%	±0.15%	±0.15%	≤9%	≤10%

3.4 块矿处理

为保证提供高炉工序合格块矿，设置块矿筛分及块矿烘干处理流程。

块矿筛分系统设置在一次料场取块矿送高炉的料线上，在线筛分，设置2台块矿筛并列使用，筛分能力2×1250t/h，分级粒度6mm。

在原料场北侧设置块矿烘干系统，不在线。烘干采用圆筒烘干机，顺流式烘干工艺。圆筒烘干机处理能力300t/h，块矿烘干后脱除的水分量不小于2%。

3.5 供返料设施

原料场向各工序原燃料的配送采用高速大运量分段配送工艺，输送设备能力大、数量少，输送系统相互兼容、切换灵活可靠。直接供返料设施可同时运行去烧结、去高炉、去球团、去电厂等6个供料系统，以及球团车间返粉回原料场的1个返料系统。

3.6 自动取制样系统

在码头进厂胶带机头部、铁路进厂铁路线上、汽车进厂道路上、混匀配料室进料胶带机头部、混匀料送往烧结胶带机头部等处均设置自动取制样系统，物料进厂、出场全部自动取样制样送检，全程不需人工操作，可及时准确掌握物料成分、品位、水分、强度等理化性能。

4　原料场主要技术特点

4.1　全流程封闭绿色原料场

日照基地原料场在规划之初，就把严格完善的环保设施设计放在首位，采取有效措施全方位控制粉尘污染和噪声污染。

采取全流程封闭措施，包括火车翻车机室设全封闭厂房，汽车受卸设全封闭厂房，原燃料储存设全封闭料库，皮带机系统设全封闭转运站通廊，除尘灰气力管道输送或者封闭罐车输送等。

采取各种措施抑制粉尘排放，包括料堆自动喷洒水装置，原料场出入口设汽车洗车台，原料翻卸点设机械抽尘和喷雾抑尘措施，料场输入系统胶带机上设洒水加湿控制物料水分，物料输送转运点采用机械除尘措施，新型环保卸料车，料仓密闭除尘等。

4.2　堆取料机封闭料库

在初期选择封闭料库形式时，考察了国内外现代化大型钢铁企业原料场，比较了常见的几种封闭料库形式见表 2。

表 2　封闭料库形式比较

料库形式	堆取料机圆形料库	卸料车+刮板取料机料库	堆取料机料库
主要特点	占地面积较小，圆周建设挡墙可以提高储量及场地利用率。 在分堆较多时储量会有较明显下降，适合品种较少时的堆存要求。 地下出料，地下构筑物土建投资较大。 应用：宁波五丰唐焦化厂、八一钢厂等	长料条，分堆灵活，适合煤种较多的堆存要求。 堆取设备分开，设备数量多，作业率低。 卸料车定点卸料，料堆形状固定，可以通过设置挡墙提高存量。 与圆形料场相比，无地下构筑物。 应用：攀西原料场、邯钢原料场、永锋原料场等	长料条，分堆灵活，适合煤种较多的堆存要求。 设备布置在料库中间，设备堆取合一，设备数量少，作业率高。 与圆形料场相比，无地下构筑物。 集成了堆料机在露天料场作业的全部优势，造堆形式多样，可以粗配料。 应用：宝钢湛江基地等
运行成本	略高	略高	低
占地面积	小	较小	大
估算投资	高	高	低

多方比较后，日照基地原料场封闭方式选择了适合钢铁行业原燃料品种多、沿海钢厂海运原料运输量大、投资较少而占地稍大的堆取料机封闭料库形式。

4.3 集约化工艺布置

为及时可靠地完成原、燃料的储运、配送作业，原料场采用高速大运量输送机械和先进技术，组成多个工艺系统对原、燃料进行机械化运输，在集中控制室进行联锁控制和管理。

优化总图布置及胶带机输送系统，各种来源、去向的胶带机进出料系统分别独立运转，又兼顾共用互备，有效提高作业效率。

4.4 更稳定的混匀矿

为生产质量稳定的烧结矿，采取每批次进厂原料自动取制样并送检，一次料场严格堆料取料管理，混匀配料室精准配料，混匀堆料“变起点、固定终点”，布料层数不大于350层，混匀端部料返回等多项措施，达到设定的混匀矿质量指标要求。

稳定的混匀矿改善了烧结原料条件、保证了烧结矿质量，从而可以稳定高炉操作、提高生铁质量、降低能耗。

4.5 最低成本运行

烧结用矿粉和焦化用煤都采用预混和配料工艺，按目标成分和库存需要进行配料均衡原料库存，实现规模采购，降低采购运输成本。

采用高效的物流装备、紧凑的输送网络，连续有序运转、信息化管理，减少设备数量、减少运行时间、节省人员，从而降低储运成本。

建立库存信息管理体系，采用料堆激光扫描系统及模型算法随时获知库存信息，根据安全库存要求，提出精准原料调拨计划，把原料使用波动和运输波动的影响控制在最小范围内，合理控制库存，采购成本。

采用全封闭料场，将物料流失减到最少，直接节约采购成本。

4.6 采用先进装备，节能降耗

采用大型高效堆取料设备，自动化水平高，作业效率高；采用大型高效的原燃料卸料、堆取料、转运设备，网络输送系统，集中管理，设备数量少、利用率高。

料场设备选型均采用国内外知名厂家的设备，确保设备在正常维护的前提下高效运转。

大功率设备驱动采用高压电动机和远程监控；重要带式输送机采用液压马达驱动和液压张紧装置，提高系统可靠性。

给料设备变频驱动，适应不同密度物料输送，提高输送效率。

转载带式输送机头部设伸缩装置，减小物料转载落差。

选用高效装备分时段接续输送物料，减少起停空转时间，实现全厂物流的有序流动。

多种安全设备检测，多重安全设防，从源头上减少意外事故发生。在所有胶带机上设置跑偏开关、溜槽堵塞检测、防撕裂开关、拉绳和急停保护开关等安全保护设施。

4.7 智能专家系统

规划建立原料场专家系统，对输送物料进行流量控制、水分控制、在线取制样和在线计量，自动进行原料地址、成分、库存量管理，移动设备位置跟踪，自动生成混匀配料和堆积计划，实现流程设备关联组合，自动控制、自动诊断、自动广播和自动报告。控制信息动态画面显示，数据实时更新，与公司三级网络实时通信。

5 结束语

日照钢铁精品基地原料场现已建成，实现了建设设备大型化、工序高效化、操作智能化的现代化综合原料场的设定目标。投产至今 3 年多时间，原料场运行安全、环境友好，混匀矿质量高于国标要求生产稳定。但是，原料场在生产过程中也遇到了一些问题，主要原因是码头工程建成时间延迟水运来料仅以一半运量运输进厂，因外部原因铁路尚未通到厂内使翻车机无法投运，后部工序缓冲仓设置偏小等，导致料场设备作业率偏高，检修时间有限，生产组织稍显困难。

炼钢连铸设计特点简介

魏　凯，张乐辰，李明阳，戴　丹，李　平

摘　要：简要介绍了日照钢精品基地炼钢连铸工程的设计特点、设计理念及采用的先进技术。作为沿海新建大型综合性钢铁联合企业，整个项目按新一代钢厂模式和理念进行设计建设，并积极吸收和采用世界钢铁业最新绿色智能技术。炼钢主要采用了一罐到底铁水运输技术、脱磷+脱碳双联冶炼工艺技术、转炉底吹元件热换技术、激光炉衬测厚技术、滑板挡渣+红外下渣检测技术、绿色高效洁净钢生产技术、钢包全程加盖技术等先进技术，连铸主要采用了结晶器液位检测控制技术、结晶器专家系统（含漏钢预报）、结晶器在线热调宽技术、结晶器液压振动技术、二冷动态配水技术、动态轻压下技术、移动式板坯火焰清理机械手技术等。炼钢连铸设计建设过程中采用的先进设计理念和智能绿色技术保证了其投产后的运行的高效稳定，为山钢集团实现产业升级和可持续发展奠定了坚实基础。

关键词：炼钢；连铸；设计特点；先进技术

设计产能790万吨（商品材），采用冶金制造长流程工艺路线，项目包含原料码头、烧结、焦化、高炉、炼钢连铸、热轧、冷轧等单元。其中炼钢连铸单元新建设一座炼钢车间，配置4座210t转炉、5台板坯连铸机，年产872万吨合格钢水、850万吨合格铸坯。

作为沿海新建大型综合性钢铁联合项目，定位较高，要求整个项目按新一代钢厂模式和理念设计和建设，并积极吸收和采用世界钢铁业最新发展成果和先进技术，充分发挥后发优势。

1　炼钢连铸工艺布置及配置介绍

炼钢连铸工程在技术方案、工艺布置、设备选型等方面均采用当今最先进技术或方案。炼钢采用大容量转炉、分组布置方式，配置先进铁水预处理设施，完善精炼手段，采用中间垂直进铁；连铸配置世界最先进的板坯连铸机，并配置火焰清理等先进的辅助设备。

炼钢连铸工艺中炼钢车间配置4座转炉、4套机械搅拌法脱硫，2座LF精炼、3座RH真空精炼；连铸车间配置2台1950mm双机双流板坯连铸机、1台

3250mm 单机单流宽板连铸机、1 台 2500mm 单机单流厚板连铸机、1 台 2600mm 单机单流板坯连铸机。

2　炼钢系统设计特点

2.1　铁钢界面及一罐制铁水运输技术

2.1.1　铁钢界面及铁水运输方式设计

高炉与炼钢之间的“铁钢界面”是钢铁生产工艺流程中重要的工序界面之一。一罐到底方式或称一罐制，是近年出现的一种新的铁钢界面技术，它采用转炉兑铁罐至高炉出铁场受铁，然后直接运输至炼钢车间进行铁水预处理或兑入转炉。它取消了传统工艺中铁水罐或鱼雷罐进行倒罐兑铁的中间过程，直接采用炼钢铁水罐运输铁水[1~3]。

铁水采用汽车一罐到底的铁水运输方式，与传统机车运输铁水方式相比较，汽车运输不受铁路转弯半径/道岔以及轨道线的限制，总图布置灵活、铁水运输距离短、高炉和炼钢之间无明显界限、炼铁和炼钢之间的距离短。中铁水运输界面如图 1 所示，两座高炉紧邻炼钢车间布置，铁水从炼钢车间中部垂直运入炼钢车间，4 座转炉两两一组布置在进铁线两侧，在进铁线与转炉之间各布置 2 套 KR 铁水脱硫装置，在 1 号高炉外侧布置 2 台铸铁机，富余的铁水可运至铸铁间铸成铁块。高炉距离炼钢车间（渣跨）150m，两座高炉之间间距 250m。

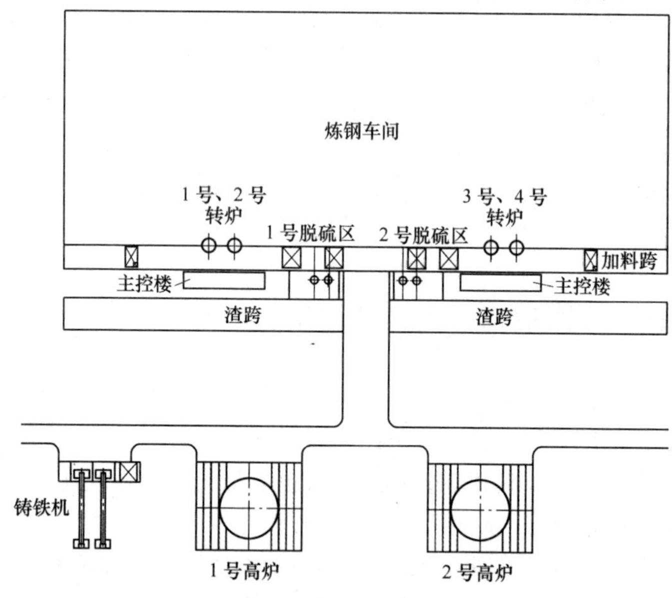

图 1　铁水运输界面

2.1.2 铁钢界面及铁水运输技术特点

（1）布置紧凑、占地面积小，较常规机车运输方案少占地约 104hm^2。

（2）采用一罐制方式，减少鱼雷罐等倒罐操作环节，减少环境污染，降低铁水温度损失。

（3）采用汽车运输，运输灵活，铁钢之间的连接相对柔性，调度相对简单；

（4）高炉至炼钢车间距离较近，铁水运输成本较低，温降小。

（5）转炉采用分组布置，行车相互干扰小，操作和调度简单，运行成本相对较低。

该项目对铁水运输流程进行了优化和再造，去除了中间非必需环节，简化了工艺流程，缩短了铁水运输距离，是一种节能、环保、高效、简洁的铁钢界面技术。该技术既降低了工程投资和运行成本，又节约土地资源，具有广阔的推广应用空间。

2.2 转炉系统工艺设计

2.2.1 双联转炉系统设计

转炉双联冶炼工艺作为现今生产超低磷钢的主要炼钢生产工艺，具有高强度、低碱度、低渣量、高效率等冶炼优势，已在日本、宝钢和首钢等先进企业进行生产运用。炼钢工程同样采用转炉双联法工艺，以达到降本增效的目的。炼钢车间共设 4 座 210t 转炉（平均出钢 225t），分两组布置，采用脱磷+脱碳双联冶炼工艺设计，即每组转炉中有一个炉子按照脱磷转炉设计，另一座按照正常转炉设计。当需要冶炼低磷或超低磷钢种时，采用脱磷+脱碳双联冶炼工艺，冶炼普通钢种时，脱磷炉作普通脱碳炉使用，提高设备的市场适应性和产品质量。

转炉冶炼技术参数见表 1。

表 1 转炉冶炼技术参数

钢水年产量/万吨	车间转炉数/座	转炉平均出钢量/t	转炉冶炼周期/min		转炉年有效作业天数/d
			双联	常规	
872	4	225	50~55	36~42	300

2.2.2 绿色智能转炉技术集成

转炉系统还采用了以下绿色智能技术。

4 座转炉均配置副枪，副枪装置用于在转炉吹炼过程和吹炼终点测定钢水温度、碳含量、氧含量和取样等，以配合计算机实现对转炉冶炼的动态控制。副枪可提高冶炼终点目标命中率，实现全自动检测及取样工作，缩短冶炼周期，减轻工人劳动强度，是新一代转炉炼钢的标准配置。

转炉系统采用干法除尘（LT 法），干法除尘效果好，净化后的烟气含尘量小于 10mg/m^3，达到国内先进水平；且与湿法相比，干法除尘不产生除尘污泥和废水等，不产生二次污染，无废水处理设施，运行成本低、环境友好。

底吹采用每路单独控制和强底吹搅拌模式（脱磷炉底吹强度（标态）为 0.015~0.30m^3/(min·t)），增强搅拌动能，改善底吹效果，提高脱磷率等冶金效果。底吹元件采用在线热更换方式，确保底吹与炉役期同步，提高冶金效果和产品质量，降低冶炼消耗。

采用锥型氧枪，减少氧枪黏渣，降低氧枪清渣劳动强度，提高氧枪寿命，采用快速氧枪拆卸更换装置，缩短换枪时间，提高转炉效率，降低换枪劳动强度。

采用激光炉衬测厚仪，适时监测炉衬厚度，指导炉衬维护，提高炉衬使用寿命，降低漏钢事故等风险。

系统集成了当前各种先进绿色智能技术手段，保证了转炉生产效率，降低了工人工作强度，同时降低排放和能耗，代表了当前转炉炼钢系统的技术水平。

2.3 高品质洁净钢生产技术

2.3.1 铁水预处理特点

铁水预处理脱硫是现代钢铁工业生产流程中必备的工序，相对炼钢脱硫或精炼脱硫而言，铁水预处理脱硫成本更低，是降低炼铁和炼钢脱硫负荷、简化操作和提高炼铁、炼钢技术经济指标的有效途径之一。

当前铁水预处理脱硫主要有两种方式：喷吹脱硫和机械搅拌法脱硫。

（1）喷吹法脱硫。靠一定压力和流量的氮气，通过管道把脱硫剂输送进喷枪，并从喷枪底侧的喷孔中喷出，与铁水中的硫反应，将铁水中的硫去除。根据脱硫剂不同喷吹法分单喷颗粒镁法和复合喷吹法（镁粉+石灰）。

（2）机械搅拌法脱硫。将浇注耐火材料的十字形搅拌桨插入铁水罐的铁水中进行旋转搅拌，使加到铁水表面的脱硫剂与铁水充分混合反应，将铁水中的硫去除。机械搅拌法脱硫剂主要为石灰，价格低廉。

该项目设计采用机械搅拌法铁水脱硫预处理方式，共配置 4 套机械搅拌法铁水预处理装置，设计 100%铁水脱硫预处理。与喷吹法脱硫相比机械搅拌法脱硫率更高、更稳定，处理成本更低，是新建钢厂优先考虑的铁水预处理脱硫方式。

2.3.2 炉外精炼配置特点

当前转炉炼钢车间精炼装置主要有 LF 精炼、RH 精炼、VD/VOD 精炼等。根据匹配性、冶金效果、处理成本，以及对未来市场的适应性和灵活性，炼钢车间配置了 2 套 LF 精炼、3 套 RH 真空精炼。根据类似生产厂的实践经验和不同钢种质量的要求，基本工艺路线依照精炼方式的不同，主要分为以下 5 类，见表 2。

表 2 炼钢精炼工艺路线

工艺	工艺路线	适用冶炼钢种
LF 精炼工艺	铁水转运→铁水脱硫→转炉→LF 精炼→连铸	低氧、低硫、需合金微调的钢种，如低合金钢、低牌号管线钢
RH 精炼工艺	铁水转运→铁水脱硫→转炉→RH 精炼→连铸	低碳钢、超低碳钢和对气体含量控制要求较高的钢种
双联精炼处理工艺	铁水转运→铁水脱硫→转炉→LF+RH 精炼→连铸	有特殊质量要求的钢种，如高牌号管线钢
简易精炼工艺	铁水转运→铁水脱硫→转炉→吹氩喂丝→连铸	普碳钢及产品质量要求一般的钢种在炉后吹氩喂丝站进行吹 Ar 喂丝、均匀钢液成分和温度等操作

LF 精炼工艺是以电弧加热为主要技术特征的炉外精炼方法，其精炼工艺主要包括加热升温、合金微调、白渣精炼等。与 CAS(OB) 精炼相比，LF 精炼可通过白渣精炼工艺进行深脱硫，是超低硫和极低硫钢生产的必备炉外精炼手段。

RH 精炼是通过浸渍管将钢水吸入真空槽内进行精炼处理，真空槽设有两支浸渍管，其中一支浸渍管吹入氩气使钢液向上流动进入真空室处理，然后通过另一支浸渍管回流到钢水包中，如此进行循环处理。由于钢液在真空室内循环流量较大，因此 RH 脱碳速率快。特别是真空槽内基本无渣，杂质较少，处理后钢水洁净度较高。

LF 精炼采用双工位布置形式，微正压炉盖设计，配电极调节器；RH 采用三车五位布置形式，以减少 RH 真空槽操作对工艺的影响，缩短精炼时间，但由于真空室交替使用，容易产生冷钢及处理后钢水温降较大，因此需要对真空室进行烘烤以及控制合理转炉出钢温度。RH 真空系统采用机械真空泵，与蒸汽真空泵相比，机械真空泵运行平稳，处理成本低，不使用蒸汽，对蒸汽管网没有冲击。

2.4 其他炼钢先进技术

(1) 采用钢包全程加盖技术，即在每座转炉炉后和精炼位设置钢包加盖装置，钢包在进出站时自动将钢包盖卸下或加上，使钢包在吊运和浇铸过程中始终带着盖子，减小温度损失，从而降低转炉出钢温度或精炼升温要求，节约能耗，降低生产成本。钢包加盖装置采用插齿式，插齿式钢包加盖装置仅通过机械结构实现钢包自动加、揭盖动作，结构简单，无需操作控制，加揭盖动作在钢包行进中完成，不占用时间，不影响各工序处理周期。

（2）钢包与钢包车之间氩气管路采用自动对接方式，通过钢包和钢包车上的对接接头实现钢包在坐包或起吊时氩气管路自动连接，避免每次钢包起吊均需人工连接吹氩管道，可降低工人劳动强度和高温伤害风险。

（3）采用蓄热式钢/铁包烘烤装置，蓄热式烘烤装置既可降低能源消耗，又可提高烘烤温度，是一项节能减排、降低生产成本的先进技术。

（4）转炉出钢采用滑板挡渣+红外下渣检测技术，可准确控制出钢终点，减少下渣量，降低合金消耗，降低生产成本，提高钢水质量。

（5）设置完善的二次除尘系统及屋面三次除尘系统，对车间产生的粉尘进行捕集净化，降低粉尘污染，实现绿色环保型生产等。

3　连铸系统设计特点

3.1　连铸机配置特点及产品特征

3.1.1　连铸机配置特点

炼钢车间建设5台板坯连铸机，合计年产连铸坯850万吨，供后续轧钢车间，炼钢车间连铸机配置见表3。

表3　炼钢车间连铸机配置表

连铸机	设计参数	断面	年产量
1号、2号连铸机	每台 *R*9.5m 双机双流直弧型连铸机	230mm×(1000~1950)mm	230万吨/台
3号连铸机	*R*6.5m 单机单流直弧型连铸机	150mm×(2000~3250)mm	130万吨/台
4号连铸机	*R*10m 单机单流直弧型连铸机	(200、250)mm×(1600~2300)mm	130万吨/台
5号连铸机	*R*9.5m 单机单流直弧型连铸机	(250、300)mm×(1800~2300)mm	130万吨/台

3.1.2　连铸机产品特征

炼钢车间连铸机生产铸坯的产品大纲见表4。

表4　炼钢车间连铸机产品特征

连铸机	产　品　特　征
1号、2号连铸机	碳素结构钢、低合金高强钢、优质碳素结构钢、焊接结构用钢、汽车大梁钢、车轮钢、高强船舶用钢、桥梁用结构钢、烘烤硬化钢、高强无间隙原子钢、加磷高强钢、双相钢、相变诱导塑性钢、复相钢、硅钢等

续表 4

连铸机	产　品　特　征
3 号连铸机	碳素结构钢及优碳钢、低合金结构钢、建筑结构钢板、桥梁板、船舶及海洋工程用钢、锅炉和压力容器板、工程机械高强度耐磨板、管线钢等
4 号连铸机	普通结构钢、建筑结构钢、造船结构钢、海洋工程用钢、管线钢和极限大电流焊接钢、锅炉压力容器用钢、高强度结构钢、桥梁钢、耐候钢、高碳钢、耐磨钢、模具钢等
5 号连铸机	建筑结构板、低合金结构板、碳素结构板、大气耐蚀板、桥梁板、管线板、船板及海洋工程用结构板、工程机械及耐磨板、锅炉和压力容器板等

3.2 连铸采用的主要先进技术

3.2.1 结晶器液位检测控制技术

结晶器液位检测技术可为钢水液面控制提供依据，是连铸的关键技术之一。五台板坯连铸机均采用电磁涡流液位检测和控制技术，具有如下优点：

（1）减少和避免漏钢、溢钢，稳定生产操作。

（2）防止浮在结晶器液面上的夹杂物卷入铸坯，避免在铸坯表面和内部产生夹渣缺陷。

（3）防止保护渣的不均匀注入，避免产生裂纹等表面缺陷。

（4）使铸坯初期凝固稳定，保证在结晶器内部产生均匀凝壳。

（5）该方法精度高、灵敏度高、测程长、信号线性度好、安装维护方便、环保安全，不需要特殊的安全防护。

3.2.2 结晶器专家系统

此次设计采用了结晶器专家系统。结晶器专家系统是一种多功能集成化的连铸过程在线监测技术。它是通过检测结晶器过程重要信号，如热、振动和摩擦等信号，借助于一系列数学模型和过程监控模型及可视化，从而使连铸操作者和工程师可以“看到结晶器内部”，洞察结晶器内发生的现象，包括结晶器/铸坯传热、润滑和摩擦行为、钢液凝固、振动状态等，进而获得对连铸过程最佳稳定运行状况、条件和“感觉”，对不稳定和危险的工艺状态（如黏结漏钢）提前做出预报，达到稳定操作和提高产品质量的目的。其技术优点有：

（1）提供用于准确诊断和快速解决操作问题的重要信息。

（2）开发新的连铸工艺。

（3）得出用于异常预报的报警值。

（4）衡量现在连铸工艺的合理性，连续提高操作过程的稳定性和产品质量。

（5）在线可视化可使操作者发现临界或危险情况。

（6）使连铸过程全面自动控制成为可能。

3.2.3　结晶器在线热调宽技术

为了生产多种规格铸坯的需要，此次设计采用了结晶器在线热调宽技术，保证在浇铸过程中既不中断浇铸，又能实现板坯热送的技术。

其技术优点有：

（1）节省停机时间，提高生产率。

（2）可减少铸坯切头切尾的损耗，提高收得率。

（3）可浇铸相近成分的钢水而不需停机，提高生产率。

结晶器在线调宽装置为调宽、调锥复合型，即采用四个液压缸同步进行调宽，单独实现调锥。结晶器每个窄边上下两个液压缸实现调宽调锥。窄边调宽装置具有高可靠性、远程调控、在线监测、动态补偿、正反双向精确调整定位、定位后的位置可靠严格锁定、窄边锥度稳定且漂移值微小等特点。

3.2.4　结晶器液压振动技术

为了适应高拉速生产，获得良好的结晶器振动工艺效果，此次设计采用了液压振动技术。生产实践证明，采用液压振动技术是最佳选择。液压振动可呈现正弦或非正弦模式运动，可选择适用的模式并结合在线调整行程和频率参数，通过由不同的上振和下振曲线相互组合实现下振时间短、速度快，上振时间长、速度慢这一振动工艺的要求，在控制振痕深度上等同于高频振动，在影响结晶器保护渣消耗上等同于低频振动，从而实现最佳表面质量等振动工艺效果。此外，采用液压振动技术，拆卸结晶器时间短，更换维护工作简便。

3.2.5　二冷动态配水技术

连铸二冷配水技术是连铸三大核心工艺之一，对连铸生产和铸坯质量有着重要影响，二次冷却的好坏会对连铸坯内部裂纹、表面裂纹、鼓肚和菱变、中心偏析等质量缺陷产生直接影响，此次设计采用先进的动态二冷配水技术，动态配水技术和铸坯的动态热跟踪技术一起，为实施动态轻压下提供了保证，模型对铸坯温度以及各回路控制点的水量设定值进行周期性计算，并对对铸坯从结晶器钢水弯月面到铸坯矫直区的温度进行全程计算跟踪和实时调整。

3.2.6　动态轻压下技术

此次设计采用了动态轻压下技术，根据铸坯规格、拉速、钢水化学成分、过热度以及铸坯的二次冷却等因素，实时跟踪铸坯的热状态，根据铸坯液相穴的位置变化，动态调整辊缝，使铸坯凝固末端经过机械压缩得到一定的压下量，用以抵消铸坯凝固末端的体积收缩，避免形成中心缩孔（疏松），抑制由凝固收缩引起的浓化钢水流动与积聚，减轻中心宏观偏析程度。

3.2.7 氢氧火焰切割技术

此次设计采用了氢氧火焰切割技术。连铸坯氢氧火焰切割是利用水电解氢氧发生器电解制取氢氧气作为能源介质，加热铸坯至燃点后，通过高压氧气与金属燃烧释放出大量热量，形成金属氧化物从而将铸坯切断的技术。

与采用精制焦炉煤气、乙炔、丙烷、丙烯、天然气作为燃气的常规火焰切割技术相比，该技术具有以下优点：

（1）电解产生的氢氧气价格低廉，其使用费用为乙炔的 1/4 左右，丙烷、丙烯的 1/2 左右。

（2）不增加切割氧的消耗，并可省去预热氧的消耗。

（3）氢气燃烧速度快（11.2m/s），因此火焰集束性好，形状似铅笔，其切割面平直，割缝较其他燃气窄 10%左右，金属损失少；而其他燃气燃烧速度慢，火焰发散，形似灯笼，其割缝较宽，切割面经常出现凹陷等缺陷。

（4）由于氢脆现象，挂渣脆、挂渣少、易清理；而化石类燃气由于含有碳元素，切割过程中会产生黏稠的碳化铁，因此切割后挂渣多且发黏，不易清理。

（5）通过向氢氧气内混入极少量的烷类气体，实现了氢氧气的断火切割工艺：降低了氢氧气的燃烧速度，增大了氢氧火焰，延长了切割风线，解决了纯氢氧回火问题，从而实现了断火切割和降低了吨钢电费。

（6）氢氧发生器工作压力低，不储存，随产随用，不属于压力容器，避免了运输、存储过程中的安全问题；且氢气比重小，即使泄漏也不会聚积，不会发生爆炸等事故。

（7）氢氧发生器生产过程无污染，氢气和氧气燃气后产物为水，无毒、无味、无烟，不会危害操作人员身体健康。

3.2.8 火焰清理机

为保证铸坯质量、提高生产率、降低工人劳动强度，此次设计采用移动式板坯火焰清理机械手技术。火焰清理机利用氧气/燃气热化学的氧化反应产生的热量对冷或热铸坯进行表面清理，从而去除铸坯表面缺陷。特别是对于要求高的薄板和硅钢板，如果铸坯表面有小小麻点，轧制成材后将扩大成几米长的缺陷。火焰清理技术也是提高生产率的重要保障，因为人工清理一块铸坯长达 2~3h，对于大型板坯连铸生产来说，单靠人工是根本无法完成的。

本项目采用移动式板坯火焰清理机械手技术，其技术优势如下：

（1）可以点、线、面三种清理模式切换，尽可能减少坯料损耗。
（2）水、电、风、气耗量较四面火焰清理大幅降低。
（3）产生的废水、废气、灰尘等较少，公辅设施较简易、有效。
（4）整个系统及公辅设施投资最省，占地面积也最小。

3.2.9 连铸机采用的其他技术

（1）大包下渣检测技术。
（2）全程无氧化保护浇注。
（3）加堰大容量中间罐。
（4）连续弯曲，连续矫直。
（5）全程多支点密排分节辊。
（6）铸机拉矫分散驱动。
（7）铸坯定尺优化切割。
（8）二冷气雾冷却自动控制及冷却宽度调节。
（9）结晶器专家系统（漏钢预报）。
（10）结晶器自动加保护渣。
（11）上装引锭杆系统（1 号、2 号机采用）。
（12）扇形段远程调辊缝，在线设备的故障自诊断及自动报警。
（13）主机设备的整体吊换及线外维修。
（14）中间罐浸入式水口快换。
（15）浸入式水口自动变渣线技术。
（16）全自动辊缝测量仪。

4 结束语

日照钢铁精品基地炼钢工程按新一代钢厂模式和理念设计进行建设，并积极吸收和采用国内外钢铁业最新发展成果和先进技术，代表了当前炼钢连铸的技术水平。

参 考 文 献

[1] 贾启超，刘常鹏，孙金铎，等．高炉-转炉界面不同运输方式的探讨［J］．冶金能源，2015，34（3）：11~13.
[2] 滕鹤，张颖，聂世一．新一代钢厂铁水运输设计研究［J］．冶金丛刊，2010，185（1）：16~20.
[3] 范波，蔡乐才．“一罐制”铁水调度优化模型的研究［J］．四川理工学院学报（自然科学版），2014，27（1）：49~52.

新型铁水输送方式在特大型高炉中的应用

李启武，李务春，高文磊

摘　要：通过分析参与设计的特大型高炉采用汽车运输铁水的应用实例，对比分析钢铁厂铁水运输方式类型、运输方式，阐述“一罐到底”汽车运输方式在山钢日照基地项目的应用、汽车运输铁水方式的总平面布置、车辆选择、运行方式及运行的有关规定、运输出现故障的分析等方面对此种运行方式进行分析。

关键词：铁水运输方式；特大型高炉；特种汽车运输铁水；铁水车辆；运行线路；运输规定

1　铁水运输方式概述

高炉-转炉工序间铁水的运输是钢铁企业生产过程中重要的工序之一，主要作用是实现高炉冶炼铁水的物质流以及能量流传输。现今随着高炉大型化和转炉高效化的发展趋势，先进合理的“界面技术”应用成为保障钢铁生产流程运行稳定、协调、高效、连续的根本保障。国内外钢厂的铁水运输方式按照铁水罐车辆载体的不同可以分为以下几种形式：铁路方式、起重机+过跨车方式、专用道路（汽车）方式。

（1）铁路运输铁水方式。铁路方式运输铁水是目前国内外绝大多数钢铁厂采用的一种传统的运输方式，具有历史长、技术成熟、安全可靠、普遍应用、适合较长距离运输铁水（老厂改造和多个炼铁炼钢厂铁水互调的企业）等特点。该种运输方式在国内莱钢、曹妃甸、宝钢、武钢、湛江钢厂等厂已采用。

（2）过跨车运输铁水方式。该种运输方式采用自行式轨道铁水罐车运输铁水，江西新余钢铁厂 2×2500m^3 高炉、重钢新区 3×2500m^3 高炉、青钢搬迁 3×1500m^3 高炉采用此种运输方式。

（3）汽车运输铁水方式。该种运输方式采用汽车作为铁水罐的载体运输铁水，此种方式国内外已有较多应用实例：美国某厂采用 320t 汽车运输铁水，该车由 Kress 公司制造；巴西 CSV 厂高炉采用 450t 汽车运输铁水，该车由德国

Kirow 公司制造；江苏兴澄特钢厂采用 180t 汽车载运 100t 铁水罐运输铁水。该厂新建 3200m³ 高炉采用汽车载运 260t 铁水罐运输铁水。

重钢长寿新区平板车+转运跨布置形式如图 1 所示。

日照基地火车运输铁水布置形式如图 2 所示。

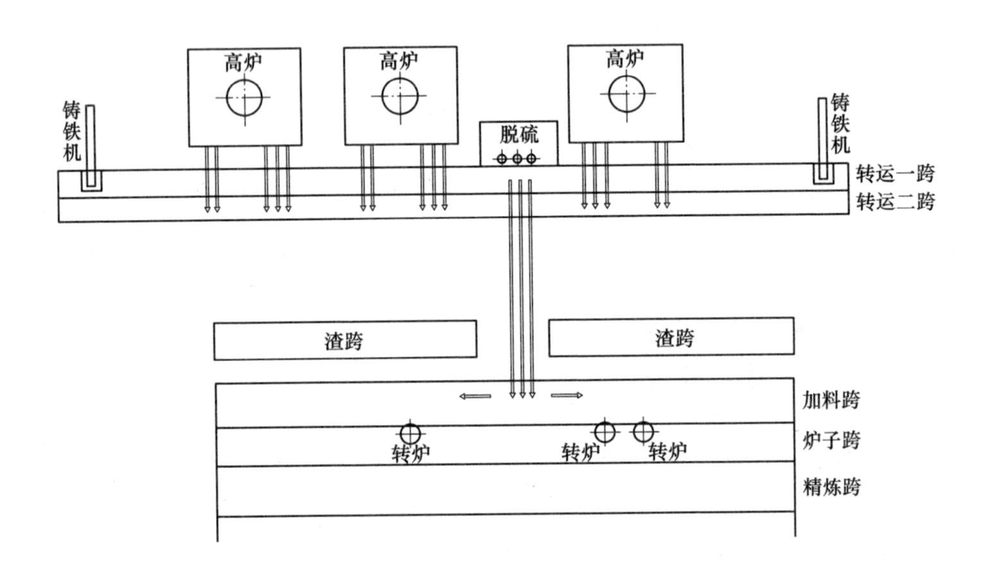

图 1　重钢长寿新区平板车+转运跨布置形式

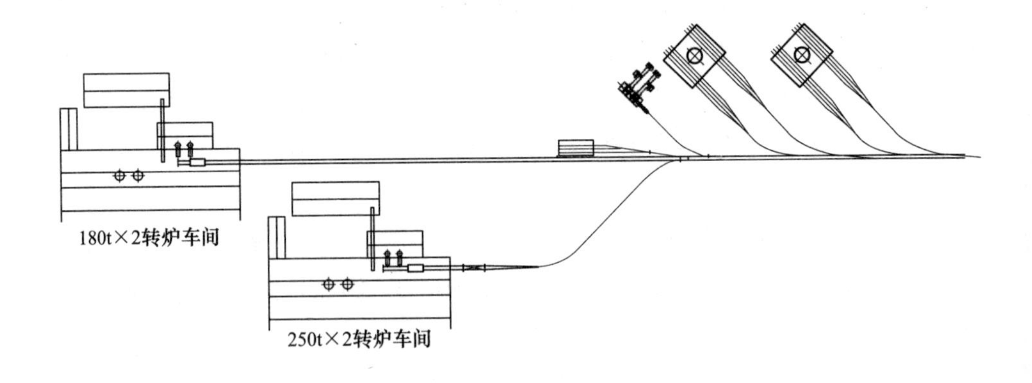

图 2　日照基地火车运输铁水布置形式

2　铁水运输方式的选择

国家发改委2013年3月1日正式核准了山东省钢铁集团（山钢集团）日照钢铁精品基地项目，核准的项目建设内容包括：码头泊位、原料场、烧结、球团、焦炉、高炉、转炉、轧钢、超临界火电机组，以及供水、供配电等公辅设施。项目设计年产铁810万吨、钢850万吨、钢材790万吨。

该项目拟建2座5100m^{3}高炉，年产生铁810万吨。采用“一罐到底”方式运输铁水，利用炼钢钢水包装运铁水，将高炉铁水的承接、运输、缓冲储存、铁水预处理、转炉兑铁水及铁水保温等功能集为一体；取消炼钢车间倒罐坑和铁水倒罐作业，缩短工艺流程，以减少温降、铁损、烟尘排放点。

随着钢铁企业生产工艺流程的不断发展，为满足钢铁工业高效、优质、低耗的要求，除了对单体工序钢铁厂的铁水承载容器装置层面的研究，还必需对前后工序或装备之间的“铁钢界面”技术进行研究和探索，逐步实现整个生产流程的低耗能、连续化、智能化。

针对铁水运输方式的选择，转炉车间、连铸机配置等重大方案问题，山东省冶金设计院同国内其他钢铁设计院自2012年做了大量的专题研究，进行了论证。和国外、国内多家特种汽车制造商进行多次交流，多次到相关钢铁企业进行考察学习，对三种运输方式总平面布置、优缺点对比分析，对投资和运行费用做了大量对比分析，最终形成了如下成果。

（1）三种运输方式投资及运行费用综合比较，见表1。

表1　三种运输方式投资及运行费用综合比较

序号	比较内容	火车运输	平板车运输	汽车运输
一	投资/万元			
1	总图总投资	59528含增加土地费37440	31276含两跨转运跨和吊车17500	10510
2	炼铁（铸铁）	2118	1600	5005含两台吊车4400
3	炼钢（全部）	422652	425922	425922
	合计	484301	458797	441437
	扣除土地合计投资	446861	458797	441437
	（扣除土地费）差额投资	+5424	+17360	0

续表 1

序号	比较内容	火车运输	平板车运输	汽车运输
二	吨铁综合成本/元 · t 铁$^{-1}$			
1	铁水运输费用	机车运行成本 0.73	1.143，其中平板车运行成本 0.122，空重罐落地费 0.292，转运跨增加吊运费 0.729	汽车耗油费 0.79，空重罐落地费 0.292
2	检修费用	0.926	0.933	1.14，其中大修费用 0.46，液压润滑维护费用 0.68
3	投资折旧费	1.515	2.071	1.396
4	吨钢占地使用费	1.798	0	0
5	定员成本	0.37	0.148	0.654
6	投资利息成本	1.172	1.754	0.912
	合计	6.512	6.049	5.186

注：未考虑温降效益。

（2）虽然铁路运输铁水是冶金企业普遍采用的一整运输方式，具有成熟可靠、操作运行简单等特点；但由于铁路运输存在着工厂占地大、运输距离长、铁水温降大等不利条件等诸多问题。例如日照基地 4 座转炉集中在一个车间布置，铁水垂直从中间进铁方式，铁路运输存在较大的缺陷，并且二期高炉预留、总图布置也有缺陷。上述缺陷导致厂区土地分割、占地大，各类介质管线过长，基建投资高。

（3）过跨车运输虽然具有运输距离近、节省用地、布置紧凑、环保等优点，但存在利用转运跨吊车频繁吊运、环节较多、炉下铁水罐组织繁杂、对操作人员的要求较高等不足，以及一座高炉铸铁时存在调度交叉、铸铁灵活性较铁路运输差，一次性基建投资费用高，堵塞高炉转炉之间的检修通道，而且还存在着两种煤气危险源叠加问题等缺点。

（4）近年来，随着我国制造材料和制造技术的发展，国家鼓励发展高端装备制造业，重载汽车的制造已经成熟地越过单车满载 300t，截至目前国内已经有数十家钢企 120 余辆汽车在运输铁水。结合日照钢铁精品基地的高炉、转炉连铸的配置、铁水进入转炉加料跨的位置和方向，我们在认真、细致地比较了铁路、公路和过跨车的运输方式的投资和运行费用优缺点后，认为山钢日照基地项目采用汽车运输铁水的条件已经成熟，能满足 4 座转炉布置在一个转炉车间、铁水从中间垂直进铁的需要。即在目前国产重载车 380t 的基础上对车辆进行升级至满载 500t 是可行的。在同类钢企研判的基础上发挥后发优势，首次采用 500t 的汽车连接的新型“铁钢界面”在国内是一种新的突破。此界面具有以下优势：

1）节省大量土地，同等配置，汽车运输铁水可减少占地 $104hm^2$。

2）全厂总图采用“一字形”布局形式，厂区布置紧凑、厂区美观，预留二期简单可复制。

3）节省运行费用。铁前物流费用低，规避了工厂中物质流、能量流搬运过程中的过远、迂回或折返搬运的弊端。根据与国内已建成的同类企业相比，原料到烧结、烧结矿到矿槽以及煤场到焦炉、焦炭到矿槽的大宗物料总运输距离可缩短 1100m。

4）节省基建投资。便于优化厂区公辅集中布置，靠近服务对象近，煤气、水管道、电缆等长度减少。

3 特种汽车运输铁水方式在 $5100m^3$ 高炉中的应用

3.1 项目概况

项目拟建 2 座 $5100m^3$ 高炉，在高炉北侧 150m 处拟建 4 座 210t 转炉。高炉进铁方式为中间垂直进铁，运输方式为特种汽车汽车运输。高炉至炼钢车间最远距离（1 号高炉西南角罐位）：550m；高炉至炼钢车间最近距离（1 号高炉东北角罐位）：260m。

单座高炉设 4 个出铁口，出铁口设摆动流嘴，高炉出铁场平台下共设置 8 条独立的铁水运输线，其中高炉出铁场北侧 4 个运输通道为南北方向进出，出铁场南侧 4 个运输通道为东西方向进出。

高炉车间平面布置图如图 3 所示。

3.2 出铁制度

高炉日出铁次数为 10~12 次/d，出铁速度为 7~9t/min，出铁制度为对角线出铁或一条主沟检修备用，三条主沟轮流出铁。理论出铁时间见表 2。

表 2 理论出铁时间计算

出铁次数/次	出铁速度/$t \cdot min^{-1}$	每日出铁量/$t \cdot d^{-1}$		每次出铁时间/min		出铁重叠时间/min	
		正常	最大	正常	最大	正常	最大
10	7	11571	12240	165	175	21	31
	8	11571	12240	145	153	1	9
	9	11571	12240	129	136	-15	-8
12	7	11571	12240	138	146	18	26
	8	11571	12240	121	128	1	8
	9	11571	12240	107	113	-13	-7

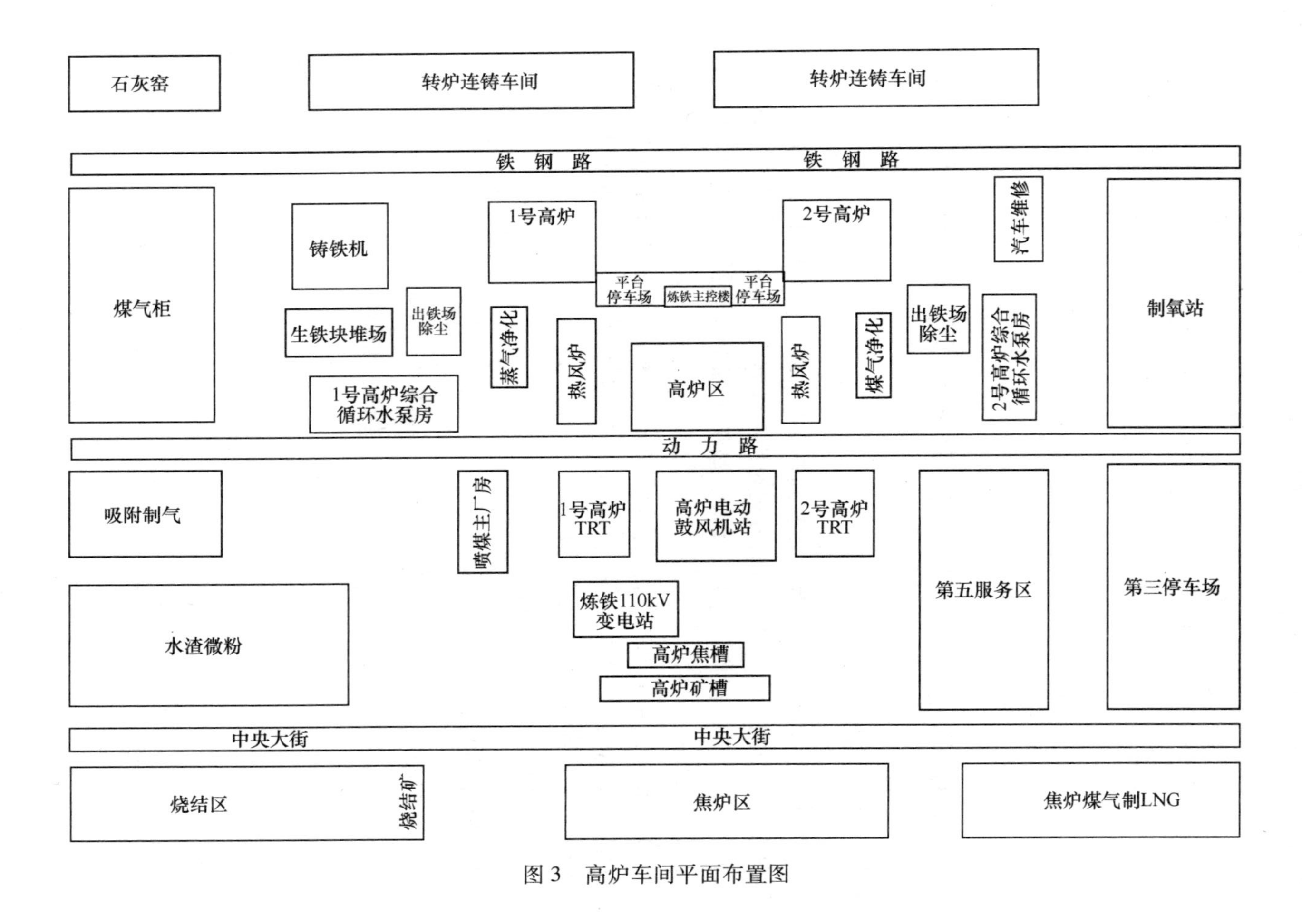

图3 高炉车间平面布置图

从表2的理论计算得出，在最大日产量、最小出铁速度、最少出铁次数的情况下，2铁口同时出铁的重叠时间为31min。当日出铁次数12次、出铁速度为8t/min时，相邻两次出铁几乎不重叠。

3.3 铁水罐车作业时间

出铁过程中，采用一罐一拉方式，铁水罐满，摆动溜嘴摆到已配好空罐的另一方，取走重罐。

铁水罐车作业主要技术参数：

铁水罐容量　　210t；

最大日产铁水量（P_{max}）　　12240t/d；

每次最大出铁量（按P_{max}，12次铁）　　1020t/次；

炉前每次出铁需配备的铁水罐数量：1020/210=4.86，即每次出5罐铁。

高炉至炼钢车间最远距离（1号高炉西南角罐位）：550m；

高炉至炼钢车间最近距离（1号高炉东北角罐位）：260m。

罐车运行速度：重车83m/min；空车166m/min。

（1）第一台罐车作业时间：

1）空罐车点检时间：10min。

2）提前配罐时间：开铁口前30min，须有2个空罐车配到摆动溜槽下。

3）罐车装铁时间：210÷8=26min（出铁速度8t/min计算）。

4）重罐车从出铁场下出来的时间：≤2min。

5）罐车在路上的运输时间：

高炉至炼钢车间最远距离时：550÷83+550÷166=10min

高炉至炼钢车间最近距离时：260÷83+260÷166=5min

6）炼钢车间作业时间：20min。

则第一台罐车运行周期（第一次出铁配罐到位到第二次配罐到位的时间）为：10+30+26+2+10+20=98min（最远距离时）；93min（最近距离时）。

（2）第二台罐车运行时间为：

98+26=124min（最远距离时）；93+26=119min（最近距离时）。

（3）第三台罐车运行时间为：

第三、四罐要求提前5min对好位。

10+5+26+2+10+20=73min（最远距离时）；68min（最近距离时）。

第四罐接铁时，第一台罐车已从炼钢车间返回出铁场外等候配罐。

（4）第五、六台罐车：

一般最后一罐铁不可能装满，因此，最后一罐不会进入炼钢车间，而是继续停留在原位，等待下次出铁时接受铁水。

考虑到前后出铁口的出铁重叠包数为 2 包，前一出铁口第 5 包进行时，5 号、6 号车进入后一出铁口出铁，后续出铁则由完成前一次出铁口的车辆完成。

高炉出铁与铁水包车的配置如图 4 所示。

日照精品钢项目 — 高炉出铁与铁水包车的配置图

出铁口		车辆号 \ 时间(min)	0 10 20 30 40 50 60 70 80 90 100 110 120
1号高炉	Ⅰ	一道	1号车；3号车；1号车
		二道	2号车；4号车；2号车
	Ⅱ	三道	5号车；3号车
		四道	6号车；4号车
	Ⅲ	五道	
		六道	
	Ⅳ	七道	
		八道	

图 4　高炉出铁与铁水包车的配置

3.4　车辆配备分析

铁水车运行线路如图 5 所示。

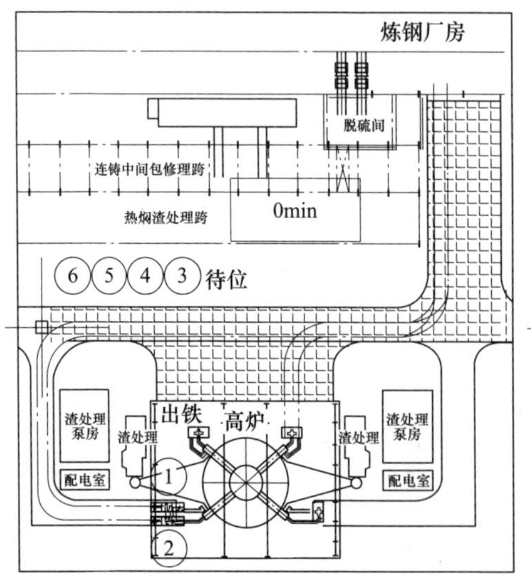

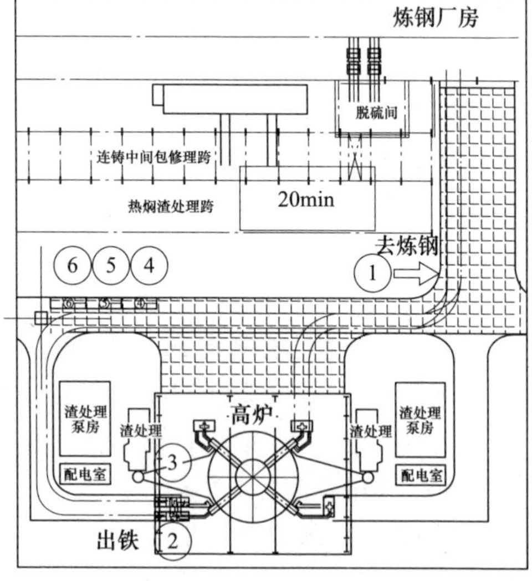

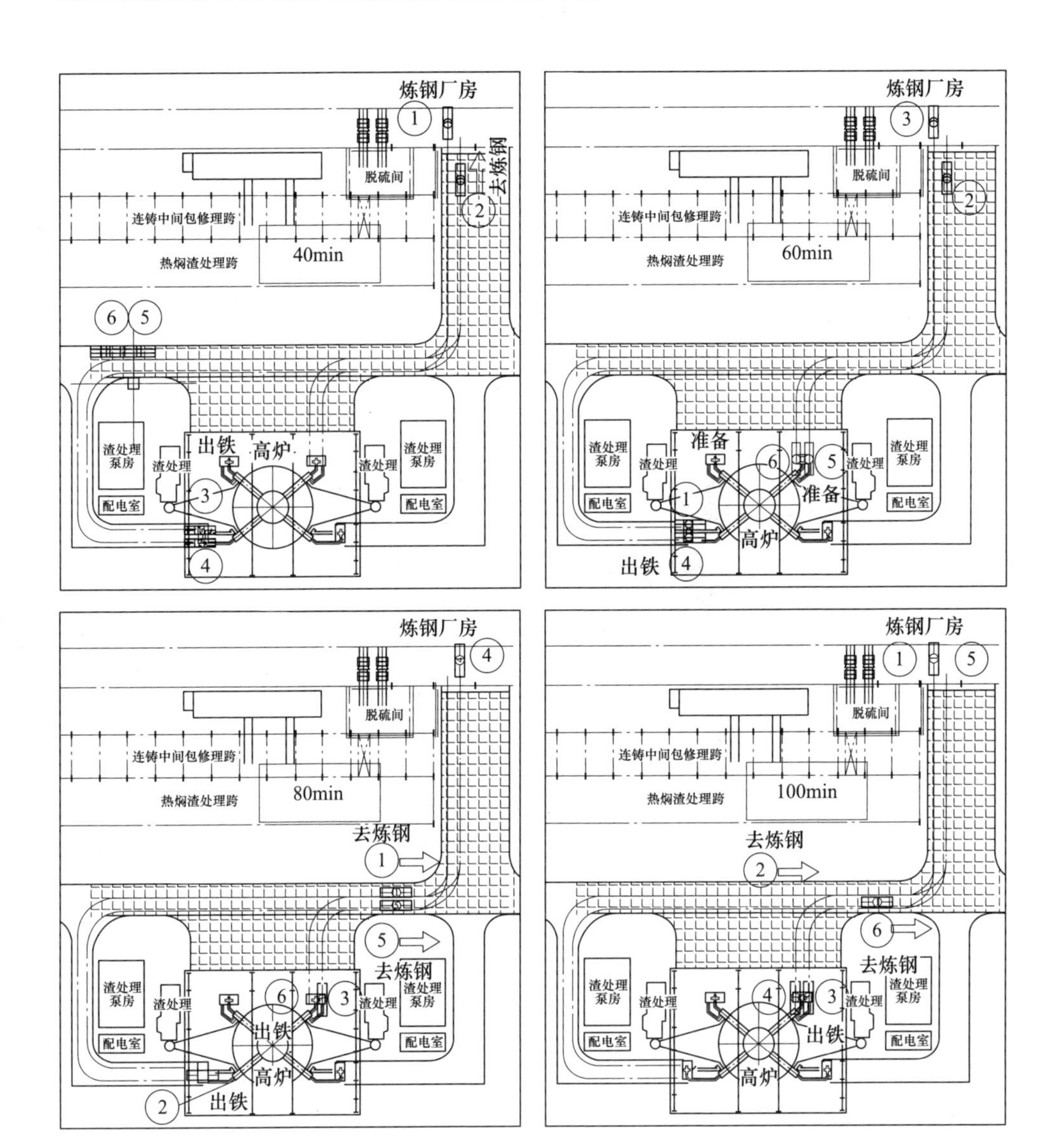

图 5 铁水车运行线路

根据作业时间、作业线路及铁水运输车性能，拟对每座高炉配备 6 台铁水车循环流转，出铁口的两道均同时有车辆待命，其中一道完成后即转另一道出铁，同时受铁后的车辆立即开出，第 3 台车辆马上进入。考虑到前后出铁口的出铁重叠包数为 2 包，前一出铁口第 5 包进行时，5 号、6 号车进入后一出铁口出铁，后续出铁则由完成前一次出铁口的车辆完成；单座高炉由 6 辆车实现循环流转，车辆配备如图 5 所示。

正常作业下，2 座高炉共 12 台铁水车在循环流转，另考虑 3 台车备用，项目总共需 15 台铁水运输车。

3.5 车辆概述

该项目铁水罐运输车型号为 PBC-380，设计采用整体式车架结构，静压驱动行走系统，液压悬挂结构，回转支承+动力连杆+液压同步实现全轮转向，承载方式为嵌入式铁水包。整车具有承载稳定可靠、转向灵活的特点，如图 6 所示。

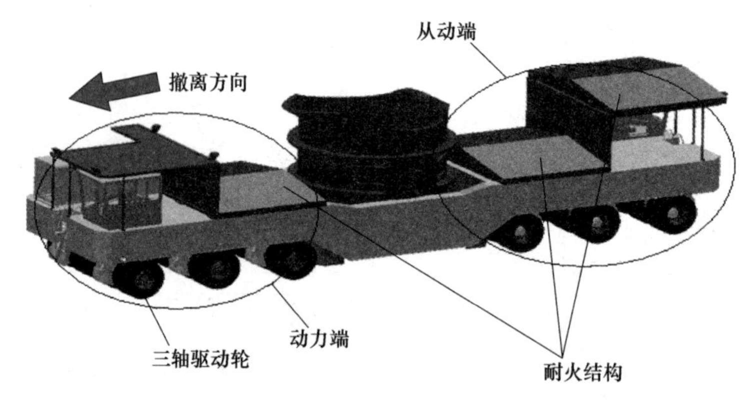

图 6 PBC-380 型铁水罐运输车

PBC-380 型铁水罐运输车依据山钢日照铁水运输现场的工艺条件进行设计制造，整车主要性能技术参数见表 3。

表 3 整车性能

序号	性能技术指标	设计参数值	备注
1	外形尺寸（长×宽×高）/mm×mm×mm	19800×4840×4500	无罐，不含爬梯与牵引钩
2	外形尺寸（长×宽×高）/mm×mm×mm	19800×5910×6400	带罐，不含爬梯与牵引钩
3	整车自重/kg	120000	
4	最大承载/kg	380000	
5	额定承载/kg	360000	
6	单轴最大载荷/kg	45000	已考虑承载不均匀系数
7	总轴线/驱动轴线	6/2	
8	驱动轴线位置	第 1 和 2 轴线	主驾驶室端
9	轮胎数量	48	
10	最小转弯半径（外）/mm	13950	车体外廓

续表 3

序号	性能技术指标	设计参数值	备注
11	最小转弯半径（内）/mm	4700	车体内侧
12	最大转向角度/(°)	55	
13	空车最高车速/km · h^{-1}	10	
14	重载最大车速/km · h^{-1}	5	
15	重载最大爬坡能力/%	4	
16	运输时平台高度/mm	2310	
17	平台升降高度/mm	±150	
18	车轴补偿/mm	±150	
19	最大牵引力/kN	365	
20	正常行驶时铁水罐高度/mm	6400	上沿口距离地面
21	正常行驶时太阳棚高度/mm	4500	上沿口距离地面
22	转向形式	液压驱动连杆转向	液压同步
23	最小离地间隙/mm	350	
24	发动机功率/kW	390/2100r/min	

3.6 人员配制

操作人员采用 24 小时 4 班 3 运转模式，每班 13 人，其中 12 人出铁作业、1 人操作备用车辆，操作人员共设 52 人，车队管理人员（含调度）8 名，其中专职维护人员设 5 人，其中机械 2 人、液压 2 人、电气 1 人，共 60 人。

3.7 本项目开发的技术难点

（1）PBC-380 铁水车，总重为 500t，属于亚洲第一车，需要研发制造。

（2）需要样车提前研发成功，进行空载、负载实验。

（3）整车为整体框架式结构，悬挂系统、驱动系统、液压转向等需具有极强的安全可靠性。

3.8 汽车车辆运行等有关规定

（1）不允许车辆驾驶员驾驶车辆从铁水摆动流嘴下通过。

（2）避免空、重罐车辆交叉运行，空、重罐车辆均在独立的车道上行驶。

（3）考虑出铁场下为煤气区域，为避免出现人身安全事故，待受铁水的空罐车辆停放在出铁场端头外侧。

3.9　车辆风险控制

当炉前设备泥炮机和摆动溜槽出现故障，无法堵铁口时，铁水持续流下，溢出铁水包。为了降低损失，需要强行将装满铁水的车辆驶离高炉区域，即离开出铁位置约 20m。为减少带来的损失，采取的措施有：

（1）动力端和油箱等设置在高炉出铁口的外侧，跑铁或溢铁时浇不到动力。对车身下方驱动管路重点保护，轻易不能失效。

（2）对车身平台与隔热栅进行防护，使溢出铁水不能直接穿越车身，保护下部结构。

（3）在接铁位两侧地面区域设置溢铁沟槽，避免接铁时铁水溢出烧坏车轮或车身。

（4）液压驱动系统储备足够能力，即便后部驱动轮失效，仍能起步驶离。

（5）车轮为实心轮胎，着火后不会塌陷，仍能承重。

（6）配车载防灭火系统，减少事故损失。

（7）配整车遥控系统，紧急情况下操作人员可在安全距离外操作车辆运行，确保人员安全。

（8）沿途设置事故沙坑，当铁水包穿包时，车辆强行开至此处，将漏出的铁水流至沙坑（沙坑容积大于铁水包容积）。

3.10　车辆投入与运行情况

本工程属于国内首次采用 380t 大吨位特种汽车在 5000m^3 级高炉运输铁水，截至目前本项目一期一步工程 9 台车辆已经在现场运行一年多，运行状况非常好，安全可靠性好。据现场售后服务人员介绍，运行的车辆基本没有维修量，性能较好，业主非常满意。

现场运行图如图 7~图 11 所示。

图 7　铁水车正在接铁（一）

图 8　铁水车正在接铁（二）

图 9　铁水车正在运行

图 10　铁水车进入炼钢车间加料跨

图 11　加料跨内铁水罐吊装作业

3.11　项目经济效益分析

3.11.1　直接效益

和国家发改委核准的可研铁路运输相比较，直接投资汽车运输较火车运输可节省 5424 万元（不含土地增加费），吨铁综合成本（元/t 铁），汽车运输较火车运输少 1.326 元，按一期投产后年产铁水 810 万吨计算，可产生经济效益 1074 万元。

3.11.2　间接效益

和国家发改委核准的可研铁路运输相比较：

（1）铁路运输每循环一次重罐运行时间 24min，重包温降取 0.3℃/min，铁水每℃效益 0.176 元，吨铁温降效益 1.267 元。

铁路运输每循环一次空罐等待时间 271min，空包温降取 0.15℃/min，铁水每℃效益 0.176 元，吨铁温降效益 7.154 元。合计吨铁温降效益 8.421 元。

（2）汽车运输每循环一次重罐运行时间 7min，重包温降取 0.3℃/min，铁水每℃效益 0.176 元，吨铁温降效益 0.370 元。

汽车运输每循环一次空罐等待时间 165min，空包温降取 0.15℃/min，铁水每摄氏度效益 0.176 元，吨铁温降效益 4.350 元。合计吨铁温降效益 4.720 元。

（3）两者合计吨铁温降效益汽车较火车减少 3.701 元。

按一期投产后年产铁水 810 万吨计算，道路运输可产生温降经济效益 2997.81 万元。

注：（1）查阅资料并参考京诚报告，重包温降取 0.3℃/min，空包温降取 0.15℃/min（京诚报告：出铁温降取 0.15℃/min、运输温降取 0.3～0.4℃/min、

倒包温降取 30℃、空包等待温降 0.15℃/min、铁水每℃成本 0.15 元)；

（2）铁水每℃效益 0.176 元，为铁厂测算值；

（3）鞍钢铁水包温降：重包温降 0.5℃/min，空包温降 0.3℃/min。

4 结束语

本车型的应用有利于推动我国制造材料和制造技术的发展，符合国家鼓励高端装备制造业发展的产业政策。

随着汽车油改电技术和人工智能无人驾驶技术的逐步应用，汽车油耗及人工成本将大幅降低，汽车优势更加明显。汽车会引领铁水运输的新潮流。

今后应及时关注汽车运行状况，对运行过程中出现的可靠性、安全性、稳定性经验及时总结。

参 考 文 献

[1] 殷瑞钰. 冶金流程工程学 [M]. 第 2 版. 北京：冶金工业出版社，2009.
[2] 邱剑，田乃媛，郦秀平，等. 高炉-转炉界面流程的研究 [J]. 钢铁，2005，40 (8).
[3] 傅永新，彭学诗. 钢铁厂总图运输设计手册 [H]. 北京：冶金工业出版社，1996.

烧结工程选择性烟气循环技术的应用

宋佳强，孙荣生，吴洪勋，李　焱

摘　要：在钢铁企业内，烧结工序是 SO_2 和 NO_x 的主要产生源之一，烧结环境保护法规强制要求烧结废气必须经脱硫脱硝净化处理后达标才能排放。“选择性烟气循环技术”选择烧结机头、尾风箱烟气进行再循环，可将脱硫脱硝系统的烟气量降低约 30%，减小脱硫脱硝系统的负荷。首先分析了烧结烟气特点和烧结烟气循环原理，通过理论分析，得出烧结机机头和机尾烟气再循环是最理想的方式；然后详细阐述了选择性烟气循环技术方案，包含系统组成和功能分析等；最后通过生产实践分析了选择性烟气循环系统的应用效果。

关键词：选择性烟气循环；节能；减排；循环烟罩

1　前言

钢铁企业生产过程中一半以上的废气来自烧结工序，烧结烟气中粉尘、SO_2、NO_x 和二噁英等是环境空气污染的重要来源之一。国家新的《钢铁烧结、球团工业大气污染物排放标准》的颁布实施，完善了国家大气污染物排放标准，对钢铁企业烧结工序的节能减排和达标排放提出了严格的要求。面对日趋严格的环保法规，为了实现铁矿烧结清洁生产，针对烧结烟气进行源头控制和末端治理成为工作重点。烧结烟气末端治理的主要工作是脱硫脱硝，实现 SO_2 和 NO_x 的控制与减排，脱硫脱硝的固定投资和运行成本主要取决于处理的烟气量，减少脱硫脱硝烟气量，可显著降低烧结烟气末端治理费用[1,2]。

烧结选择性烟气循环技术是有选择地将烧结废气返回点火器后烧结机台车上部的烟罩中循环，该技术从源头控制污染物产生和排放，可减少脱硫脱硝系统 30%~40%的烟气量。采用烟气循环工艺后，烟气中 SO_2 和 NO_x 富集，可提高脱硫脱硝系统处理效率。循环烟气中有害成分在料层中被热分解或转化，二噁英和 NO_x 被部分消除。循环烟气中部分粉尘被料层捕获，可减少最终向大气排放的粉尘量；同时回收利用烧结热废气的潜热和显热，可降低燃料配比和工序能耗。日照钢铁精品基地对这一“绿色化”技术的成功运用，为我国烧结生产节能减排和烟气治理提供了新的发展方向。

2 选择性烟气循环技术机理

2.1 烧结烟气特点

烧结烟气是烧结混合料点火后随台车运行，在高温烧结成型过程中产生的含尘废气，主要有以下特点[3,4]。

（1）烧结烟气量大、氧含量高。烧结过程是在完全开放的环境下进行的，由于国内烧结机漏风率高，故烟气流量变化可高达30%以上，烟气温度在110～180℃范围内变化。烧结烟气中氧质量分数为12%～15%，且头、尾部风箱氧含量高于中部风箱氧含量。

（2）烧结烟气中SO_2和NO_x浓度波动大。头、尾部风箱烟气SO_2和NO_x浓度低，中部风箱烟气SO_2和NO_x浓度高。烧结烟气中SO_2和NO_x主要来自固体燃料和铁矿粉，由于烧结原料的不稳定及操作工艺的不稳定，烟气中SO_2和NO_x浓度也会有大幅变动。

（3）烧结烟气中二噁英浓度波动大。头、中部风箱二噁英浓度低，尾部风箱二噁英浓度高。二噁英作为毒性最强的持久性有机污染物之一，在自然条件下很难降解。烧结烟气中二噁英主要因烧结混合料中无机氯化物、轧钢含油废铁渣等反应生成。

烟气中O_2、SO_2、NO_x、二噁英沿烧结机台车长度分布如图1所示。

2.2 烧结烟气循环原理

烧结废气通过主抽风机排出后，被再次引入烧结料层时，因热交换和料层蓄热作用，可将烟气显热供给烧结混合料，改善料层上、中部热量不足情况，改善台车表面烧结矿质量。烟气中含有部分CO，通过料层时二次燃烧放热可为烧结过程补充热源。因此，烟气循环可充分利用烧结废气的显热和潜热[4,5]。

烧结废气中的NO_x主要是燃料型NO_x，大部分来自固体碳，由于烟气循环可节省部分燃料，降低混合料燃料配比，故减少了NO_x生成源。在烟气循环烧结同时，废气中NO_x在通过烧结带时被部分分解，因此，烟气循环可显著降低NO_x的排放量。

烧结废气中二噁英在200～400℃低温条件下生成，在1000℃高温条件下分解。在烟气循环烧结同时，废气中二噁英在通过烧结带时被部分分解。由于循环烟气氧含量降低，也抑制了二噁英的生成。因此，烟气循环可显著降低二噁英的排放量。

2.3 选择性烟气循环路线选择

从循环烟气来源看，烧结烟气循环技术有“内循环”和“外循环”两种

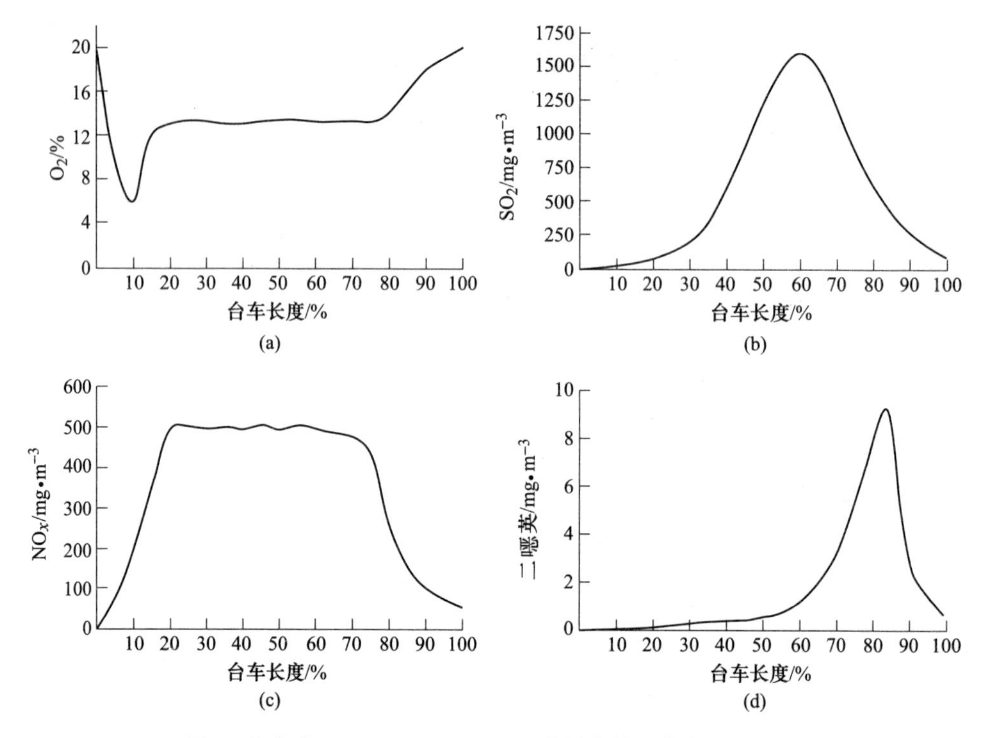

图 1　烟气中 O_2、SO_2、NO_x、二噁英沿烧结机台车长度分布

（a）烟气中 O_2沿烧结机台车长度分布；（b）烟气中 SO_2沿烧结机台车长度分布；

（c）烟气中 NO_x 沿烧结机台车长度分布；（d）烟气中二噁英沿烧结机台车长度分布

模式。

“内循环”模式是在风箱处直接取风进行循环，可灵活地选取高温、富氧的风箱废气加以循环利用，操作灵活；但需要新增变频抽风机和多管除尘器，烟道布置也相对复杂。相比常规烧结工程布置变化大、固定投资高，该工艺对于新建项目比较适合。现有烧结机有增产诉求又不想变动主抽风机的改建项目，采用内循环工艺可增加烧结机抽风量，也适合采用该工艺。

“外循环”模式是在主抽风机后取风进行循环，按循环烟气动力可分为有循环风机和无循环风机两种工艺，按循环烟气来源可分为有选择性和无选择性两种工艺。外循环模式和常规烧结工程比较无需较多改动，对于新建和改建项目都比较适合。对于新建项目，采用该工艺基本不受制约，也没有明显的缺点；对于改建项目，若要选取高温、富氧的风箱废气加以循环利用，则难度稍大，需要对风箱废气进行重新分配。

无循环风机和有选择性的“外循环”模式投资省、能耗低、操作灵活，因此本工程采用该模式进行烧结烟气循环。根据烧结烟气的分布特点，选择烧结机头、尾部烟气进行再循环，循环部分 O_2含量较高，有利于烧结过程的顺利进行；

循环部分 SO_2浓度低，对烧结矿质量影响小；循环部分二噁英浓度高，可减少二噁英排放量。不循环部分 SO_2、NO_x 含量较高，直接去脱硫脱硝系统，处理后达标排放。

具体方案为烧结机中部的烟气作为废烟气直接排入一个烟道，经脱硫脱硝设备净化后进入烟囱排至大气中；烧结机头部和尾部的烟气排入另一个烟道，总烟气量的30%~40%与环境空气混合，再循环至安装在烧结机台车上方的循环烟罩内，剩余部分烟气经脱硫脱硝设备净化后进入烟囱排至大气中。

3 选择性烟气循环技术方案

3.1 选择性烟气循环流程

日照钢铁精品基地烧结工程选择性烟气循环工艺流程如图2所示。

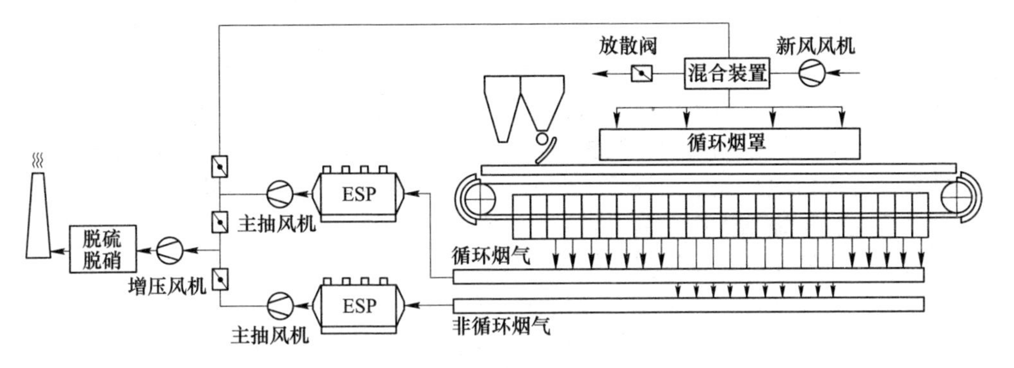

图2 选择性烟气循环系统流程

3.2 系统组成

选择性烟气循环系统由净风系统、新风系统、混合系统、循环烟罩和仪电控制系统等组成，见表1。

表1 烟气循环系统组成

项目	净风系统	新风系统	混合系统	循环烟罩	仪电控制系统
系统构成	三通切换阀 挡板门 净风管道	新风风机 新风管道	混合装置 放散阀 混合管道	循环烟罩 安全阀	检测仪表 电气传动 控制系统
系统功能	分配循环烟气和脱硫烟气，控制循环烟气流量	平衡循环烟罩内压力，给循环烟气补充氧气	混合净风与新风并将烟气分配至循环烟罩	收集循环烟气，保持烟罩内合理负压	烟气循环系统检测、电气传动及自动控制

3.3 烟气选择

沿烧结台车运行方向，中部风箱的废烟气进入脱硫烟道，经机头电除尘器、烧结主抽风机进入脱硫脱硝系统中，处理后达标排放。头部风箱和尾部风箱的废烟气进入循环烟道，经机头电除尘器、烧结主抽风机后部分与新鲜空气混合，然后进入烧结循环烟罩内，剩余部分与脱硫烟道烟气一起进入脱硫脱硝系统中，处理后达标排放。为平衡脱硫烟道和循环烟道内烟气温度、压力和流量，部分风箱设置三通切换阀，废烟气可根据需要进入脱硫烟道或循环烟道。

将正常生产时总烟气量的60%～70%（50%为脱硫烟道的烟气，10%～20%为循环烟道旁路的烟气）引入脱硫脱硝系统，总烟气量的30%～40%引入循环烟罩。由于脱硫脱硝系统处理的总烟气量降低，烟气中 SO_2和 NO_x 富集，可提高脱硫脱硝系统处理效率。

3.4 烟气混合

由于循环烟气压力的波动，影响生产操作，设置新风风机兑入新鲜空气可对烟气压力进行调节，新风风机变频调速，可灵活控制兑入循环烟气的空气量。循环烟气和新鲜空气在烟气混合装置中进行混合，混合后的烟气从烟气混合装置上部排出，可均匀地分配至循环烟罩。另外，兑入新鲜空气可适度提高混合烟气的氧含量，有利于烧结生产正常进行。

为保证烟气循环系统的安全操作，在烟气混合装置顶部设有一台放散阀。正常操作时，循环烟罩内为负压，放散阀处于关闭状态；当烟气循环系统停运时，打开放散阀，将新鲜空气引入循环烟罩以保证烧结生产正常进行。

3.5 循环烟罩

为保证循环烟气能够全部穿过烧结料层，不出现烟气外溢现象，提高烟气循环率，循环烟罩需要尽可能多地覆盖烧结机风箱。在烧结机头部留有 4 个风箱的位置用于安装点火保温炉和观察料面及点火工况。在烧结机尾部留有 4 个风箱的位置用于检修更换烧结台车和烧结终点后烧结矿冷却。

循环烟罩和台车栏板采用非接触型窄缝迷宫式密封，以防止废气和粉尘逸出。为避免循环烟气中的 CO 外逸造成安全事故，在循环烟罩两侧安装有 CO 检测器，在工作区域 CO 气体含量超标的情况下，可向操作人员发出听觉和视觉信号，报警信号同时引入烧结值班室。循环烟罩两侧设有安全阀，当检测出循环烟罩内烟气压力接近零负压时安全阀将自动打开，将循环烟气排入烧结机风箱，以确保循环烟罩中的烟气不会出现外溢现象。

3.6 仪电控制系统

在各个管道和循环烟罩设有相应的气体温度、压力、流量检测仪表，用于生产参数的收集与控制；新风风机变频调速，采集新风风机频率、电流、功率等参数，用于过程监测与控制；各挡板门、放散阀、安全阀设有位置检测，用于过程监测与控制。

采用西门子 S7-400 PLC，PLC 为基于可编程存储的实时控制器，用于烟气循环系统连锁、顺序、检测和控制功能。烟气循环系统主要控制烟气流量和烟罩压力两个参数，参与电气传动的设备为挡板门、新风风机、安全阀和放散阀。通过调节挡板门开度控制烟气流量，烟气流量控制器有回收率模式、脱硫流量模式、循环流量模式三种。通过调节新风风机转速控制烟罩压力，放散阀和安全阀为烟罩压力控制的辅助手段。

4 日照钢铁精品基地选择性烟气循环系统应用效果

4.1 脱硫脱硝增压风机

由于脱硫脱硝烟气量降低，脱硫增压风机设计风量和功率有所降低，见表 2。

表 2 脱硫增压风机选型对比

项目	标态流量（设计值）/$m^3 \cdot s^{-1}$	标态流量（最大连续运行值）/$m^3 \cdot s^{-1}$	电机功率/kW
常规选型	446	380	5600
实际选型	378	335	4800
节省率/%	15	12	14

4.2 烧结烟气循环率

统计烟气循环期间不同时段循环烟气和脱硫烟气量，可得到烧结烟气循环率在 30%以上，达到预期效果，见表 3。

表 3 1 号烧结机投产初期烟气循环率

项目	工况 1	工况 2	工况 3
脱硫脱硝风量（标态）/$m^3 \cdot s^{-1}$	175	180	178
循环风量（标态）/$m^3 \cdot s^{-1}$	85	88	90
烧结烟气循环率/%	32.7	32.8	33.6

4.3 烧结配料对比

统计烟气循环前后不同时段烧结配料情况，可评价烟气循环对烧结返矿和固体燃耗的影响，见表4。

表4 1号烧结机投产初期配料对比

料批		配料量/$t\cdot h^{-1}$	内返比/%	燃料比/%	烧结矿产量/$t\cdot h^{-1}$	固体燃耗/$kg\cdot t^{-1}$
循环前	1	1000	23.47	3.92	624.8	55.7
	2	1000	23.49	3.92	627.5	55.5
	3	1000	22.98	3.93	636.7	55.4
	4	1000	23.49	3.92	627.5	55.5
循环后	5	1000	23.30	3.79	637.7	54.1
	6	1000	24.00	3.56	632.2	52.3
	7	1000	24.31	3.40	630.0	52.7
	8	1000	23.60	3.40	632.3	53.7

采用烟气循环后，烧结矿产量未有下降，内返比未有明显升高。采用烟气循环后，按现有操作条件，固体燃耗明显呈下降趋势，初步估算，吨矿固体燃耗降低约2.3kg。

4.4 烧结矿质量对比

统计烟气循环前后不同时段烧结矿质量，可评价烟气循环对烧结矿质量的影响，见表5。

表5 烧结矿质量对比

料批		TFe/%	CaO/%	SiO_2/%	Al_2O_3/%	MgO/%	R	FeO/%	P/%	S/%	转鼓/%
循环前	1	57.13	10.02	5.07	2.23	1.80	1.98	7.97	0.060	0.009	78.6
	2	57.96	9.41	5.05	1.73	1.76	1.86	9.65	0.057	0.011	78.6
	3	57.84	9.28	5.14	1.73	1.77	1.81	8.74	0.052	0.009	79.7
	4	57.44	9.79	5.34	1.70	1.78	1.97	8.48	0.060	0.016	79.6
循环后	5	57.13	10.20	5.21	1.82	1.82	1.96	10.67	0.049	0.010	79.0
	6	57.25	10.11	5.18	1.78	1.74	1.95	11.06	0.049	0.013	78.7
	7	56.48	10.63	5.11	1.80	1.74	2.08	11.06	0.050	0.015	79.0
	8	57.23	9.95	5.11	1.82	1.74	1.95	10.93	0.047	0.012	78.9

采用烟气循环后，除FeO含量和S含量略有上升外，烧结矿其他各项指标未有明显变化。

FeO 含量与烧结反应气氛密切相关，由于循环烟气含有部分 CO，且氧含量降低，减弱氧化性气氛，导致烧结矿 FeO 含量升高。FeO 含量高烧结矿还原性变差，需将其控制在合理的范围。在不影响烧结矿质量的前提下，可继续降低固体燃料配比以控制烧结矿 FeO 含量。

烧结矿中 S 含量略有升高，说明部分硫在烧结矿中富集，这部分固化的硫可在炼铁工序低成本去除，降低了烧结脱硫脱硝的处理成本。

5 结论

（1）烧结烟气循环采用无循环风机和有选择性的“外循环”模式具有投资省、能耗低、操作灵活的优点，适用于改建项目和新建项目。

（2）选择性烟气循环通过挡板门控制循环烟气流量，通过新风风机控制循环烟罩压力，系统控制简单可靠。

（3）选择性烟气循环可减少约 30%~40%脱硫脱硝烟气量，达到节能减排的目的，所以选择性烟气循环可以降低脱硫脱硝固定投资和运行成本。

（4）选择性烟气循环可利用烧结烟气显热和潜热，改善台车表面烧结矿质量，吨矿固体燃耗降低约 2. 3kg。

（5）采用选择性烟气循环技术对烧结矿产量无不良影响，烧结矿 FeO 含量和 S 含量略有上升。

参考文献

[1] 于恒，王海风，张春霞．铁矿烧结烟气循环工艺优缺点分析［J］. 烧结球团，2014，39（1）：51~55.

[2] 王兆才，周志安，胡兵，等．烧结烟气循环风氧平衡模型［J］. 钢铁，2015，50（12）：53~59.

[3] 郝永寿，朱小红，程亮，等．太钢烧结过程参数对烟气成分变化的影响［J］. 烧结球团，2009，34（5）：34~37.

[4] 郑绥旭，张志刚，谢朝明．烧结烟气循环工艺的应用前景［J］. 中国高新技术企业，2013，252（9）：62~64.

[5] 吴天月．宁钢烧结机烟气循环新技术的应用［J］. 矿业工程，2013，11（3）：51~52.

500m² 烧结环冷机余热回收综合利用

薛　涛，丛培敏

摘　要：介绍新型翅片管余热锅炉及H形鳍片管换热器在山东钢铁集团日照公司烧结新型水密封鼓风环冷机上进行余热回收应用的技术；提供环冷机高温段、中温段、低温段废气热量综合利用的解决方案，达到既回收利用余热，又改善生产工作环境，实现节能减排、局部粉尘零排放绿色生产的目的。

关键词：烧结余热回收；翅片管余热锅炉；H形鳍片管换热器；余热发电；节能减排

1　前言

烧结工序是钢铁企业生产流程中的主要耗能工序之一，烧结能耗占钢铁生产总能耗的10%~20%，仅次于炼铁居第二位。随着钢铁工业生产流程的逐步优化和工序能耗的不断下降，降低单位产品能源实物消耗量的节能空间越来越小，节能难度越来越大。烧结矿余热回收、中低温废气余热回收与利用是国家第十三个五年规划纲要《钢铁工业调整升级规划（2016—2020年）》中推进绿色制造全面推广、重点推广的节能减排技术，因此高效回收利用烧结矿余热，尤其是废气量大且温度不高的烧结废气余热资源，是钢铁企业进一步降低烧结工序能耗、增加企业的效益、促进资源节约的重要措施。

2　烧结生产余热来源与目前回收利用现状

烧结生产过程余热资源主要由两部分组成：一部分是来自于烧结机尾部温度约为700~800℃烧结矿携带的显热，这部分显热约占烧结过程余热资源总量的70%；另一部分来自烧结机机尾部分烧结大烟道废气温度300~400℃的废气显热，这部分约占余热资源总量的30%。比较而言，两种余热资源中，烧结矿显热数量较大，品质较高；烧结机废气数量较小、品质较低且成分比较复杂（机头电除尘器要求烧结废气平均温度需满足150~200℃）。因此，烧结矿显热的高效回收与利用是整个烧结余热回收与利用的重点，而目前实施中的余热回收技术也主要针对烧结矿冷却过程中的中高温废气显热进行回收。

3 余热回收利用工艺

在环冷机高温段、中温段附近布置机外双通道双压余热锅炉，通过管道将环冷机高温废气从锅炉上部引入，废气经锅炉内各级翅片管（或热管，本项目采用翅片管）组成的换热管束集箱——高参数过热器、高参数蒸发器、低参数过热器、高参数省煤器、低参数蒸发器、水预热器进行热交换，加热锅炉给水产生具有一定压力和温度的过热蒸汽，送至汽轮机组做功，拖动发电机旋转产生电能，实现低品质环冷机废气热能转换为电能的高效利用。降温后的低温废气从锅炉出口排出，由循环风机重新升压后送回环冷机循环使用，实现排气余热的再利用，提高余热利用率，同时实现环冷机局部区域粉尘由无组织排放转为粉尘零排放，改善了生产工作环境。烧结矿显热余热锅炉废气循环利用流程如图 1 所示。

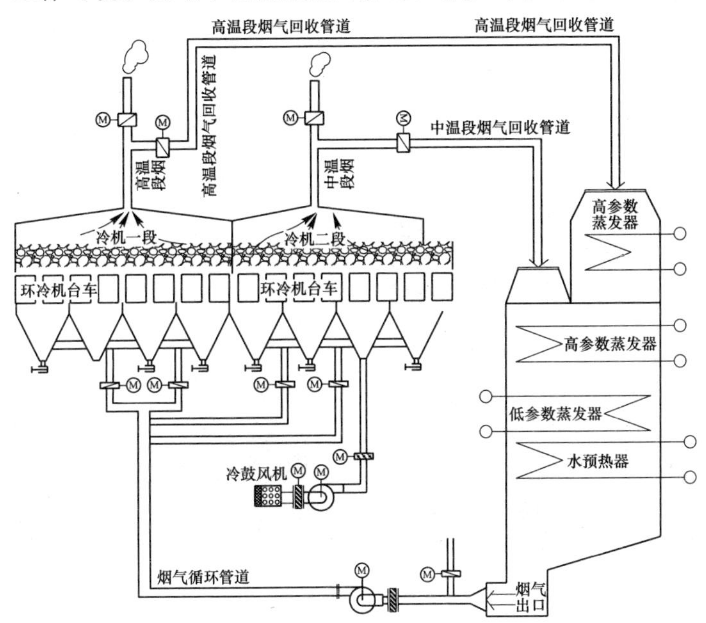

图 1 烧结矿显热余热锅炉废气循环利用流程

环冷机的高温段、中温段的废气用作余热发电系统的热源后，为达到烧结矿冷却工艺要求，烧结矿还需通过环冷机冷却风机继续降温冷却到 120℃左右。在环冷机低温段烧结矿冷却过程中，产生的废气温度在 180~300℃之间，如果对此部分废气采用类似余热锅炉废气循环回收技术，产生的经济效益和投入的成本几乎持平，回收效果不大。故针对此部分废气热量采取“被动式”无动力回收技术——利用环冷机冷却风机吹透料层后剩余的余压和烟囱自然吸力作为动力，经废气热水换热器换热，在不增加电力消耗的情况下对废气余热进行回收利用，制取110℃/80℃高温换热水，回收热水量可达450t/h，既满足了非采暖季高炉鼓风脱湿制冷机组热源的需求，又满足了采暖季冷轧对高温水的需求，实现了低品质热量的合理利用，换热后的120℃低温废气采用机上直排形式进入大气。

3.1 余热锅炉的结构特点

环冷机余热锅炉为自然循环锅炉，由水预热器、蒸发器、省煤器、过热器、一体化除氧器、汽包组成，采用半露天、塔式结构，单跨立式布置形式。锅炉整体采用内保温管箱式结构，使废气与箱体钢架不接触，既保护了受热面管箱框架安全，又将锅炉漏风降至最低，减少锅炉漏风热损失，提高了锅炉效率，降低了循环风机的电耗。

受热面管束采用小直径高翅化比螺旋翅片管，在强化传热的同时增加了耐磨性；锅炉本体结构紧凑，是其他形式锅炉体积的1/3~1/2，节省了占地空间；同时，所有受热面管束焊缝和弯头置于烟道之外，不受废气冲刷，可保证受热面安全长期运行和方便检修。锅炉受热面水平布置和优化的翅片管间距，在方便锅炉排灰的同时将受热面积灰的可能降到最低。余热锅炉翅片管受热面管束结构如图2所示。

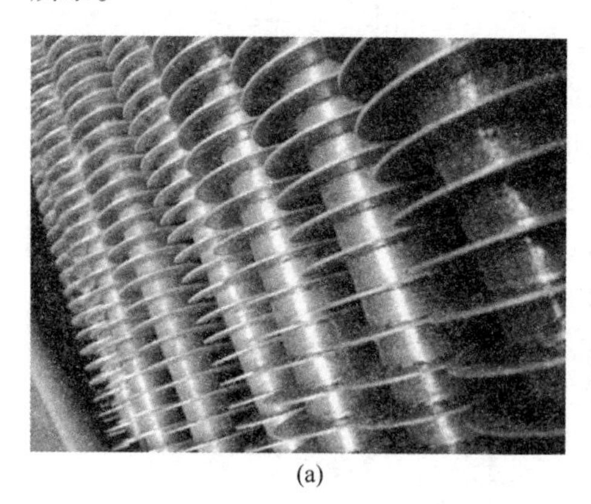

(a)

(b)

图2 翅片管结构对比

（a）老式余热锅炉螺旋翅片管结构；（b）新型余热锅炉翅片管受热面管束结构

采用双压自除氧系统，自除氧系统除氧器不需要外来热源，在节省设备投资的同时，可减少除氧器运行成本，能量梯级利用热回收率高。

3.2 H形翅片管废气热水换热器特点

为充分利用低温热源，特别是满足采暖季采暖、非采暖季制冷机组热源的需求，综合全面考虑全厂各品质热源平衡，对环冷机低温段热源进行回收利用。废气热水换热装置进口载热体来自环冷机低温段烟罩中收集的废气，废气侧采用单通道下进上出式，水侧采用接近水平的受热面管强制循环方式。根据废气温度随环冷机旋转方向逐渐降低，将废气热水换热器分为四台单体换热器，换热器两两交替组合，水侧先串联回路再汇集，确保热水温度与流量满足用户需求。针对低温废气回收，在耐磨性、积灰、提高换热系数方面进行了如下优化：

（1）超耐磨，可提高磨损寿命3~4倍。废气热水换热器排管采用顺列布置。在常规有动力热回收装置中，换热面排管常采取螺旋管错列布置，在提高换热效率的同时，增大了系统阻力，同时磨损最严重部位发生在螺旋前进方向一侧靠近肋片皱折处管子根部附近区域。为适应环冷机无动力及烧结矿粉尘颗粒直径大易磨损的特点，废气热水换热器排管采用H形鳍片管顺列布置，鳍片笔直不旋转，将空间分成若干小的区域，鳍片表面平行于气流方向，对气流有均流的作用，加工不形成皱折，故可以克服螺旋翅片管磨损严重问题，同时在第一排管子增加防磨瓦，进而更好地保护第一排管束受磨损。在相同条件下，顺列布置的最大磨损量比错列管少3~4倍。

（2）积灰少。为满足清灰要求，余热锅炉增加了定期乙炔清灰装置，以避免翅片管积灰造成换热效率降低。与翅片管相比，H形鳍片焊在管子不易积灰的两侧，气流方向与鳍片平行，气流笔直地流动，鳍片不易积灰；同时，H形鳍片中间留有4~10mm间隙，两边形成笔直通道，可引导气流吹扫管子鳍片积灰。

（3）增加换热面积，提高换热系数。为提高换热效率，对H形鳍片长宽比合理进行优化设计，在提高换热系数的前提下，受热面充分扩展，可增加2~3倍，提高环冷机的废气热量回收利用率。

H形鳍片管结构如图3所示。

图3 H形鳍片管结构

3.3 余热回收发电系统的设计

山东钢铁集团日照有限公司500m^{2}烧结机的设计利用系数为1.283t/(m^2·h)，最大能力为1.45t/(m^2·h)，作业率为90.4%，年产558.6万吨冷烧结矿，配套冷却面积650m^{2}环冷机，环冷机正常处理能力为1500t/h。环冷机为新一代高效多功能水密封鼓风环冷机，通过回转体与风箱、烟罩间的水密封结构，使得环冷机漏风率大幅降低。考虑烧结生产的变化，余热蒸汽发电采用2台环冷机+2台63t/h余热锅炉+1台30MW汽轮发电机配置，以减少锅炉产汽量波动对汽轮机组的影响。采用补汽凝汽式汽轮机组，配套无刷励磁空冷式同步交流发电机。余热锅炉废气设计参数见表1。

表 1　余热锅炉废气设计参数

序号	设 计 参 数	数 值
1	Ⅰ段（1~4 号风箱）高温废气温度	(400±30)℃
2	Ⅰ段（1~4 号风箱）高温废气量	约 465000m³/h（标态）
3	Ⅱ段（5~8 号风箱）中温废气温度	(300±20)℃
4	Ⅱ段（5~8 号风箱）中温废气量	约 445000m³/h（标态）
5	锅炉出口废气温度	(145±10)℃

3.4　运行情况及存在问题

余热锅炉自煮炉、蒸汽管道吹扫后进行汽轮机冲转并网发电以来，已安全运行 3 个多月，通过近期的生产反馈，目前烧结矿产量稳定产量约 650t/h，发电量在 12~14MW 之间波动，烧结余热回收系统吨矿发电量为 18~21kW · h/t，最大 24kW · h/t。与 GB 21256—2013《粗钢生产主要工序单位产品能源消耗限额》中烧结工序余热回收量先进值要求≥10kg 标煤/t 相比，3 月 13 日烧结余热运行回收值达到 12kg 标煤/t，余热回收量和吨矿发电量均超过国标要求先进值指标，达到国内先进水平。

余热锅炉运行记录与设计值对比见表 2。

表 2　余热锅炉运行记录与设计值对比

序号	设计参数	单位	2 月 20 日运行值	3 月 13 日运行值	设计值
1	Ⅰ段高温废气温度	℃	443	417	400±30
2	Ⅱ段中温废气温度	℃	392	403	300±30
3	锅炉出口废气温度	℃	125	129	140
4	中压蒸汽压力	MPa	1.86	1.78	2.0
5	中压蒸汽温度	℃	404	379	370
6	中压蒸汽产汽量	t/h	51	74	63
7	循环风机转速	r/min	545	623	740
8	发电机功率	MW	10.2	15.6	15

通过跟踪运行记录及对比设计参数，系统存在的问题主要体现在以下方面：

（1）余热锅炉设计基本符合实际运行工况，对于烧结生产及运行调控的适应性强，并且锅炉的热效率超过设计值。

（2）作为余热系统的循环动力，风机运行的调整直接影响余热回收的废气量、废气温度及蒸汽产量。因此，加强风机的运行监控对整个系统至关重要。同时应通过锅炉各项汽水调节及液位控制，减少对后续汽轮发电机组负荷调整。

（3）由于余热回收发电系统目前处于试运行阶段且目前仅一套烧结系统，余热发电系统目前还比较“脆弱”，锅炉各项参数随烧结生产波动影响较大，特别是烧结短时停机，造成汽轮发电机启停频繁，对机组寿命有一定不利影响。

（4）由于烧结生产与余热回收分属不同部门管理，生产调度及生产计划沟通存在滞后，造成生产运行的调整幅度及值班人员劳动强度较大。因此，需进一步完善烧结-发电生产同步管理，减少烧结生产波动对余热系统的影响。

4 结语

环冷机废气余热发电，不需要消耗任何化石燃料，可变废气显热为电力，减少环冷机对空排放的热量造成的环境热污染，部分代替来自电网的以化石燃料为能源的供电量，从而起到减少温室气体和酸性气体排放效果，而且大大降低了钢铁企业的生产成本，带来显著的经济效益和社会效益。

参考文献

[1] 张维超．浅析新型水密封鼓风环冷机结构与功能特点［J］．工程技术，2015（5）：34.

[2] 李鹏元，李巍，万雪．提高烧结余热回收产能措施的分析［J］．冶金能源，2016（5）：49~52.

[3] 王常秋，刘云，方会斌，等．翅片管式余热锅炉在东烧 360m^{2}烧结机上的应用［J］．烧结球团，2002（11）：44~46.

[4] 张学红．浅析烧结环冷机中温热废气的再利用［J］．烧结球团，2013（12）：45~48.

5100m^{3}高炉采用的先进技术及其特点

于国华，陈　诚，张向国，王　冰

摘　要：介绍了山钢日照5100m^{3}高炉采用的一系列技术先进、成熟可靠、节能降耗、高效长寿、绿色低碳的先进技术，主要包括紧凑型铁钢界面技术、炉顶均压煤气回收技术、高炉长寿综合技术、特大型高炉顶燃式热风炉技术、全干法布袋除尘技术、现代化出铁场综合技术、高富氧大喷煤技术等。5100m^{3}特大型高炉主要装备实现了大型化、智能化、国产化目标，这些先进技术及装备的成功应用为实现高炉"高效、优质、低耗、长寿、环保"的目标打下了坚实的基础。高炉投产后，主要技术经济指标均达到了国内先进水平。

关键词：特大型高炉；高效长寿；技术创新；绿色低碳

1　引言

山钢集团日照钢铁精品基地项目是在中国钢铁产能严重过剩，国家部署优化调整钢铁产业结构，淘汰置换落后产能政策的大背景下，经国家发改委核准的山东省钢铁产业结构调整试点、重点示范性项目。该项目高炉工程建设有2座5100m^{3}高炉，生产规模为年产810万吨炼钢铁水，设计一代炉龄≥15000t/m^3。其中，1号5100m^{3}高炉于2015年11月16日基础开挖，2017年12月19日建成投产，2号5100m^{3}高炉于2019年4月11日建成投产。

两座5100m^{3}高炉工程由山冶设计总体规划、自主设计并采取"EPC"总承包模式建成投产，是目前国内外采用"EPC"模式建成的最大容积的高炉。在高炉工程中采用了界面技术、无人值守、炉体长寿、顶燃式热风炉、全干法除尘等一系列绿色智能技术，优化铁钢间物流，提高智能化水平，降低高炉能源消耗及排放，其技术装备和主要技术经济指标均达到了国际先进水平。

2　主要设计技术经济指标

5100m^{3}高炉设计时充分研究分析了国内外大型高炉的生产技术指标，结合原燃料指标实际情况和技术装备水平，确定的高炉设计主要技术经济指标见表1。

表1 $5100m^3$高炉设计主要技术经济指标

项　目	设计指标	备　注
高炉有效容积/m^3	5100	
高炉平均利用系数/$t\cdot(m^3\cdot d)^{-1}$	2.27	能力：2.4
炉缸面积利用系数/$t\cdot(m^3\cdot d)^{-1}$	69	
炉腹煤气量指数[1]/$m\cdot min^{-1}$	64	
平均日产铁量/$t\cdot d^{-1}$	11571	
燃料比/$kg\cdot t^{-1}$	490	
焦比/$kg\cdot t^{-1}$	310	
煤比/$kg\cdot t^{-1}$	180	Max：220
风温/℃	1260	Max：1300
平均入炉风量/$m^3\cdot min^{-1}$	8000	
富氧率/%	3~5	能力：10
渣比/$kg\cdot t^{-1}$	300	
炉顶压力/MPa	0.28	Max：0.3
综合入炉品位/%	58.8	烧结矿品位57.5%； 球团矿品味64%；块矿品位64%
年产生铁量/$10^4t\cdot a^{-1}$	405	
高炉一代炉役寿命/$t\cdot m^{-3}$	≥15000	

3 采用的先进技术及其特点

$5100m^3$高炉设计中突破传统静态设计思维，积极创新设计思路和设计方法，发挥后发优势，充分分析研究了国内外$5000m^3$以上特大型高炉的设计及技术装备特点，坚持引进消化吸收、集成创新，强调自主研发、自主创新、协同优化，设计应用了一系列先进实用、成熟可靠、绿色低碳、清洁环保的综合性技术，并按照现代高炉设计理论，秉承精准设计理念，对各项综合技术进行了细节上的优化和创新，为实现高炉“高效、优质、低耗、长寿、环保”的目标打下了坚实的基础。

3.1 紧凑型铁钢界面技术

总图布置以因地制宜、整体规划、分步实施、集约用地为原则，运用冶金流程工程和系统工程的原理，对铁钢界面物质流、能量流和信息流的协同进行分析论证，最终采用“PBC-380 型超大型汽车运输铁水”紧凑型铁钢界面技术。该技术具有占地少、投资省、低能耗、低成本以及生产组织灵活可靠、物流管理先进智能等显著优点。

同时，铁水物流智能管控技术的应用实现了铁包智能组配与调运，为“一包到底”汽车运输技术的成功应用提供了技术支撑。是国内首家实现铁水智能化调度的钢厂，实现了炼铁-炼钢界面协同生产，使系统在线作业率达 98%，调度准确率大 99.9%，每罐铁水运输过程减少温降 1.8℃以上。

3.2 “联合矿焦槽”及“无人值守”全自动控制技术

2 座 5100m^{3}高炉的矿焦槽系统采用“联合矿焦槽”整体布置工艺，不仅减少了物料中转和运输路径，同时降低了矿槽建筑物高度和设备数量，节省了项目占地和投资以及大量人力资源和生产成本。

在原燃料供应系统中采用分散称量以及称量误差自动补偿技术、焦炭全水分及重量自动测量补偿技术、物料称量斗在线自动校准技术、槽上卸料小车自动精准定位技术、转运站全自动化取样等创新型技术和设备，真正实现矿焦槽“无人值守”全自动控制。

3.3 无料钟炉顶布料技术

无料钟炉顶装料设备是现代高炉高压化操作不可或缺的核心设备。5100m^{3}高炉炉顶采用 PW 公司改进型串罐无料钟炉顶设备，改进后的炉顶设备性能更加优越，更加安全稳定，更加节水，大大减轻了设备维护量。改进型串罐无料钟炉顶设备主要特点如下：

（1）布料方式多样、灵活，安全可靠，结构简单，便于维护。

（2）优化了料闸和密封阀的机械传动结构，提高了可靠性，延长了使用寿命并便于维修。

（3）用新型球形隔离阀（带波纹管）代替了传统的液压或人工驱动的“眼睛阀”，新装置兼具气密性和结构刚性，对多尘环境不敏感，新的简化设计也消除了先前设备对校准和调整的要求。

（4）对传统齿轮箱的水冷系统进行了结构性和系统性优化，新型压力水冷齿轮箱采用新研发的“S”杯旋转接头，取消了原来的上下水槽设计，该设计可避免高炉煤气对冷却系统的污染，同时也可避免水进入高炉。

（5）改进闭路冷却系统，取消了传统冷却系统中的水罐和旋转过滤装置，维护量减少，补充水量也减少，水上进上出，可适应更高的煤气温度。

（6）改善了倾动齿轮箱轴的冷却设计，减少了卡轴的风险，更为可靠。

（7）在溜槽悬挂轴中增加了冷却通道，冷却效果更加均匀，干油润滑效果更好。

（8）对齿轮箱的整个润滑系统做了改进，增加了润滑点，新增油泵可以在溜槽运动过程中进行润滑，干油的分布在时间上更加均匀，加料程序不会被润滑程序干扰，也不再需要在外部启动润滑系统。

3.4 高炉长寿综合技术

高炉长寿的关键是合理的高炉内型和冷却设备、科学的炉缸炉底内衬结构、安全高效的冷却系统、完善的自动化检测控制体系和可视化技术的有机结合。

（1）合理的高炉炉型。5100m^{3}特大型高炉炉型的确定是在经验与理论计算相结合的基础上综合确定的，其主要设计特点包括以下几点。

1）大炉腰直径16.8m。炉腰直径越大，高炉越容易接受风量，透气性越好。

2）适当矮胖，$H_u/D=1.905$。有利于改善高炉的透气性，减缓高炉对焦炭质量的依赖。

3）较小的炉腹角$\alpha=74°37'25''$，利于稳定渣皮，延长炉腹寿命。

4）合理、较深的死铁层深度。死铁层深度3600mm，与炉缸直径比为24.7%。

（2）科学的炉缸炉底结构。炉底炉缸是高炉生产和安全最为重要的部位，5100m^{3}高炉炉缸炉底结构的设计特点如下：

1）炉底炉缸采用全炭砖结构形式，通过设置高导热、低渗透、耐冲刷、抗铁水侵蚀性能好的超优质炭砖，并匹配合理高效冷却系统，使炭砖热面易于形成“自保护渣铁壳”，从而达到高炉长寿的目的。

2）为避免炭砖与冷却壁之间产生“气隙”热阻，设计选用了与炭砖配套的优质高导热炭捣料，并严格规范了施工工艺和方法。

3）根据“自适应操作型炉缸炉底”的设计理念，通过对炉底陶瓷垫不同区域刚玉砖的材质和结构形式进行精准设计，引导炉底向正常锅底状侵蚀趋势发展；同时，炉壳和炭砖冷面轮廓线设计为向下倾斜结构，以适应“象脚”侵蚀线特征，并且考虑增大炉底水冷的冷却能力，最大程度提高炉底、炉缸寿命，避免炉底、炉缸烧穿事故的发生。

（3）合理的炉体冷却设备。5100m^{3}高炉炉体采用全覆盖冷却壁结构，实现了炉体无冷却盲区，同时根据高炉不同部位的工作条件和热负荷，采用了不同结构和材质的冷却设备：高炉炉腹、炉腰和炉身下部采用导热效果显著的轧制钻孔铜冷却壁，对冷却壁冷却通道进行了优化，炉体冷热面积比达到1.15，确保满足该部位高热负荷的要求；在炉身中、上部采用球墨铸铁镶砖冷却壁；在铁口区域采用铸铜冷却壁；炉缸其他区域和风口区采用光面耐热铸铁冷却壁；炉喉钢砖采用一段式水冷结构，材质选用优质耐磨合金铸钢件。

特别说明：在炉缸与炉腹过渡区域，即炉缸铸铁冷却壁与炉腹铸铜冷却壁衔接处采用了“安全可靠的炉缸炉腹过渡衔接技术”。优化了因炉腹铜冷却壁和炉缸风口冷却壁结合部位不合理，导致冷却壁漏水、烧损、严重引起高炉休风及停炉检修的问题。

（4）安全高效的炉体冷却系统。安全高效的炉体冷却系统是高炉长寿的保障，5100m^3高炉采用联合软水密闭循环冷却系统，水系统正常情况下补水量仅为约2t/d，较多组并联冷却方式减少冷却总水量约30%，总投资减少约15%，运行费用减少约20%；高炉投运后体现了该系统冷却效果好，安全高效，节能、自动化程度高等显著优点。其特点如下：

1）合理的冷却水流速。炉缸、炉身中上部的铸铁冷却壁水管水速2.0m/s；炉腹、炉腰、炉身下部的铜冷却壁，冷却通道水速2.65m/s，可以强化高热负荷区域的冷却。

2）系统压力、阻损的合理匹配。

3）完善的安全措施，包括：中压软水供水泵组和高压软水供水泵组实现互为保安，冷却壁供水主泵设置备用柴油机泵，发生停电事故时柴油机泵可带动全系统冷却水循环运行。

4）自动化程度高。该系统具备自动排气、自动补水、自动检漏、自动报警、自动稳压功能。

（5）完善的自动化监测和可视化技术。高炉设置了完善的自动化检测系统，采用了先进的可视化设备，建立了精准、全面、稳定、实时的在线安全监测预警系统，预留了高炉专家系统接口和界面。主要包括炉底、炉缸侵蚀在线监测预警系统，冷却壁热电偶在线监测系统，水温差热流强度在线监测预警系统，炉体静压力在线监测系统，炉喉十字测温检测系统，冷却水系统温度、压力、流量、液位检测等完善的检测系统，炉顶高清夜视“热”成像、风口摄像等可视化设备。这些先进智能的仪表自动化和可视化设备的应用，为优化高炉操作、保障高炉安全稳定顺行、提高高炉寿命、减少劳动定员和人员工作强度创造了有利条件。

3.5 现代化出铁场综合技术

炉前出铁场生产维护和炉前设备操作是高炉生产的重要环节，随着时代的发展和技术的不断进步，大型高炉出铁场除了满足高炉连续出铁，及时处理大量渣铁的生产要求外，对出铁场的综合功能提出了更高的要求。高炉采用了现代化大型高炉出铁场设计理念，具有平台结构平坦化、设备机械自动化、设备机械自动化、环境绿色友好化等特点。

（1）高炉出铁场主沟设计采用新型自然风冷储铁式主沟技术，采用先进的预制块砌筑结构，主沟寿命可达 20 万吨通铁量。

（2）创新型的落地旋转式移盖机能够实现平移、提升、旋转三种动作，大大提升了炉前工人的操作维护空间，该设备为国内首创。

（3）出铁场各产尘区域均设计完善的除尘装置，每个出铁场设置一套由变频电机控制的除尘装置，出铁场除尘执行国家 2020 年最严的环保标准，除尘后的岗位粉尘浓度≤8mg/m^3，排放粉尘浓度≤10mg/m^3。

（4）渣铁沟全封闭除尘，渣铁沟及摆动溜槽盖板采用创新改进的嵌入式迷宫密封环保型铸钢盖板，防止盖板受热变形，杜绝粉尘外泄，同时达到美观、实用、环保的目的。

（5）渣铁自动连续测温系统、铁水计量自动化监测系统、主沟温度实时在线监测系统、渣铁自动取样及风动送样系统的应用进一步提高了出铁场的自动化水平。

3.6 特大型高炉顶燃式热风炉技术

5100m^{3}高炉热风炉系统设计采用四座特大型顶燃式热风炉，采用两烧两送的送风制度，具备自动烧炉功能。热风炉烧炉采用纯高炉煤气，设计风温 1260℃（能力 1300℃），拱顶最高温度 1420℃。预热系统采用前置预热炉（烧高炉煤气）板式换热器的方式，将助燃空气预热至 500℃，煤气预热至 200℃，热风炉寿命 30 年。

3.7 高效粗煤气除尘技术

高炉粗煤气除尘采用国产高效螺旋筒式旋风除尘器技术，直径 ϕ7800mm，具有除尘效率高、占地小、投资省、寿命高、环保效果好等特点。旋风除尘器除尘效率可达 85%，占地面积是传统重力除尘器的 1/2。

3.8 INBA 法渣处理技术

高炉渣处理系统设计选用冷 INBA 法渣处理工艺，冲渣水采用浓盐水。每座高炉设计 2 套 ϕ5000×L8300 的全国产化转鼓装置，每套转鼓设双驱动，保证了极端工况下系统仍能正常运行。在传统 INBA 法工艺基础上，主要在以下几个方面进行了优化和改进：

（1）设计时对易侵蚀部件的结构和材质进行了优化和提升。

（2）改进了传统 INBA 法热水池和集水池集中相邻布置在转鼓下方的设计方案。

（3）采用改进型粒化箱，提升了粒化效果。

（4）优化改进了粒化塔结构形式，避免蒸汽外溢问题的发生。

（5）粒化塔烟囱采用混凝土结构形式，内衬耐酸砖，高度 80m，解决了冲制熔渣时产生大量有害蒸汽对环境的污染和设备的损害。

（6）每座高炉设有一座备用水池，用于转鼓系统检修时冲渣水的存放，紧急情况也可用作底滤池，提升了系统的安全可靠性。

3.9 高炉煤气全干法布袋除尘技术

高炉煤气全干法除尘工艺不仅是节能技术，更是环保技术，是高炉实现节能减排，清洁生产的重要关键性技术，经过多年的推广和发展，该技术日臻完善，已成为现代高炉炼铁设计首选技术。该技术具有节水、节能、提高煤气温度等特点。经过多年的经验积累，山冶设计自主创新研究开发的煤气含尘量在线监测技术、布袋净煤气反吹技术、除尘灰净煤气浓相气力输送技术、筒体智能恒温伴热保温技术、荒净煤气共用点火放散技术等创新型技术都在 5100m^3高炉上成功应用，并取得了良好效果，为干法除尘工艺技术生产运行的安全稳定提供了重要保障。

高炉高炉煤气布袋除尘器设计处理最大煤气量为 755000m^3/h(标态)，该系统共设计箱体 16 个，箱体直径 ϕ6000，总过滤面积为 22509m^2，滤袋材质为超细氟美斯 9806，采用大直径筒体，减少了筒体数量、占地面积和投资，也减轻了投产后的生产维护强度，经过布袋除尘器的煤气含尘量达到 5mg/m^3（标态）以下，TRT 吨铁发电量提高到了 54kW · h/t。

3.10 煤粉制备和喷吹技术

高炉喷煤技术的不断进步，使现代高炉在减少资源和能源消耗、降低生产成本和减少环境污染等方面取得了重大成效，是现代高炉最显著的技术特征之一。2 座 5100m^3高炉原煤储运系统优化设计为 5 个原煤筒仓，改善了传统干煤棚对环境的污染；制粉和喷吹共用一座主厂房，喷吹煤种为无烟煤、烟煤或混合煤，系统按全喷烟煤设计，最大设计煤比 220kg/tHM；喷煤系统主要设计特点和设计优化措施如下：

（1）采用中速磨+一级布袋收粉制粉工艺，总管+分配器浓相煤粉输送工艺，设置 4 台制粉能力 70t/h 的中速磨煤机，每 2 台对应一座高炉，一台磨煤机故障时可以实现 3 台磨煤机供应两座高炉正常喷煤需要。

（2）优化煤粉仓下出料位置，降低了喷煤主厂房整体高度约 7m，节省了投资。

（3）每个煤粉仓底部设有一个仓式泵，可向任一煤粉仓输送煤粉，实现了煤粉仓互为备用功能。

(4) 喷吹系统优选四罐并列、双主管、双分配器喷吹工艺，两座高炉喷吹管线可相互备用。

(5) 喷吹系统设自动称重及补偿，采用旋转给料机精确控制喷煤量，可实现全自动均匀、连续、准确喷吹。

(6) 采用 N^2 回收技术，以降低能耗和生产运行成本。

(7) 喷吹支管设自动测堵装置，具备自动清堵功能。

(8) 优化完善了安全检测及环保消防设施，火灾危险性按乙类设计，电气设计按爆炸性粉尘 11 级区域考虑，厂房为敞开式。

3.11 特大型液压铁水罐倾翻装置

高炉铸铁机车间配置 2 台 75m 铸铁机、1 台 380/30t 铸造起重机，同时配置 2 台 380t 特大型液压倾翻装置。380t 特大型液压倾翻装置是目前国内铸铁系统应用的最大的液压倾翻装置，填补了国内空白。该装置不仅具有超强的自动倾翻铸铁功能、灵活可调的流量控制功能，还具有紧急情况自锁、手动调节复位的安全功能，另外，还可简捷实现极端状态下切换为行车倾翻铸铁模式。开炉初期，该装置较好地完成了繁重的铸铁任务，验证了该大型设备的各项优良性能。

3.12 炉顶均压煤气回收技术

均压放散煤气回收一直是炼铁界节能减排的一项重要课题，为积极响应国家节能减排的产业政策，高炉自主研发了创新型炉顶均压煤气回收技术。

该技术具有绿色环保、自然回收、经济实用、自动化水平高、系统安全可靠、设备性能稳定、管系布置合理等特点。该技术的应用不仅减少了大气污染，改善了炉顶设备检修维护环境，而且回收了能源，具有良好的环保价值和经济价值。单座 5100m^3高炉均压煤气回收系统每年可以减少煤气放散量约 2000 万立方米，相当于约 2160t 标准煤，每年减少灰尘排放约 160t。年回收煤气效益约为 200 万元，折合吨铁收益为 0.5 元/t。

4 生产实践

设计采用的一系列先进技术支撑了绿色智能化大型高炉的高效运行。1 号 5100m^3高炉于 2017 年 12 月 19 日点火开炉，2 号 5100m^3高炉于 2019 年 4 月 11 日点火开炉，开炉后燃料比 485kg/t 左右，目前 2 座高炉均稳定顺行，各项生产技术指标逐步提升，主要指标与宝钢接近。高炉投产后典型生产指标：最高产量达到 11583t/d，最高利用系数 2.27t/(m^3 · d)，风温最高达到 1256℃，入炉焦比最低 311kg/t，煤比最高 174kg/t，最低燃料比 476kg/t，风压最高 451kPa。与国内同级别高炉对照见表 2、表 3。

表 2　1 号 5100m³高炉与国内同级高炉开炉后第三个月指标对照

名　称	时间（开炉后第 3 个月）	利用系数 /t·(m³·d)⁻¹	焦比 /kg·t⁻¹	煤比 /kg·t⁻¹	燃料比 /kg·t⁻¹	风温 /℃
山钢日照 1 号 5100m³高炉	2018 年 2 月	2.0	335.8	157.1	492.8	1183
宝钢湛江 1 号 5050m³高炉	2015 年 11 月	1.548	349.3	140.3	489.6	1211
沙钢 5800m³高炉	2009 年 12 月	1.63	422	98	520	1087
京唐 1 号 5500m³高炉	2009 年 7 月	1.55	483	49	532	1063

表 3　5100m³高炉与国内同级高炉指标对照（2019 年 6 月）

名　称	入炉品位 /%	利用系数 /t·(m³·d)⁻¹	大块焦比 /kg·t⁻¹	小块焦比 /kg·t⁻¹	煤比 /kg·t⁻¹	燃料比 /kg·t⁻¹	风温 /℃
山钢日照 5100m³高炉	58.69	2.09	311	38	144	492	1245
宝钢湛江 5050m³高炉	59.1	2.09	303	25	166	494	1246
宝钢 5000m³高炉	59.25	2.1	296	24	174	494	1218
沙钢 5800m³高炉	58.5	2.06	325	44	150	519	1180
京唐 5500m³高炉	61.2	2.00	297	28	169	494	1211

5　结语

5100m³高炉在工程设计和建设中最大程度地优化集成了当今世界上一系列高效长寿、节能降耗、绿色低碳的先进工艺技术，主要装备实现了大型化、自动化、国产化目标，高炉投产后，主要技术经济指标均达到了国际先进水平。

2 座 5100m³高炉的顺利投产标志着山冶设计在项目规划咨询、总体设计、工程总承包建设等方面的能力成功跨入国内先进行列，为适应钢铁冶金行业规模化、大型化、智能化、高端化的发展奠定了坚实的基础。今后将紧紧抓住山钢集团新旧动能转化的契机，厉兵秣马、砥砺前行，在服务好山钢集团的同时，立足国内、放眼全球，为钢铁工业的发展提供更加优质、高效、节能、绿色、环保的服务。

参 考 文 献

[1] 项钟庸．高炉设计——炼铁工艺设计理论与实践［M］．第 2 版．北京：冶金工业出版社，

2014：5~11.

[2] 程树森，刘元意，蒋学健，等. 莱钢 3200m^{3}高炉炉芯温度变化规律探讨 [J]. 炼铁，2015，34 (3)：9~12.

[3] 张福明. 现代高炉长寿技术 [M]. 北京：冶金工业出版社，2012：11~15.

[4] 于国华，王冰，陈诚，等. 莱钢型钢 3 号高炉炉体长寿设计 [J]. 冶金能源，2014，33 (2)：14~17.

$5100m^3$ 高炉风口平台及出铁场设计特点

王晓峰，赵　双，于国华

摘　要：对 $5100m^3$ 高炉风口平台及出铁场设计的工艺布置、平台结构形式、设备选型、出铁场除尘等特点进行了阐述。$5100m^3$ 高炉出铁场为双矩形出铁场，设备及渣铁沟对称布置。采用了汽运铁水罐车运输方式、炉前设备自动控制、平台平坦化设计、自然风冷主沟、新型移盖机、渣铁自动连续测温、主沟温度实时在线监测等先进技术，为炉前操作的自动化，铁口的操作维护，高炉的高产、稳产、长寿提供了可靠保证。

关键词：高炉；风口平台；出铁场；设计

1　概述

风口平台及出铁场是高炉炉前系统渣铁处理的重要场所，其工艺布置及设备选型与高炉铁口数量、铁口角度、厂区总图布置、铁水运输方式等密切相关。$5100m^3$ 高炉共设 4 个铁口，铁口夹角 81°，出铁场为双矩形出铁场。铁水运输采用汽运铁水罐车运输，出铁场平台下共设置 8 条独立的铁水运输道路。在出铁场设计中，依照机械化、自动化、清洁化的设计理念对出铁场布置及炉前设备选型做了深入研究，实现了炉前作业场地平坦宽阔、炉前设备全自动化操作，缩短了渣铁沟长度，减轻了炉前劳动强度，强化了炉前各除尘点的除尘效果。从投产以来的操作情况看，取得了良好的效果。

2　风口平台及出铁场工艺布置

2.1　风口平台

风口平台为近八边形钢结构架空式连续平台，平台宽敞、平坦，并布置有由出铁场上风口平台的坡道，满足了叉车、风口设备更换机等机械化设备的运行，满足了高炉风口设备的机械化检修要求。在设计中对铁口上方风口平台采用水冷结构梁加喷涂耐火材料隔热，有效解决了高温渣铁对风口平台结构梁的热辐射，提高了结构的安全性。

2.2 出铁场工艺布置

出铁场采用双矩形布置，东西两出铁场炉前设备及渣铁沟对称布置，每个出铁场设有 2 个铁口，铁口间夹角 81°。增大了两铁口间的操作空间，提高了铁口在炉缸分布的均匀性和出铁操作的安全性。

根据总图布置及汽运铁水罐车运行要求，同时考虑尽可能地缩短渣铁沟长度，以减少炉前渣铁沟维护工作量，减少渣铁沟耐材消耗量。在设计中将同一出铁场两铁口的出铁罐位呈 90°布置，两条渣沟对称布置，由主沟至渣处理粒化塔。这样，在满足炉前作业空间的前提下减少了出铁场占地面积，节省了大量基础建设投资，同时也减小了炉前耐材消耗成本。

3 出铁场主要设备选型

为满足高炉生产，每个铁口设有 1 台泥炮、开铁口机、移盖机、铁水摆动溜槽设备。泥炮和开口机同侧布置，移盖机布置在泥炮对侧两铁口夹角之间。2 个出铁场主跨各设置有 1 台 40/16t 桥式起重机，出铁场北侧副跨设置有 1 台 32/5t 桥式起重机。

3.1 液压泥炮

根据大型高炉堵口打泥压力及使用高性能炮泥的要求，采用 6000kN 级别大推力液压泥炮。并配置了炮泥恒温装置，可使炮泥保持在 60℃ 恒定温度，便于泥炮更好地堵口。泥炮可通过遥控、手动实现各动作的单独操作。泥炮主要技术参数见表 1。

表 1 泥炮主要技术参数

项 目	性 能 参 数
泥缸有效容积/m^3	0.31
泥缸直径/mm	600
活塞推力/kN	6177
吐泥量/$m^3 \cdot s^{-1}$	0.0067
打泥活塞压力/MPa	25
泥塞前进速度/$mm \cdot s^{-1}$	24
打泥角度/（°）	10

3.2 开铁口机

开铁口机采用德国 TMT 全液压开口机，与泥炮同侧布置。开口机上设置传感器，液压系统中设有压力检测仪表，可通过遥控及手动实现各动作的单独操作，并具有检测和记录开口进程的功能。大臂回转编码器选用进口多圈编码器。

每两台开口机设置1套雾化柜。雾化柜包括钻头冷却水雾化及凿岩机油雾润滑功能。开铁口机主要技术参数见表2。

表2 开铁口机主要技术参数

项　　目	性　能　参　数
开口深度/m	5
钻孔角度/(°)	8~12
冲击功/N·m	向前555，向后472
钻进速度/m·min^{-1}	0.15（取决于炮泥质量）

3.3 液压移盖机

采用落地旋转式液压移盖机，安装在泥炮对侧出铁场平台上。该设备为国内首创，具有起升、平移、旋转功能。可通过遥控及手动实现各动作的单独操作。主要有以下特点：

（1）安装位置远离铁口及主沟，避免了铁水热辐射和渣铁喷溅，有效地提高了设备使用寿命。

（2）动作灵活，可根据使用要求选择相关动作，满足炉前检修维护要求。

（3）便于主沟盖更换，可将主沟盖移至风口平台外的出铁场主跨吊车作业区内。

落地旋转式液压移盖机主要技术参数：

最大提升重量：22t；提升高度：600mm；平移距离：3600mm；旋转角度：110°。

3.4 铁水摆动溜槽

铁水摆动溜槽采用连杆托架式，由槽体、连杆、驱动装置组成，结构设计简单，托架耳轴采用自润滑铜套，无须润滑油脂润滑，维护量少。为确保在特殊情况下摆动溜槽可正常工作，驱动方式设计为电动、气动及手动三种操作。操作方式为现场手动操作。配置有两路独立电源供电，并可自动切换。铁水摆动溜槽主要技术参数：

槽体长：6000mm；最大倾角：18°；正常工作倾角：10°。

4 风口平台及出铁场主要设计特点

4.1 采用大型汽运铁水罐车的铁水运输方式

在铁钢界面设计中经过对铁钢界面物质流、能量流和信息流的协同优化问题进行分析及多次论证，最终确定采用大型汽运铁水罐车的铁水运输方式。该技术的使用极大地减小了高炉炼铁工艺吨铁占地面积、缩短了铁水运输距离、大大降低了铁水温降、显著提高了节能降耗效益。

为满足汽运铁水罐车的安全、稳定运行要求，出铁场在设计中综合考虑了罐车空罐对罐、重罐引出、极端事故应急处理、铁水称重计量以及罐车运输调度等因素。通过设置铁水液面监测装置铁水称重装置，将称重信号及铁水液位信号引至炉前及主控室，指导炉前操作人员进行倒罐作业。设计中还将罐车信息、铁水罐信息与铁水罐调度信息系统联网，达到了对每台罐车、每个铁水罐的实时在线管理。

4.2 出铁场采用平坦化设计

出铁场平坦化设计已经成为出铁场平台设计的最优选择，在设计中将渣铁沟及摆动溜槽全部布置在出铁场平台下，渣铁沟及摆动溜槽上方采用平盖板覆盖，使整个出铁场平台形成一个大平面。这样不但极大方便了炉前操作，便于炉前设备的检修更换，有利于耐火材料的运输，还为出铁场的渣铁沟通风除尘提供了条件，使炉前环境得到了改善。

4.3 采用自然风冷主沟

高炉出铁主沟采用自然风冷主沟。主沟总长 22m，主沟坡度 1.5%。主要结构包括主沟钢槽，钢槽内设置有隔热板、预制块、底部耐火砖及底部永久层浇注料、工作层耐火浇注料。主沟钢槽安装在底部的支撑钢梁上。主沟钢槽外部与底部支撑钢梁及侧部结构挡墙间的空隙形成通风通道。通过外界自然对流空气对主沟钢槽自然均匀冷却，降低主沟钢槽温度，使主沟钢槽达到长久使用不变形。同时，主沟钢槽内永久层各预制块间预留的膨胀缝可有效吸收主沟冷热交替产生的热震，避免热应力、热震对主沟耐材引起的机械性破坏，提高主沟耐材的使用寿命。

为实时监测主沟内衬耐材侵蚀消耗情况，在主沟两侧设置有主沟温度在线监测系统，可以有效监测主沟耐材侵蚀情况，提高主沟安全性。

4.4 出铁场通风除尘系统

为改善炉前作环境，减少对周围环境的污染，出铁场设有通风除尘设施。高炉生产时，出铁场的烟尘主要来源于铁口、撇渣器、渣铁沟和摆动溜槽等处，在铁口处，在不影响风口炉前设备维修和开铁口机设备运行的情况下，通过设置双侧吸及顶吸吸风口，同时在风口平台边沿设置风挡，使风口平台下铁口区域形成相对密闭空间，避免烟尘外溢，加强了铁口处除尘效果。在渣铁沟及摆动溜槽处采用铸钢平盖板封闭，吸风口设置在渣铁沟及摆动溜槽侧壁，以保证出铁场地坪的美观和平坦，便于检修机械通行。铸钢平盖板为嵌入式迷宫密封盖板，盖板内侧浇注隔热浇注料，可有效避免渣铁沟烟气外逸。

两个出铁场各设置一套除尘器，负责收集铁口、撇渣器、摆动流嘴、支铁沟、渣沟等处出铁时产生的烟尘，为适应系统风量变化，除尘风机采用变频调速。除尘灰由卸灰阀、刮板机、斗提机收集至集中灰仓，灰仓的下部设置吸排罐车接口，除尘灰由吸排罐车定期运出。

4.5 出铁场自动化设施

为了尽量减少炉前操作人员的操作难度，增加设备运行的稳定性、安全性，出铁场自动化设施主要有：

（1）炉前设备的自动化控制。通过设置集中液压站及炉前 PLC 控制系统，实现对炉前设备的遥控控制及自动化操作，并在操作室配置手动操作台，确保炉前设备稳定运行。

（2）渣铁自动连续测温系统。渣铁温度是高炉操作的一个重要参数，在铁口处设置红外测温装置，可远距离间接测温，抗烟尘干扰能力强；可实时在线测量一次出铁过程的温度，得到整个出铁过程的温度曲线；通过获得的出铁过程温度曲线，可准确判断炉温的变化趋势，从而采取相应的控制措施维持高炉稳定的运行。

（3）铁水计量自动化监测。通过设置铁水称重及在铁水罐正上方设置雷达液位计，可准确计量每罐铁水的装入量。将称重信号及铁水液位信号引至炉前及主控室，并与铁水罐调度信息系统联网，达到了对每台罐车、每个铁水罐的实时在线管理。

（4）主沟温度实时在线监测。通过在主沟设置测温热电偶，可实时在线监测主沟耐材侵蚀消耗情况，为主沟安全生产提供有力保障。

5 结语

山钢日照钢铁厂 5100m^3高炉风口平台及出铁场设计，结合山钢集团大高炉实际生产经验，吸取了国内外高炉出铁场设计的先进技术特点，整个出铁场占地面积小，平台面平坦、美观，达到了机械化、自动化、清洁化设计要求，为炉前操作维护、高炉的高产、稳产、长寿提供了可靠的保证。

5100m³高炉顶燃式热风炉系统的设计与研究

宋志顺，刘红军，祝圣远，刘华平

摘　要：首先研究了5100m³高炉热风炉烧纯高炉煤气达到1260~1300℃高风温的系统配置，包括热风炉形式、热风炉座数、预热方式的确定等，其次研究了热风炉本体的设计，包括陶瓷燃烧器、燃烧室、蓄热室、各孔口的砌筑，热风管系的设计。投产后热风炉系统运行良好，各项指标满足设计要求。

关键词：高风温；热风炉形式；热风炉本体；热风管系

1　前言

热风炉是高炉炼铁工序里的重要设备，热风是高炉炼铁的廉价能源，对高炉来说，每提高100℃风温，可降低焦比10~15kg/t铁，提高产量5%，同时增加高炉喷煤量，减少CO_2排放量，使高炉顺产、增产。热风炉有内燃式、外燃式、顶燃式三种方式，顶燃式热风炉由于其本身的优点，应用日益广泛，已在首钢京唐2座5500m³高炉、宝钢湛江2座5050m³高炉上成功应用，山钢日照2座5100m³高炉也采用顶燃式热风炉。

2　热风炉座数的选择

为使热风炉系统稳定可靠运行，山钢日照2座5100m³高炉热风炉配置4座顶燃式热风炉，两烧两送，采用交叉并联送风制度，为提高风温创造条件。根据资料介绍，4座热风炉采用交叉并联送风制度时，能够提高30℃风温，风温更加平稳，热效率更高。

3　热风炉预热方式的选择

由于高炉煤气热值（标态）低（3056kJ/m³），纯烧高炉煤气的情况下，为了实现1260~1300℃的高风温，必须通过提高空、煤气的物理热来实现。经过方案比选，确定了采用空煤气板式换热器+前置预热炉的方式，将煤气使用板式换热器预热到200℃，将一部分空气通过板式换热器预热到200℃，另一部分空气通过前置预热炉预热到1000℃，两部分空气混合到500℃。这种配置方式的优点有板式换热器换热效率高，换热效果不衰减，前置预热炉寿命与热风炉相同，能够达到两代炉役，稳定可靠。

山钢日照 2×5100m³高炉热风炉的设计参数如下。

热风炉设计参数见表1，前置预热炉设计参数见表2。

表1　热风炉设计参数

参数名称	数　值
加热风量（标态）/$m^3 \cdot min^{-1}$	8000
送风压力/MPa	0.5
拱顶温度/℃	1420
冷风温度/℃	250
热风温度/℃	1300
热风炉全高/m	45.70
蓄热室截面积/m^2	93.16
格子砖类型	19孔；ϕ30
格子砖加热面积/$m^2 \cdot m^{-3}$	48
格子砖总加热面/m^2	358450
单位炉容加热面积/$m^2 \cdot m^{-3}$	70.3
单位鼓风加热面积（标态）/$m^2 \cdot (m^3 \cdot min)^{-1}$	44.8
助燃空气预热温度/℃	500
高炉煤气预热温度/℃	200
热风炉高炉煤气耗量（标态）/$m^3 \cdot h^{-1}$	274000

表2　预热炉设计参数

参数名称	数　值
加热助燃空气量（标态）/$m^3 \cdot h^{-1}$	60000
助燃空气压力/kPa	15
助燃空气预热前温度/℃	200
预热炉出口温度/℃	1100
燃料	高炉煤气
预热炉座数/座	2
预热炉形式	改进型顶燃式
送风制度	一烧一送
热风炉全高/m	27.8

续表 2

参数名称	数　　值
格子砖类型	37 孔；ϕ20
格子砖加热面积/$m^2 \cdot m^{-3}$	64
格子砖总加热面/m^2	35144
预热炉高炉煤气耗量（标态）/$m^3 \cdot h^{-1}$	36600

4　热风炉本体的研究与设计

4.1　带中间隔热层的大功率多火孔陶瓷燃烧器

采用带中间隔热层的大功率多火孔陶瓷燃烧器，能够适应助燃空气预热至500℃的工况，该燃烧器空气、煤气混合更均匀、充分，空、煤气边混合边燃烧，进入格子砖前燃烧完全。中间隔热层可有效阻止送风期内热量由内到外的传递，大大降低燃烧器耐材的热震破坏，延长燃烧器使用寿命。燃烧器墙砖采用红柱石砖，烧嘴砖采用莫来石复合堇青石砖。莫来石复合堇青石砖热震可达 100 次，可满足燃烧器烧嘴全周期内热震频繁的工况要求。

空气、煤气在燃烧器中采用扩散燃烧的方式，空煤气边混合边燃烧，空煤气流量适应范围宽，混合充分均匀，在进入格子砖之前燃烧充分。经过实际运行证明，在不增加脱硫脱硝设备的情况下，颗粒物、二氧化硫、氮氧化物的排放，完全满足超低排放的要求。

4.2　燃烧室

燃烧室为球面接锥面中空结构，工作层采用优质硅砖，硅砖荷软 1650℃，蠕变率 1550℃×50h≤0.8%，满足 1400℃拱顶温度的要求。

根据资料，当拱顶温度超过 1420℃时，将大量产生氮氧化物 NO_x，含 NO_x 烟气透过耐材的缝隙到达炉壳，炉壳的温度在 100℃以下，在烟气的露点以下时，烟气中的水分凝结，NO_x 遇水生成硝酸，热风炉在送风时炉内压力达 0.53MPa，炉壳在高温、高压作用下应力很大，硝酸沿晶界产生腐蚀，对热风炉安全运行有很大的危害。因此必须采取适当的措施防止晶间应力腐蚀。首先应从源头上控制 NO_x 的产生，最大限度缩小拱顶温度与热风温度之间的差值，山钢日照 2×5100m^3高炉热风炉最高设计风温 1300℃，通过选取蓄热体适当的加热面积，拱顶计算温度在 1410℃以下，可避免 NO_x 的大量产生；其次拱顶炉壳内壁涂 YJ-250 防晶间应力腐蚀油漆 300μm。炉壳内壁喷涂耐酸喷涂料 MS-L80mm，防止烟气扩散直接与炉壳相接触。

4.3 蓄热室

国内某些理论单纯追求加热面积，认为使用小孔径格子砖可以提高加热面积，减少格子砖使用量，以达到降低投资的目的，这是非常错误的。因为热风炉不单是一个换热器，还是蓄热容器，所以蓄热体设计要以送风温度和单炉送风时间两个指标为计算目标确定单位鼓风加热面积和单位鼓风砖重两个热风炉结构设计参数。同时由于目前成熟使用的格子砖单位体积加热面积都大于 $40m^2/m^3$，所以蓄热体的设计应主要考虑根据送风时间确定单位鼓风砖重，砖重达到要求，加热面积也已经足够。正是基于这种设计思路，选择单位鼓风砖重后，选择 19 孔 $\phi30$ 孔径格子砖和 37 孔 $\phi20$ 孔径格子砖用量差不多，但 19 孔 $\phi30$ 孔径格子砖在造价、送风阻损上有绝对优势，所以热风炉蓄热体选用 19 孔 $\phi30$ 孔径格子砖。同时对拱顶硅砖工作面和蓄热室上部硅质格子砖涂装高辐射纳米覆层材料，强化辐射换热，提高格子砖蓄热能力，使格子砖在燃烧期增加吸热速度和吸热量，在送风期放出更多的热量，提高热风温度，降低能耗。

4.4 本体各孔口砌筑

各孔口特别是热风出口的合理设计对热风炉的稳定运行十分关键，经过对各孔口的使用工况进行研究改进，烟道口、冷风口采用组合砖，上半环采用一环内环管道砖，中间采用半环支撑拱，支撑拱之外采用花瓣砖方便与墙砖搭接砌筑，下半环在管道砖之外采用花瓣砖方便与墙砖搭接砌筑；热风出口组合砖内环采用一环内环管道砖，采用低蠕变高铝砖（DRL-150 材质），中间采用一环支撑拱，采用硅砖（RG-95），外环采用一环花瓣砖（采用硅砖 RG-95）。

这种设计结构可以使上部大墙的荷载作用在支撑拱上，使内环管道砖不承受大墙荷载，同时方便组合砖的现场砌筑。

5 热风管系的研究与设计

热风管道的良好状态对热风炉的正常运行、减少检修工作量十分关键。

（1）合理的热风管系补偿。热风总管和支管设于热风炉钢框架平台上，由于热风出口位置较高，故通过热风竖管与热风围管相连。对热风管系的布置进行研究，对热风管系分段补偿，合理消除热应力，在每个总管-支管三岔口处设置导向支架，该导向支架允许沿支管中心线的位移，限制总管方向的位移，在两个导向支架之间设置一台高温轴向波纹补偿器补偿总管的热位移。热风总管上设置一台通长大拉杆用于吸收轴向补偿器的盲板力；热风支管上设置一台高温横向大拉杆波纹补偿器，用于补偿热风炉炉体的涨高；热风竖管前布置一台高温横向大拉杆波纹补偿器，用于补偿热风竖管的涨高；热风竖管后的热风总管上布置一台高温轴向补偿器和一套通长大拉杆，竖管后布置一台高温直管压力平衡型波纹补偿器，用于补偿热风竖管与高炉围管之间的热位移。

（2）热风管系波纹补偿器在高温高压状态下使用，波纹元件使用316L材质，经常会出现波纹开裂跑风现象。经研究825的高镍成分可使合金具有很好的耐应力腐蚀开裂性能、好的耐点腐蚀和缝腐蚀性能、很好的抗氧化性和非氧化性热酸性能，在高达550℃的高温时都具有很好的机械性能，因此所有高温补偿器波纹元件选用825材质，保证补偿器的长寿。

（3）热风管道耐材考虑热风管道工况，不同位置采用不同的材质，从热风出口到热风阀采用低蠕变高铝砖DRL-155，从热风阀到热风竖管的热风支管、热风总管采用低蠕变高铝砖DRL-150，热风竖管之后的热风总管、热风围管采用低蠕变高铝砖DRL-145。

6 热风炉实际运行效果

高炉投产后，冷风风量（标态）6700m^3/min，前置预热炉还未投用的空气预热温度210℃，煤气预热温度220℃，混风前热风温度1230℃；预热炉投产后，可达到1260℃以上的热风温度。热风出口、热风管道三岔口外表面温度90℃，其他热风管道外表面温度80℃。目前热风炉系统运行良好，各项设计指标正常。

顶燃式热风炉凭借其结构稳定性好、气流分布均匀、布置紧凑、投资省、热效率高、寿命长等优势，在5000m^3级高炉上成功应用，已成为钢铁企业新建、改造的首选热风炉炉型。

参考文献

[1] 周传典．高炉炼铁生产技术手册［M］．北京：冶金工业出版社，2002：537.
[2] 项钟庸，王筱留．高炉设计——炼铁工艺设计理论与实践［M］．北京：冶金工业出版社，2007：504.

特大型高炉热风炉装备技术的创新与应用

宋志顺，刘红军，祝圣远

摘　要：5100m^{3}高炉热风炉采用了一系列的创新技术，比如板式换热器+前置预热炉的预热方式，低温阀门采用三连杆蝶阀，高辐射纳米覆层涂料技术，炉壳防晶间应力腐蚀技术，废气管道降噪处理技术等。

关键词：热风炉；装备技术；创新

特大型高炉热风炉的装备对热风炉安全、稳定、经济运行具有很关键的作用，山钢日照 2×5100m^{3}高炉热风炉对装备技术进行了一系列的创新与应用，主要有以下几项。

1　板式换热器+前置预热炉的预热方式

首次在 5100m^{3}级高炉上采用板式换热器+前置预热炉预热方式，热风炉纯烧高炉煤气，可达到 1260℃以上的高风温。

在钢铁企业普遍缺少高热值煤气、高炉煤气热值偏低的情况下，热风炉废气余热是一种最廉价的能源。通过提高空煤气的预热温度，提高进入热风炉内的物理热，从而提高理论燃烧温度，相应提高拱顶温度和热风温度，就成为十分关键的手段。通常采用的热管换热器、具有造价低、系统简单、维护量小的优点；但是热管换热器也有其缺点，热管的钢-水化学不相容性使其在一定温度下，工质水与钢管中的 Fe 反应，生成不凝结气体 H_2，生成的 H_2 积累在热管内，妨碍热管的传热，降低换热效果，甚至使热管失效，因此热管换热器的寿命在 2~3 年左右。

应用日益广泛的板式换热器，采用高效低阻波纹传热片设计，由于烟气和助燃空气（或煤气）分别在换热板片的两边，通过传导、对流方式直接传热，无须通过其他中间介质传热，传热效率高，流动阻力小，不存在热管换热器的衰减问题。板片采用电阻轮焊焊接工艺，可避免热应力造成的开裂。箱体内设补偿器吸收板片热膨胀。空气板式换热器高温段板片采用 304 不锈钢，低温段板片采用 316L 不锈钢。煤气板式换热器高温段板片采用 316L 不锈钢，低温段板片双相不锈钢 2205。煤气换热器要考虑煤气中的氯离子腐蚀，在低温段，煤气温度若低于煤气的露点温度，就会生成盐酸，而316L不锈钢对抗氯离子腐蚀的效果较差，因此为了保证煤气换热器的长寿，就必须选择合适的材质，双相不锈钢2205合金是由22%铬、2.5%钼及4.5%镍氮合金构成的复式不锈钢。它具有高强度、良好的冲击韧性以及良好的整体和局部的抗应力腐蚀能力，能够适应煤气换热器的工况。板式换热器相对于热管换热器，能达到200℃的预热温度，而热管式换热器通常只能达到180℃的预热温度，且每年都有衰减，板式换热器对于热风炉的风温稳定更具有优势。

山钢日照2×5100m^{3}高炉热风炉采用的预热系统参数见表1。

表1 空气、煤气板式换热器参数

项　　目	空气板换	煤气板换
工作介质	空气	干法除尘后净煤气
空气流量（标态）/m^3·h^{-1}	200000	280000
预热前空气温度	常温	80℃
预热后空气温度/℃	约200	约200
烟气流量（标态）/m^3·h^{-1}	210000	210000
烟气含尘量（标态）/mg·m^{-3}	<5	<5
烟气进口温度/℃	≥300，瞬时450	≥300，瞬时450
空气（煤气）侧阻损/Pa	<1000	<1000
烟气侧阻损/Pa	<800	<800
换热片材质（高温段/低温段）	304/316L	316L/2205
加热面积/m^2	7200	8500

2 低温阀门全部采用三连杆蝶阀

热风炉系统所有低温阀门采用三连杆蝶阀，阀门在启闭过程中密封副间无相对滑动，密封副无磨损，与闸板阀相比具有体积小、重量轻、造价低、寿命长的优点。三连杆蝶阀的重量只有闸阀重量的20%，能够显著降低工程造价。

3 高辐射纳米覆层涂料技术

热风炉高温区格子砖及拱顶硅砖内表面涂高辐射纳米覆层材料。该技术在不改变热风炉内格子砖的材质、质量与表面积的前提下，在热风炉高温区格子砖的表层涂覆高辐射覆层。高辐射覆层通过强化辐射换热提高蓄热体表面温度，增加蓄热体内外温度梯度，加强蓄热体内部—表面—气体间的热传导，使蓄热体在燃烧期的吸热速度、吸热量和送风期的放热速度、放热量增加，从而提高热风温度，或延长送风时间，或降低热风炉的燃料消耗。

高辐射微纳米涂料在耐材表面形成一层厚度为 300μm 的致密覆层。涂层材料的超细颗粒渗透到耐材基体中，填充空隙，降低耐材的气孔率，使体积密度增大，提高耐火材料的耐压强度和抗折强度，增加耐材抵抗高温荷重下变形的能力，提高格子砖的高温蠕变性能，致密的膜层可以防止格子砖渣化，提高热风炉的使用寿命。

4　炉壳防晶间应力腐蚀技术

热风炉高温区的晶间应力腐蚀已经成为高温热风炉提高风温和长寿的制约环节。据资料介绍，引起晶间应力腐蚀破裂的原因主要有以下几点：

（1）鼓风中的 N_2 与 O_2 在高温下生成 NO_x，温度越高，其浓度越大，1250～1370℃风温条件下，NO_x 浓度为（40～600）×10^{-4}%，当拱顶温度超过 1450℃时，NO_x 浓度可达到 3500×10^{-4}%（换炉充压时）。

（2）煤气中的 S 为氧化成 SO_x。

（3）NO_x、SO_x 与炉壳上的冷凝水作用生成 HNO_3 和 H_2SO_4，在有 Fe^{3+} 存在的条件下，成为钢材的强腐蚀剂。

（4）腐蚀液从炉壳存在应力的地方（如焊缝、制作时的伤痕等处）沿着晶格深部侵入、扩展而致破裂。同时，由于热风炉操作产生缓慢的脉冲拉应力和疲劳应力，使拉应力存在超过屈服极限的可能，从而促进破裂的进程。可见，造成应力腐蚀的破裂的原因，一是有腐蚀气体存在，二是有应力存在。针对炉壳晶间应力腐蚀，采取以下措施：

5100m^3 高炉热风炉炉壳选用 Q345B 材质，具有较好的抗晶界应力腐蚀性能和良好的焊接性能。对所有炉壳焊缝进行超声波探伤。拱顶高温区炉壳内表面涂防晶间应力腐蚀涂料 YJ-250 300μm，防止腐蚀液和炉壳接触，防止氮氧化物对炉壳的腐蚀，保证热风炉长寿。

5　废气管道降噪处理技术

根据《高炉炼铁工程设计规范》规定，热风炉废气阀应选用噪声控制措施，达到有关噪声标准的要求。而热风炉废气排放噪声一直没有很好的解决方案，设置废气消声器往往寿命不长，主要原因是废气排放时，烟道阀两侧的压力会在 40～60s 内由 0. 532MPa 降低到 0. 01MPa，瞬时废气排空流速快、压力高，排气温度约 400℃左右。

消声器要承受瞬时高温、高压气流冲击，消声器结构如果不合理，消声棉会被气流冲走，消声器失效。5100m^3高炉热风炉废气消声器具有以下特点：

消声器采用阻抗复合式。抗性结构主要是利用节流、扩散的原理，即利用一定数目的小孔将气体向四周扩散，将排出气体的流速降低，再利用阻性结构内部吸声材料，使声波在传播过程中将声能转化为热能或机械能，从而达到消声降噪的目的，也使气体达到安全环保排放。

消声器的内部结构设计满足高速气流冲击的要求，同时满足设计温度、设计压力、消声降噪的要求。

扩散管为一级消声结构，主要目的是降低进气管道流速、压力，起到缓冲气流作用，具有一定的消声功能。

消声器的阻性段的护面穿孔板与龙骨的连接方式为焊接，且两端穿孔板置于龙骨里边，从而增加连接强度，防止穿孔板在长期的气流冲击下被撕裂。

消声材料采用防水超细玻璃棉板，由于其表面硬度较大，纤维较长，不易吸水下沉，故能增强抗风压冲击能力，不易吹散，并能延长消声器的使用寿命。

吸声片两侧敷设 304 不锈钢钢丝网进一步保护吸声材料不被吹出，增加抗冲击能力。

实际运行结果表明，该消声器器运行效果良好，消声量约 40dB(A)，控制噪声在 85dB(A) 以下。

6 结论

5100m^3高炉投产后，冷风风量（标态）6700m^3/min，前置预热炉还未投用，空气预热温度 210℃，煤气预热温度 220℃，混风前热风温度 1230℃，预热炉投产后可达到 1260℃以上的热风温度。目前热风炉各项设计指标良好，精良的装备配置保证了系统正常运行，并对以后大型高炉热风炉的装备选型提供一定的借鉴。

参 考 文 献

[1] 周传典．高炉炼铁生产技术手册［M］．北京：冶金工业出版社，2002：408.
[2] 项钟庸，王筱留．高炉设计——炼铁工艺设计理论与实践［M］．北京：冶金工业出版社，2007：549.

5100m^{3}高炉TRT发电技术应用

丛培敏

摘　要： 5100m^{3}高炉采用干法除尘，通过对TRT工艺系统进行优化，采用新的气动设计思路、大型焊接机壳、径向进气、轴向排气方式、先进的3H-TRT控制系统，有效的智能型TRT发配电控制等核心技术，以及为TRT长期稳定运行的本体防腐耐磨系统、加药系统设置等，实现了国产大型高炉TRT发电自主集成、智能化控制，创造了TRT发电量大于54kW/t铁的世界先进指标。

关键词： 大型高炉TRT；大型焊接机壳；径向进气、轴向排气方式；3H-TRT控制系统；智能型TRT发配电控制技术

1　前言

近几年大型高炉干法除尘技术得到了广泛应用和推广，国内绝大部分高炉均采用干法除尘系统和TRT装置，大大提高了TRT的发电量，增加了能源回收利用，降低了吨铁的能源消耗。

5100m^{3}高炉采用干式布袋除尘，其配套的TRT由山冶设计总承包。自2018年2月初投产以来，炉顶压力控制稳定，发电效果良好，比同类高炉湿法除尘TRT多发电50%以上，比同类高炉干法除尘TRT多发电10%以上，创造了TRT发电量大于54kW/t铁的世界先进指标，给企业带来了良好的经济效益，成为山钢集团日照公司节能减排的新亮点。

2　TRT系统工艺及有关设备

高炉煤气经过重力除尘、布袋除尘器两次除尘后进入透平机膨胀做功，带动发电机转子发电，减压后的低压煤气进入主管，高炉顶压通过改变透平机静叶角度控制，以满足高炉工况要求。TRT系统与调压阀组并联布置，TRT设有两套DN900旁通快开阀，当TRT出现故障时，紧急快切阀可在1s内快速关闭，其中一台旁通快开阀可在1s之内全开，另一台在1s之内打开30%，煤气由此减压。TRT机组故障信号与调压阀组控制信号连锁，炉顶压力由TRT转为调压阀组控制。TRT系统由透平主机发电机系统、润滑油系统、液压油系统、发配电控制系

统、自动化控制系统 3H-TRT 高精度顶压控制系统软件、大型阀门系统、给排水冷却系统、氮气密封以及煤气置换系统组成（图 1）。

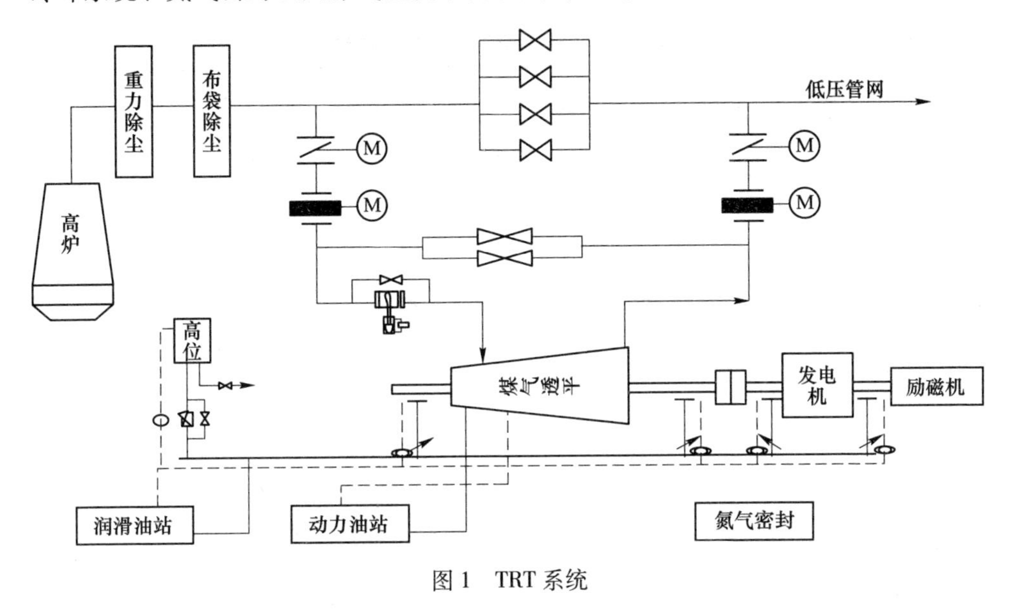

图 1　TRT 系统

5100m³高炉 TRT 设备采用国产技术，透平采用干式轴流、两级反动式、二级静叶可调，最大轴功率 34MW，发电机额定功率 35MW。

3　先进技术

3.1　透平机壳采用新的气动设计思路、大型焊接机壳、径向进气、轴向排气方式

随着大型高炉的技术成熟，近几年来 5000m³以上大型高炉配套的 TRT 进口煤气流量大、压力高（250~300kPa），且采用干法除尘后煤气温度高（150~230℃），山钢集团日照分公司 TRT 的进口煤气参数见表 1。

表 1　透平机进口煤气设计参数

参　数	单位	额定点	最大点
透平入口煤气量（标态）	$\times10^4m^3/h$	66	75.5
透平入口煤气压力	kPa(g)	270	290
透平出口煤气压力	kPa	15	
透平入口煤气温度	℃	150~170	200~230
透平入口煤气含尘量（标态）	mg/m^3	≤10	

透平机壳有焊接机型和铸造机型两种形式，在目前世界上 5000m^{3}以上的高炉 TRT 均有采用，其特点比较见表 2。

表 2　铸造机型与焊接机型的比较

项　目	铸造机型	焊接机型
效率情况对比	约 82%~86.7%	约 85%~88%
噪声	较小	大
转子动力学特性	柔性轴	刚性轴
启动	略复杂	简单
检修维护	简便，时间短，只需动主机本体	较复杂，需拆卸进出口机壳螺栓，成本较高
耐温	低	高
轴承箱结构	简单可靠	可靠，成本高（铸造一体式+涂层）
静子部件可靠性	高	略高
叶片强度振动可靠性	可靠	可靠
叶片耐高浓度 Cl 腐蚀	较好	较好
长周期运行效率下降程度	叶片腐蚀减轻性能下降不明显	
重量	较焊接机型，铸造机型重 30%	
近几年 5000m^3 高炉 TRT 采用	• 韩国现代 3 座 5250m^3（湿法、陕鼓，35~38kW/t 铁） • 湛江 2×5050m^3（干法、陕鼓，约 47kW/t 铁）	• 曹妃甸 2×5500m^3（干法、日本，约 50kW/t 铁） • 沙钢 5800m^3（湿法、日本，35~38kW/t 铁） • 宝钢 5046m^3 高炉（干法、陕鼓，50kW/t 铁）

从表 2 可以看出，近几年的 5000m^{3}高炉除日本三井 TRT 采用焊机型外，国内陕鼓生产 TRT 大部分是铸造机型。焊接机型从效率上看比铸造机型高约 2%，除噪声、检修维护方面较铸造机型欠缺外，其他均势均力敌。

透平机进出口形式上有下进轴排机型、径进轴排机型和下进下排机型，不同的机型发电量和效率上有差距，日照分公司 TRT 比较见表 3。

表 3　TRT（焊接机型）煤气管道进出口形式发电量及效率比较

参　　数	单位	额定点	最大点	
透平入口煤气量（标态）	×10^{4}m^3/h	66	75.5	
透平入口压力	kPa（g）	270	270	
透平出口压力	kPa	15		
透平入口煤气温度	℃	170	200	230
透平入口煤气含尘量（标态）	mg/m^3	≤10		

续表 3

参　　数		单位	额定点	最大点	
透平输出功率	下进轴排机型	kW	25900	31660	33668
发电机输出功率		kW	25100	30710	32658
透平效率		%	86	84	
透平输出功率	径进轴排机型	kW	26580	32414	34470
发电机输出功率		kW	25729	31441	33436
透平效率		%	88	86	
透平输出功率	下进下排机型	kW	25600	31283	33267
发电机输出功率		kW	24700	30344	32269
透平效率		%	85	83	

由表 3 可以看出，相同的进气条件下，径向进气、轴向排气机型比传统的下进下排机型或下进轴排机型效率均高出 2% ~ 3%，每小时可多发电量约为 1000kW，发电量指标提高 2. 24kW · h/t 铁。

根据上述比较，山冶设计和山钢日照分公司技术人员经过多次与国内外 TRT 厂家进行交流，并考察已投运的 $5000m^3$ 以上高炉 TRT 运行情况，大胆采用径向进气、轴向排气的焊接机型，同时针对大型焊接机壳容易出现的问题，与陕鼓成立联合攻关，在制造过程中，通过采取措施减少机壳变形和焊接应力，取得了良好的效果。

3. 2　采用先进的 3H-TRT 系统，实现炉顶压力的高精度、高顶压运行，提高 TRT 的发电量

众所周知 $5000m^3$ 以上大型高炉对炉顶压力的控制要求越来越高，高炉在生产过程中由于上料的特性，高炉炉顶压力和煤气量都会发生周期性的波动，同时高炉煤气管道进口管道 DN2400，出口管道 DN3600，管径大，管道气动特性难以模拟，因此 TRT 装置要针对高炉在冶炼过程中上矿、上焦时，炉顶压力下降趋势，有较高的动态响应和调整能力，能够在高炉顶压下降阶段迅速通过关闭静叶保证炉顶压力保持在正常范围。由于实现高精度的顶压控制十分困难，故采用了先进的 3H-TRT，即"提高高炉冶炼强度的顶压能量回收系统"。根据 TRT 管网系统中煤气流动大、压力流量变化复杂的流体力学平衡方程，同时结合最先进的高级智能控制算法，通过对高炉顶压进行高精度的智能控制，可以升高高炉顶压的设定值，增大高炉送风的质量流量，从而提高高炉冶炼效率，达到提高高炉利用系数、降低入炉焦比的功效。现场检测画面显示高炉顶压设定值与调节测量值基本重合，瞬时在 0. 18kPa。

3H-TRT 系统具有三大特点：

（1）3H-TRT 技术可使炉顶压力稳定在±1.5kPa 以下，大大低于以往原来控制顶压±5kPa 的范围，可确保炉顶压力的高度稳定，为提高顶压设定值提供重要条件。

（2）提高顶压设定值，在使用了 3H-TRT 技术以后，由于能确保炉顶压高度稳定，可将预留的波动余量大大减少，这样顶压设定值可提高 3%～8%，增加 TRT 发电量。

（3）采用 3H-TRT 技术后，可以提高高炉利用系数，降低焦比。

3.3 有效的智能型 TRT 发配电控制

采用远程智能化操作，实现 TRT 机组一键启动，可实现自动升转速、自动升励磁、自动并网、自动升功率、自动调顶压等功能，高度的智能检测控制手段可完全实现 TRT 全部过程的一键操作，现场无人值守，无人操作。

4 为保证 TRT 长期稳定运行的措施

4.1 加药系统的设置

TRT 机组的定修多数是因为透平机的叶片出现了磨损，甚至出现了叶片的折断，必须紧急停机。高炉副产品高炉煤气中含有大量 Cl、S 等腐蚀性离子或杂质颗粒，由于煤气干式除尘器无法有效地全部过滤这些小颗粒的离子和杂质，高温煤气携带的这些腐蚀性的杂质日积月累附着在叶片上，造成叶片的腐蚀或磨损断裂（图 2）。TRT 系统采用特殊药剂后，透平机叶片状态良好，基本无磨损（图 3）。

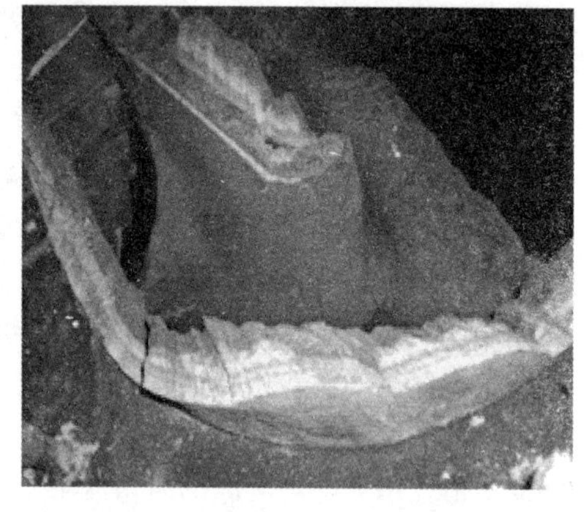

图 2　往期项目 TRT 未采取加药措施的叶片

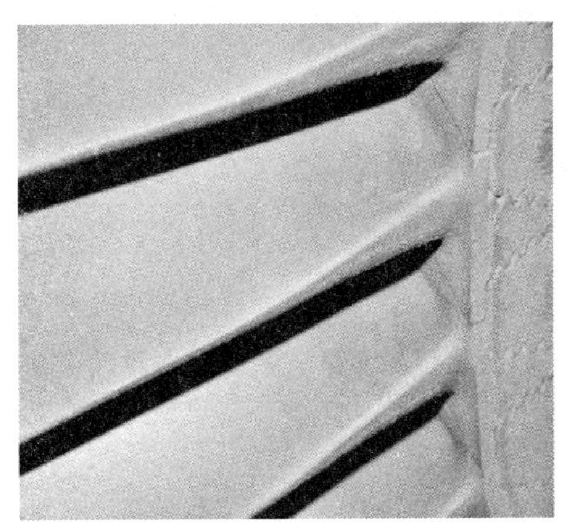

图 3　TRT 采用加药设施后的叶片

山钢日照钢铁 TRT 项目设置了加药装置，在煤气透平机进口管道上设置加药口，通过加药达到抑制结垢的目的。干式 TRT 阻垢剂在 TRT 装置进口端 6~10m 管道处开孔投加，煤气中加入的药剂为平均每小时（80~100）$\times 10^{-10}/m^3$。在高温煤气中可完全汽化，与煤气混合反应后不会出现沉淀物，透平机出口煤气管道也不会出现药剂沉积。即使出现少量药剂沉积也不会对管道造成腐蚀，药剂中含有的缓蚀成分会对管道内壁起到一定的缓蚀防腐作用，多余药剂随煤气凝结水排出，凝结水由专车输送至污水处理厂，因此加药能减轻煤气中的有害离子对机组特别是叶片的腐蚀，并且不会对生态系统产生破坏。

4.2　透平机本体防腐耐磨系统的设置

TRT 机组不仅采用加药设施，对特殊部件还采取了强化防腐、耐磨措施。煤气透平机动叶片材质采用高强度不锈钢（0Cr17Ni4Cu4Nb），以适合高炉干法除尘工况的场合，提高动叶片耐磨能力。主轴采用高强度合金钢材料（25Cr2Ni4MoV），整锻转子。透平机的动、静叶片表面强化及防腐涂层处理（Ni-Cr-Al+Ni45Cr），提高了叶片耐磨性和长寿命运行。动叶片与转子连接间隙处均采用防腐涂料封闭。对透平机本体进气蜗壳与煤气接触部分进行防腐涂层处理；排气室及出口导流体采用耐蚀材料。

煤气透平机本体部件的特殊防腐、耐磨处理，确保了机组的使用寿命，减少了因腐蚀或磨损造成的机组停机检修，增加了机组运行时间，提高了机组年发电量。

4.3　水冲洗系统的设置

TRT 机组设有水冲洗装置，在透平停机进入盘车状态后，机组可以在不揭缸的情况下，利用透平排气机壳侧面设置的人孔用水喷头对动叶片进行水冲洗。

TRT 机组采用加药和水冲洗装置后，可在不揭缸的情况下完成对机组的检修，将原先几天或是一周的机组检修时间缩短至几小时或是几天，提高了 TRT 机组年运行时间，为 TRT 机组发电量的提高提供了很好的保障措施。

4.4　透平机本体保温系统的设置

据统计全国有 98%的 TRT 机组未采用保温装置，或是初始设置保温，但在机组检修中拆除。由于煤气透平机采用焊接机型结构，为减少机组热损失和机壳热变形，提高发电效率，TRT 机组采用了最新的保温措施。

针对透平机特殊的结构形式和运行维护的特点，为克服保温设施一次性、难恢复的缺点，山钢日照钢铁 TRT 项目采用特殊的披覆材料，如同给透平机穿了一件保温外衣，做到可反复拆卸并恢复如初。施工后煤气透平机外表面温度不高于 50℃，提高了机组的热效率，减轻了因多种因素造成的机壳热变形不均匀现象，保障了透平机正常高效的运行，提高了机组年运行时间。

5　工厂设计的优化

根据煤气透平机发电机理论功率计算公式：

$$N = \frac{Q}{860}c_p T_1\left[1 - \left(\frac{p_2}{p_1}\right)^{\frac{K-1}{K}}\right] f_{\mathrm{d}}\eta_1\eta_2$$

式中　N——理论功率，kW；

Q——煤气流量，m^3/h；

T_1——透平机入口煤气温度，K；

p_1——透平入口煤气压力，（绝压），kPa；

p_2——透平出口煤气压力，（绝压），kPa；

K——绝热指数，$K=c_p/c_v$，其中 c_p 为煤气的定压比热，c_v 为煤气的定容比热；

f_{d}——煤气中含有凝结水汽化潜热的热量修正系数，高炉采用干法除尘取 1；

η_1——煤气透平机效率；

η_2——发电机效率。

除煤气透平机和发电机效率外，TRT 机组的发电量与进口煤气量、煤气压力和煤气温度成正比，与出口煤气压力成反比。出口煤气压力受厂区低压煤气管网影响，基本上保持 10~15kPa，由此可见影响 TRT 机组发电量的主要因素为煤气压力和煤气温度。高炉的操作直接影响 TRT 的发电量，一般厂区 TRT 发电归属于冶金企业能源部门，与高炉车间为两个相互独立的部门，因此减少管网的煤气阻力损失和温度损失是提高 TRT 发电量的重要措施。

山钢日照钢铁 TRT 项目在管系布置过程中运用了大量的辅助设计工具，如国际认证的最先进的应力计算 CAESARII 软件、ANSYS 流场分析软件和 PSDS 等三维动画软件，减少了因管道布置不合理造成的煤气流场紊乱、管道内部煤气阻力大等不利因素。

从现场运行实测数据可以看出，从干法出口至煤气透平机入口煤气管道，包含多道煤气大型阀门管路，整个管段阻力损失仅为 2kPa。高炉煤气全部流进煤气透平机，沿程没有煤气流失点，将不可控的压力和温降做到最低，保障了煤气透平机在设计的高效区间内运行，进一步提高了 TRT 机组煤气发电量。

6 TRT 运行效果

5100m^3高炉 TRT 系统，通过采用严密的设计、先进的技术、科学的设备选型、保证 TRT 长期稳定运行的措施等智能化控制手段，自投入以来取得了良好的效果，正常时炉顶压力控制在±1.5kPa，甩负荷时±5kPa，从未影响高炉运行，机组轴振动、轴位移均达到或优于设计指标。

贮配一体筒仓技术的研究

郝小娟

摘　要： 介绍贮配一体筒仓技术的有毒气体监测、温度监测及仓顶除尘形式等。

关键词： 有毒气体监测；温度监测；仓顶除尘

贮配一体筒仓具有占地面积小、运行方式简单、系统调度灵活、不会对环境造成影响、有利于降低贮煤损耗、人员配置减少及自动化程度高等优点，所以筒仓是未来储煤的主要方式。已经设置大型筒仓的钢铁厂有宝钢、济钢、山钢日照公司等焦化厂。

因煤炭本身具有挥发有毒气体、粉尘和自燃性等特点，所以采用筒仓堆存工艺必须解决整个物流体系的安全性问题。本文主要从三个方面对安全问题进行阐述。

1　有毒气体监测

煤炭堆存过程中会挥发出有毒有害气体，包括 H_2、CO 等，而且还是易燃性气体，稍有不慎便会引发火灾、爆炸等事故。储煤筒仓是一个相对封闭的空间，避免安全隐患是重中之重，故储煤筒仓内部的有毒有害气体监测系统至关重要。

常用的有毒有害气体检测方法有电化学法、红外线光谱分析法等。当储煤筒仓内监测设备检测到有毒有害气体超过一定标准后便会通过信号电缆将信号送到控制画面，发出报警信号，以采取有效措施，避免发生安全事故。

2　储煤筒仓内温度监测

由煤炭物理特性可知其具有自燃性，故必须对密闭存储煤炭的自燃予以关注。由于煤炭自燃与外界温度、煤炭含水量等紧密相关，因此对煤炭自燃进行控制就更加复杂。研究表明，煤炭在自燃状态下和含水量成正比例，超过 85℃以后每增加 1%的含水量，煤炭温度就快速升高，因此控制储煤温度在 80℃以下和稳定其含水量是关键，避免储煤自燃的应急措施必不可少。当检测到某点煤炭温度大于 50℃时应立即自动发出报警信号，远程控制中心操作员可根据报警信息，通知巡视员现场测温，综合信息并确定是否进行倒仓，以防止煤炭持续升温。当检测温度大于设定的温度时自动发出报警信号，一方面通知中控操作员，另一方面将报警信息传至管控系统，并存储，以便实时掌握流程中煤炭温度的变化。

3 储配一体筒仓仓顶除尘形式

根据《焦化行业准入条件》(2014 年修订)，炼焦企业应同步配套密闭储煤设施及除尘设施。储配一体筒仓仓顶除尘方式目前有：(1) 水喷淋、高压喷雾抑尘；(2) 干雾 (微雾) 抑尘；(3) 车载除尘器除尘；(4) 移动通风槽除尘；(5) 风量切换阀等。

3.1 水喷淋、高压喷雾抑尘

传统喷淋抑尘技术是利用加压水 (0.4~0.6MPa) 经喷头雾化喷向含尘气体，使尘粒与水滴 (粒径约 150μm 左右) 通过碰撞、拦截和凝聚作用，随液滴降落下来。但由于这种除尘器雾化能力差、喷滴颗粒大、处理细粉尘的能力比较低、需用水量比较多，所以常用在去除粉尘粒径大的粉尘治理点。

高压喷雾原理同喷淋抑尘。利用高压泵将水加压 (7.0MPa 以上)，通过孔径较细的喷头产生较细水滴颗粒 (30~100μm)，用于含尘气体的除尘较传统水喷淋抑尘效果大幅增加。目前高压喷雾抑尘技术在市场应用较少，主要原因如下：(1) 高压喷雾抑尘所用加压泵通常为柱塞泵，泵体设计寿命通常为 5000h，目前国产此类柱塞泵产品质量差、故障率高，进口水泵价格昂贵且应用时对水质要求较高。(2) 高压喷雾喷头设计的孔径细小 (小于 0.5mm)，极容易堵塞，后期喷头的维护量较大。

水喷淋、高压喷雾抑尘适用于料堆场及施工场地的抑尘。

3.2 干雾 (微雾) 抑尘

干雾 (微雾) 抑尘雾滴颗粒为 1~10μm，其成雾原理突破传统单纯对水进行加压的手段 (水源压力 0.4~0.6MPa 即可)，而是通过内部压缩空气在喷头处加速的效果，将水滴音爆成更小的水滴颗粒。干雾 (微雾) 抑尘装置只需要少量的水便可形成大量的微雾，在起尘点周围形成浓密的雾墙，对于上扬的粉尘起到极大压制作用，使其不能飘浮到空气中。对呼吸性粉尘的捕集效率可达到 90%以上 (密闭现场的粉尘抑尘率达到 96%以上，开放性场所抑尘率达到 90%以上)。

干雾 (微雾) 抑尘装置喷嘴的用水量为物料运输量的 0.02%~0.08%。目前这种除尘方式在宝钢的筒仓有应用。

3.3 车载除尘器除尘

移动卸料车在卸料作业中头部改向辊筒及两侧落料口处会产生大量扬尘，可在头部设一台车载除尘器，在两侧落料口每侧左右各设一台车载除尘器，共5台除尘器。车载除尘器有悬挂式与拖拉式两种。悬挂式除尘器的重量由移动卸料车承担；拖拉式除尘器是在卸料口边增加轨道，除尘器的重量绝大部分由除尘系统自行小车承担，缺点是占一定空间。

车载除尘器除尘在包钢的筒仓有应用。

车载除尘器除尘由于受空间限制排放浓度（标态）难达到10mg/m^3以内。

3.4 移动通风槽除尘方式

这种方式为负压除尘方式，均需设置除尘地面站，除尘效果最好，能完全满足环保要求。

移动式除尘通风口装置主要由两部分组成：一是活动接头，二是通风槽。其原理为：将吸尘罩固定在卸料车上，吸尘罩与活动接头连接，活动接头随卸料车在通风槽上沿轴线与卸料车同步平行移动，卸料车在哪个位置卸料，吸尘罩与活动接头随卸料车移动到该位置，抽走扬起的粉尘，含尘气流经吸尘罩进入活动接头，通过通风槽及风管进入除尘器。

3.5 对接翻板阀式除尘装置

当卸料车需要在某个仓上卸料时，卸料车上的阀柄托架把除尘管道上的重力翻板阀阀柄托起，阀门阀板开启，除尘管道吸取料仓内的含尘气体；卸料车移开后，除尘管道上的阀柄在重力作用下落下，阀门关闭。

3.6 除尘方式选择

目前国内焦化筒仓顶设除尘的较少，或者设置时间较短，比如宝钢后加的微雾抑尘运行时间较短，长期使用效果尚未显现。微雾抑尘属于往煤中加水，当扬尘较少时，可能有效果；但是扬尘大时，势必增加水量，会造成煤中水分增加，从而造成进入筒仓煤粉结块等，后果无法预料。移动通风槽采用地面除尘站除尘，这种技术在高炉矿槽等运用得非常成熟，可以达到要求的粉尘排放浓度，从长远性来看建议采用移动通风槽除尘。

3.7 除尘方式比较

除尘方式比较见表1。

表 1 除尘方式比较

除尘方式	成本	降尘率	缺　　点
移动通风槽除尘	投资大	≥90%	布袋容易堵塞，影响除尘效果，使用成本较高
水喷淋、高压喷雾抑尘	投资很大	≥80%	投入成本高，后期维护成本高
车载除尘器除尘	投入较大	<70%	受空间限制，排放浓度（标态）很难达到 10mg/m^{3}以内
对接翻板阀式除尘装置	投入较大	约 70%	后期维护成本较高
干雾（微雾）抑尘	投入较少	<70%	维护成本较低

4 结语

（1）随着环保要求的提高，储配一体筒仓这种储煤方式将越来越广泛地被焦化厂采用，其具有环境友好、降低储煤损耗、占地小、定员少等一系列优点，是未来焦化厂储煤的主要方式。

（2）煤炭在筒仓储存过程中会产生有毒有害的易燃性气体，因此，储煤筒仓内部必须设置有毒有害气体监测系统，以保证安全。

（3）煤炭的自燃与外界温度、煤炭含水量等密切相关，因此，控制储煤温度和稳定煤炭含水量至关重要，工程设计必须考虑储煤自燃时的应急措施。

（4）分析了筒仓仓顶五种抑尘技术，最终推荐移动通风槽除尘方法。

参 考 文 献

[1] 张殿印，王纯．除尘器手册［M］．北京：化学工业出版社，2004：161~162.
[2] 孙熙．袋式除尘技术与应用［M］．北京：机械工业出版社，2004：30~31.

2050mm 热连轧工程设计中采用的先进技术

王　永，吴兆军，孙丽荣

摘　要： 2050mm 热连轧工程设计中采用了多项先进技术，整体工艺技术装备达到国际先进水平，设计年产量 500 万吨。该工程在近年来国内外建设的热连轧工程基础上，充分发挥后发优势，按照产品定位—工艺需求—工程设计的思路保证整体的工程质量。该工程采用了蓄热式加热炉、定宽压力机、CVC+板形控制精轧机、超快冷、强力卷取机、电容车式钢卷运输系统、高架式设计等多项先进技术。经过生产运行实践，生产线达到了高效率、低能耗、高质量的设计目标。

关键词： 热连轧；热轧带钢；先进技术；高架式

2050mm 热连轧工程于 2016 年 3 月开工建设，并于 2017 年 9 月进入热负荷试车生产阶段，该工程在近年来国内外建设的热连轧工程基础上，充分发挥后发优势，按照产品定位—工艺需求—工程设计的总体思路保证工程设计质量，按照绿色化、智能化的设计理念确保山钢日照热连轧项目达到低能耗、低排放、高效率的设计目标，优化轧钢工程物质流、能量流及信息流，确保热连轧工程达到先进水平。本文就工程设计过程中的产品定位、工艺流程和布置、工艺需求、采用的先进技术及生产运行实践进行概括总结，以期为钢铁企业未来新建热连轧生产线提供借鉴作用。

1　工程概况

2050mm 热连轧工程设有主车间、电气室、水处理、制冷站、除尘等设施，其中主车间的工艺操作流程按原料区、加热区、粗轧区、精轧区、卷取区、钢卷运输区、平整分卷区、成品区顺序进行。

该工程设计年产热轧钢卷 500 万吨，主车间机械设备重量约 22000t，工程总装机容量约 245000kW，工程最大用水量约 41500m^3/h，主厂房建筑面积 113510m^2，工程占地面积 244581m^2。

2　产品定位

产品定位是轧钢工程设计的基础，主要包含：（1）产品用途；（2）产品规格；（3）强度等级等。该工程综合考虑了：（1）日照钢铁精品基地的发展战略；（2）下游市场的发展趋势；（3）国内外先进板带轧机生产线的建设经验。

日照钢铁精品基地定位于生产高品质、竞争力强的板带类产品，主要目标行业为汽车、家电、机械制造、石油化工及能源等。

热轧带钢主要应用于建筑、汽车、家电、能源管线、机械、造船、金属制品几个行业，其中汽车、能源管线、建筑行业近年来发展迅猛，机械、造船、家电行业发展平稳，同时热轧薄规格（≤2.0mm）产品在集装箱板、建筑工程、农机及机械制造、五金等市场广泛应用[1]，以热代冷趋势明显。

该工程典型产品定位于：（1）汽车板、家电板；（2）管线钢；（3）集装箱板等薄规格产品。这几种高质量高性能产品不仅有较大需求，而且也是山东省钢铁企业近些年来的弱项。根据内部调研，下游市场所需热轧中宽带钢的宽度集中在800~1500mm，其中1500mm以下宽度规格的产品约占75%，同时考虑部分汽车板和管线钢对1500mm以上宽度带钢的需求，该工程选择了2050mm规格的热轧机组，可生产带钢宽度为830~1900mm，厚度为1.2~25.4mm，最大卷重40.7t，抗拉强度最高1000MPa。

3 工艺流程和布置

生产热轧宽带钢的机组形式主要有常规热轧和薄板坯连铸连轧生产线等。其中ESP、CSP等薄板坯连铸连轧生产线适合批量生产单一规格的薄带钢产品，生产灵活性差，生产钢种范围窄，目前主要用于生产中低端产品，吨钢投资略高但薄规格产品生产成本较低；常规热轧可生产的带钢规格和钢种等级范围广、产品质量好、生产灵活性好、吨钢投资较低，但生产成本略高[2]。结合该工程的产品定位、产能规模，最终选择了半连轧形式的常规热轧生产线，年产热轧钢卷500万吨。

半连轧热轧机组主要有1RM+7FM和2RM+7FM两种轧机配置（RM：粗轧机；FM：精轧机）。前者投资低，但产能低、吨钢投资较高；后者投资高、产能高、吨钢投资低。结合日照基地的总体及板带生产线的分工，本工程选择了2RM+7FM的轧机配置。

2050mm热连轧工程主车间内的工艺机械设备包含：3座步进梁式蓄热式加热炉→粗轧前高压水除鳞装置→定宽压力机（SSP）→粗轧机（R1）→粗轧机（E2R2）→保温罩→边部加热器→切头飞剪→精轧前高压水除鳞装置→7架精轧机（FM）→前置超快冷→层流冷却→后置超快冷→3台卷取机（DC）→电容车式钢卷运输系统→钢卷检查线→平整分卷机组，工艺流程如图1所示。

在物流上，连铸坯通过辊道可直接热送至加热炉入炉区，入炉辊道前设提升

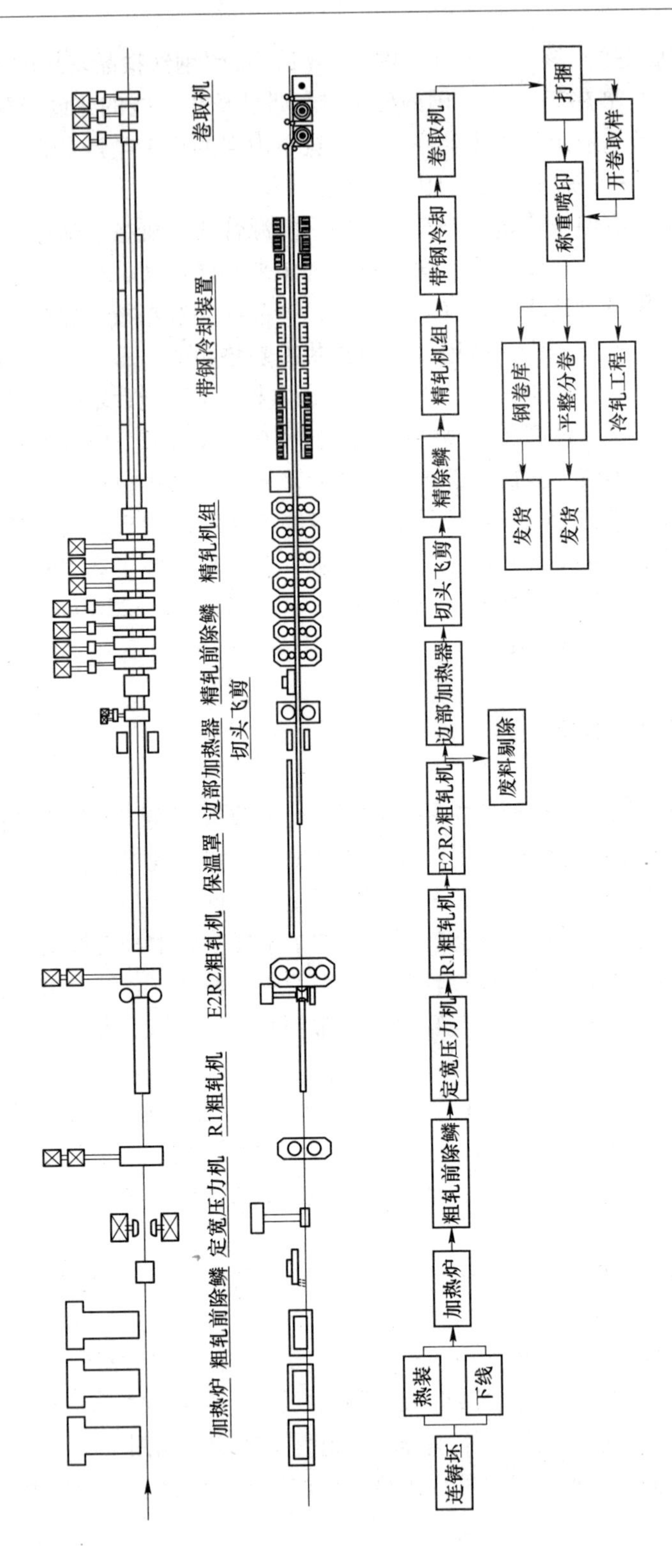

图 1　热连轧工程生产工艺流程

机用于提升板坯，经加热、轧制、冷却、卷取成钢卷，在打捆、检查、喷号后通过电容车直接送入冷轧原料跨或热轧钢卷库，钢卷运输系统在与厂区道路交叉处采用道路高架、电容车直通的形式进行设计。

在公辅设施布局上，水处理和电气室分设于主轧跨两侧，浊环水、净环水、带钢冷却水等供回水管主要沿操作侧分布；粗轧、精轧等电气室与电机跨毗邻布置，供电电缆主要沿传动侧分布；液压站、润滑站、除鳞泵站等置于主轧线高架平台下方±0.0m地坪上，有利于检修、采光及自然通风；粗、精轧电机跨的设计摒弃常规的通跨布置，改用分段布置，减少了电机跨厂房面积，具体如图2所示。

4 工艺需求及设计采用的先进技术

对轧钢工艺需求进行分析时，需考虑占大部分比例的普通产品，同时还需考虑汽车板、管线钢、薄规格带钢这几类高附加值的典型产品。

4.1 总体产品的工艺需求

总体来说，热连轧生产线需要高效、较低成本的稳定运行，力求智能化、绿色化，工艺需求有下述方面：

（1）提高热送热装率，可以提高产量，降低能耗。

（2）降低燃气消耗和污染物排放量。

（3）合理降低出钢目标温度。

（4）实现自由程序轧制，尽可能减少受窄→宽→窄规格轧制计划的限制。

（5）实现表面缺陷在线检测，并根据积累的生产数据进行在线预判。

（6）延长换辊周期，降低辊耗，减少待机时间，提高生产效率。

（7）钢卷下线后直送冷轧车间，减少倒运物流成本。

（8）设平整分卷机组，对薄规格产品进行板形改善加工。

4.2 典型产品的生产工艺需求

典型产品的生产除满足上述需求外，还需要有针对性的分析。

（1）热轧生产的汽车用钢主要包含热轧汽车用钢和冷轧汽车板原料。热轧汽车用钢包含汽车大梁钢、车轮钢、双相钢等，对于双相钢等相变强化类高强钢，需要采用分段冷却的生产工艺。冷轧汽车板主要包含普通强度冲压系列用钢和高强钢，如IF钢、BH烘烤硬化钢、DP双相钢等。国内外对于冷轧汽车板的主要需求有系列化、高表面质量和尺寸精度、成型性能良好、均质性等[3]。为了获得高表面质量，在热轧环节要尽可能地避免氧化铁皮压入，导致最终成品的麻

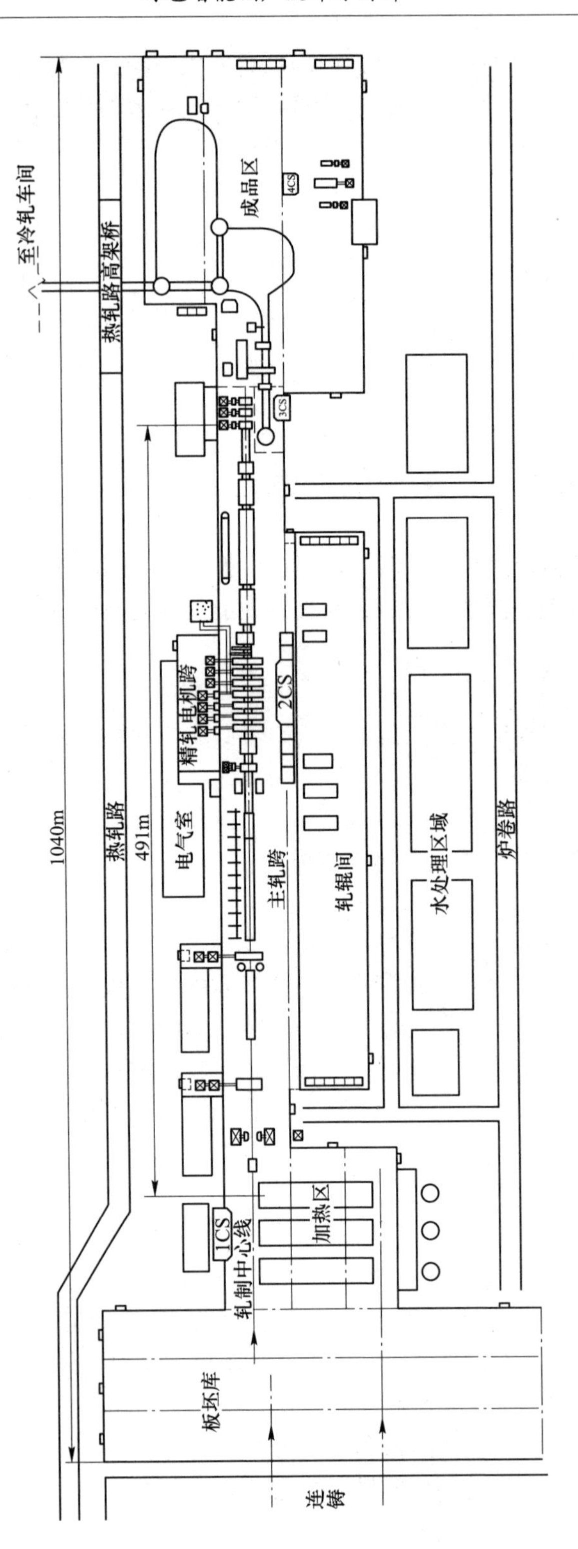
至冷轧车间
热轧路高架桥
成品区
4CS
3CS
精轧电机跨
2CS
电气室
主轧跨
轧辊间
水处理区域
炉卷路
热轧路
1040m
491m
1CS
加热区
轧制中心线
板坯库
连铸

图 2　热连轧工程布置图

点、麻斑缺陷；为了获得高尺寸精度，需要在精轧机上采用先进的板形控制技术；为了提高 IF 钢的成型性能，板坯需要较低的加热温度[4]；为了使带钢性能保持均匀稳定，热轧环节应保证带钢生产时温度均匀。

（2）高等级厚规格管线钢的主要需求有高强度、高韧性和焊接性能优良等[5]。目前国内外生产高等级管线钢的轧制工艺主要有 TMCP（热机械轧制工艺）和 HTP（高温轧制工艺），HTP 经济效益优于 TMCP 工艺[6]。为了满足高等级厚规格管线钢的生产工艺需求，需要考虑较强的轧后冷却能力和卷取能力。

（3）经过调研交流，热轧薄规格产品的主要生产工艺需求为较强的轧制能力、良好的板形控制能力、带钢生产过程温度均匀和确保穿带顺利等。

4.3 设计采用的先进技术

为了满足上述工艺需求，本工程在设计中采用了以下先进技术及设备：

（1）加热炉加热温度范围 1050~1250℃，采用蓄热式燃烧技术，高效回收烟气余热，吨钢氧化烧损率可降低至 1.0%以下，NO_x（标态）排放低于 100mg/m^3。

（2）除鳞装置采用高压力、小流量设计，除鳞喷嘴压力最高到 25MPa，除鳞打击力最大可至 1.3N/mm^2，可提升产品表面质量，并减少板坯温降。

（3）采用定宽压力机，所需连铸坯宽度递进跨度由 50mm 增大到 200mm，有效解决轧机与连铸坯料匹配问题，提高直接热送率。

（4）中间坯采用边部加热器+保温罩的保温措施，并设计了升速轧制和机架间冷却装置，可有效减少中间坯的头尾温差和边部温降，提升产品纵向和横向温度的均匀性。

（5）自动化系统可实现 AWC 自动调宽、SSC 短行程控制和优化剪切功能，改善中间坯头尾形态并有效减少切损。

（6）F1~F7 精轧机采用 CVC+辊型调整、弯辊技术，可有效改善带钢板形；采用工作辊窜辊和高速钢轧辊，延长轧制里程；F7 精轧机后设有压带风机，防止薄带钢头部漂浮。

（7）带钢冷却采用前后段超快冷+中间层流冷却，以满足管线钢、DP 双相钢的冷却工艺需求，有效减少管线钢、DP 双相钢、低合金钢的合金元素添加量。

（8）3 号卷取机采用强力卷取，以满足高等级厚规格管线钢的卷取需求。

（9）卷取后的钢卷采用电容车运输至热轧钢卷库和冷轧原料库内，提高运输效率并大幅降低设备重量和土建工程量。

（10）自动化系统可实现组织性能预报功能和 PQA 在线质量判定功能，可在线判断产品的质量性能，提高产品质量合格的可靠性。

主要工艺机械设备参数见表 1。

表 1 主要工艺机械设备参数

设备名称	工作辊/mm			支撑辊/mm			台数	主电机	轧制速度/m·s⁻¹		轧制力/kN
	辊径(max)	辊径(min)	长度	辊径(max)	辊径(min)	长度		额定功率/kW	基速	最大	
SSP							1	4400			22000
R1	1350	1200	2050				2	4500	1.77	3.53	35000
E2	1100	1000	380				2	1000	2.16	6.72	6500
R2	1250	1100	2050	1600	1440	2050	2	9500	3.60	6.54	52000
CS							2	1250			
F1	850	750	2350	1600	1400	2050	1	10000	1.64	4.92	50000
F2	850	750	2350	1600	1400	2050	1	10000	2.11	6.33	50000
F3	850	750	2350	1600	1400	2050	1	10000	2.73	8.19	50000
F4	850	750	2350	1600	1400	2050	1	10000	3.53	11.13	50000
F5	690	630	2350	1600	1400	2050	1	10000	4.92	15.48	40000
F6	690	630	2350	1600	1400	2050	1	10000	7.23	22.76	40000
F7	690	630	2350	1600	1400	2050	1	8500	7.23	22.76	40000
DC1							1	1400			
DC2							1	1400			
DC3							1	1850			

4.4 设计过程中采用的其他先进技术

为了降低投资和运行成本，提高运行效率，工程设计中还采用了如下先进技术及设备：

(1) R1 粗轧机压下采用全液压取代机械+液压压下设计，降低设备的复杂性和重量。

(2) 主传动装置采用 IEGT 交直交变频调速装置，辅传动系统采用 IGBT 装置，功率因数可以达到 0.95 以上。

(3) 辅传动电机广泛采用 690V 电压等级，减少了投资。

(4) 采用外旋式旋流井设计，减少旋流井深度及工程量。

(5) 采用层流冷却+超快冷联合供水技术，水泵广泛采用变频技术。

(6) 采用高架式设计，热连轧主轧跨、加热炉区和电机跨布置在+7.0m 平台上（相对于室内±0.0m 地坪），液压润滑站、电气室等标高相应抬高，冲渣沟和旋流井底标高也相应抬高，降低了土建施工难度和工程投资。

5 生产运行实践

工程自投产以来，目前月产量达到 40 多万吨，产品合格率达到 98.9%，成材率达到98.03%，热送热装率达到62%，产品覆盖了低碳钢、低合金钢、汽车用钢、高强钢等180多个牌号，可稳定生产1.2mm×1250mm的Q235产品和1.4mm×1180mm的SPA-H集装箱板，批量生产21.4mm×1800mm的X80管线钢，实现320℃低温卷取，生产的原料卷经冷轧工序后已供货国外汽车厂商，吨钢综合能耗等价值达到68.56kg标煤/t。辊耗达到0.39kg/t，电耗达到93kW·h/t，燃气消耗1.34GJ/t，新水消耗0.4m^3/t，氮氧化物排放浓度（标态）低于100mg/m^3，颗粒物排放浓度（标态）低于10mg/m^3。

产品质量实际控制精度见表2。

表2　产品质量控制精度

序号	项目	产品厚度/mm	控制精度/μm	命中率/%
1	厚度精度	[1.2, 2.5)	±25	99.1
		[2.5, 6.0)	±30	99.6
		[6.0, 25.4]	±60	99.4
2	平直度精度	[1.2, 2.0)	30IU	100.0
		[2.0, 5.0)	28IU	99.3
		[5.0, 25.4]	22IU	100.0
3	宽度精度	[1.2, 2.54]	0~7.5mm	97.8
4	终轧温度	[1.2, 2.54]	±14℃	97.3
5	卷取温度	[1.2, 2.54]	±18℃	95.6

6　结束语

以上结合2050mm热连轧工程产品定位—工艺需求—工程设计的总体建设思路，介绍了该工程的工艺流程、工艺需求和采用的先进技术。经过生产实践证明，该工程设计满足高效率、低能耗、高质量的设计目标。

参考文献

[1] 康永林．薄板坯连铸连轧超薄规格板带技术及其应用发展［J］．轧钢，2015，32：8.
[2] 刘付强，赵华国．200万t热轧普碳钢钢卷生产线对比分析［J］．一重技术，2016，7：17.
[3] 李光瀛，马鸣图．我国汽车板生产现状及展望［J］．轧钢，2014，31（4）：26~27.
[4] 康永林．现代汽车板工艺及成形理论与技术［M］．北京：冶金工业出版社，2009.
[5] 江海涛，康永林，于浩，等．国内外高钢级管线钢的开发与应用［J］．管道技术与设备，2015，5：23~24.
[6] 兰亮云，邱春林，赵德文．高钢级管线钢的常规TMCP工艺与HTP工艺［J］．轧钢，2009，26（5）：39~42.

2050mm 热连轧工程钢卷运输系统研究

王　永，吴兆军，张　华

摘　要：介绍了多种适用于热轧钢卷的运输方式并对其进行对比分析，在山钢日照 2050mm 热连轧工程设计中，钢卷运输系统以电容车运输方式为主，同时在平整机入口和出口考虑了步进梁和运卷小车的方式。电容车采用超级电容供电、电机驱动运行，设计续航能力 2.7km，负载运行速度最大 0.5m/s，设计充电用时 4min，运输钢卷至冷轧车间内经过热轧路采用了道路架桥式设计的方式。钢卷运输系统投入运行两年以来均稳定可靠。

关键词：热连轧；热轧钢卷；钢卷运输；电容

1　概述

2017 年 9 月，山钢日照 2050mm 热连轧工程钢卷运输系统投入自动化热试车运行，该系统具备设备重量轻、运输里程长、自动化控制灵活、投资少、运行成本低、维护方便、车间整洁的优点。热轧钢卷运输的特点如下：

（1）运输量大，每年 500 万吨，约 20 万个钢卷。

（2）生产节奏快，平均每 2min 生产 1 个钢卷。

（3）钢卷重量大，最大卷重 40.7t。

（4）环境温度高，运输的钢卷温度平均约 650℃。

（5）运输距离长，热轧与冷轧之间贯通。

2　常用的热轧钢卷运输方式

近 10 年来新建的热连轧工程的钢卷运输采用的方式有下述几种：

（1）步进梁。该运输方式通过步进机构实现短距离运输（≤20m），如图 1 所示。

（2）运卷小车。该运输方式通过电机驱动（带拖链）+液压升降的方式实现短距离运输（≤20m），如图 2 所示。

（3）托盘式运输链。近 10 年来广泛应用于热连轧工程的钢卷运输，该运输方式通过电机驱动辊道+托盘实现长距离运输（>20m），如图 3 所示。

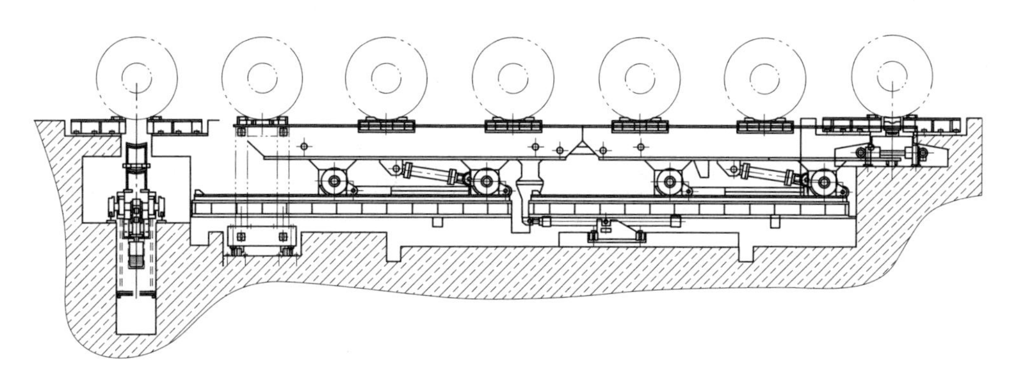

图1　步进梁

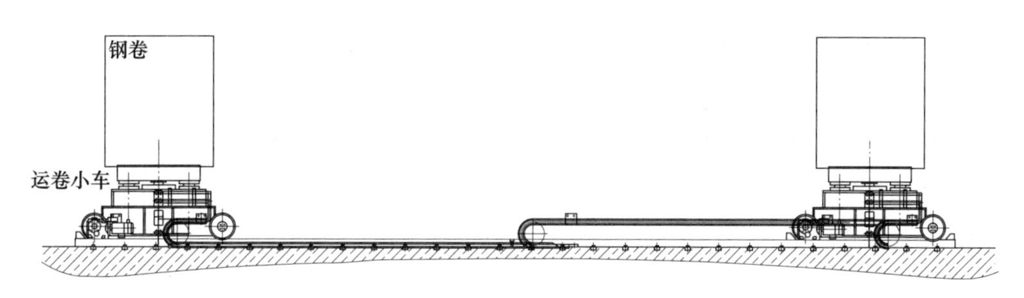

图2　钢卷小车

（4）电容车运输。应用于日照2050mm热连轧工程的钢卷运输，该类型运输方式有应用于铝卷的运输实例，但在钢卷运输上在国内外尚属首例，该运输方式通过电容车+钢轨实现长距离运输（>20m），如图4所示。

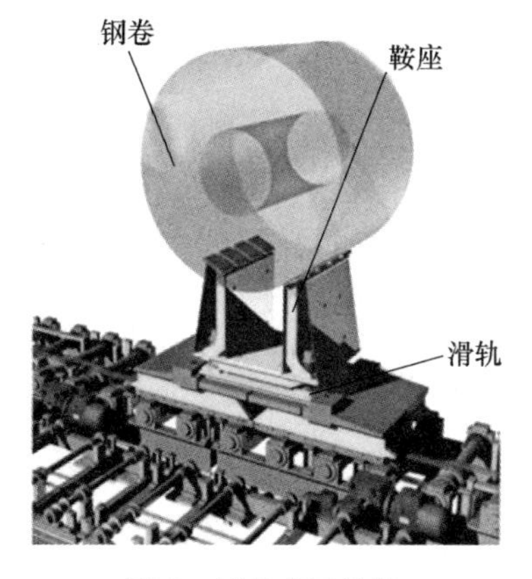

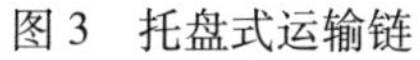

图3　托盘式运输链

图4　电容车

步进梁与运卷小车相比，前者运输效率高但设备复杂、投资较高，这两种运输方式在本工程的平整分卷机组设计中均有应用。

托盘式运输链与电容车运输相比，两者运输效率相当，前者设备复杂、电气装机容量大、投资较高，此次钢卷运输系统采用了电容车运输方式。各种运输方式的投资见表 1。

表 1 各种运输方式投资对比

运输方式	步进梁	钢卷小车	托盘运输链	电容车
每米投资/万元	10	4	6	4

3 本工程钢卷运输系统的特点

3.1 钢卷运输系统物流设计特点

本工程年产热轧钢卷 500 万吨，其中送往冷轧车间约 300 万吨。由于运输到冷轧车间的物流量较大，因此运输系统设计时考虑直接送入冷轧车间。根据调研，约有 40%比例的平整卷运输到冷轧车间，因此将运输系统与平整机出口处直接相连，以减少二次倒运量。

本工程钢卷运输系统以电容车运输方式为主，同时在平整机入口和出口考虑了步进梁和运卷小车的方式。

钢卷运输系统的自动化控制考虑了与全厂 MES 管理系统、主轧线二级自动化系统、平整分卷自动化系统的通信。

本工程钢卷运输系统布置如图 5 所示，钢卷的主要运输里程如下：

（1）卷取机→热轧钢卷库：往返里程 0. 45~0. 7km。

（2）卷取机→冷轧原料跨：往返里程 1. 1km。

3.2 电容车设计特点

近年来国内新能源汽车发展迅猛，电化学储能技术日新月异，车用电池主要分为两类：锂离子电池和超级电容，这两者在新能源汽车上均有实际应用。锂离子电池续航里程长、充电时间久、输出功率小；超级电容续航里程短、充电时间短、输出功率大。

结合钢卷运输系统的特点，此次设计采用电容车运输钢卷，共设有 43 台车，每台车重 7t，电容车采用超级电容供电、电机驱动运行，设计续航能力最大 2. 7km，负载运行速度最大 0. 5m/s，设计充电用时 4min，循环寿命≥50 万次。

整个钢卷运输系统在 3 处设有自动充电桩，电容车的定位采用格雷母线沿轨道全线敷设，定位精度±15mm。考虑到钢卷高温辐射，电容车采用隔热设计，并在内部设有空调制冷。

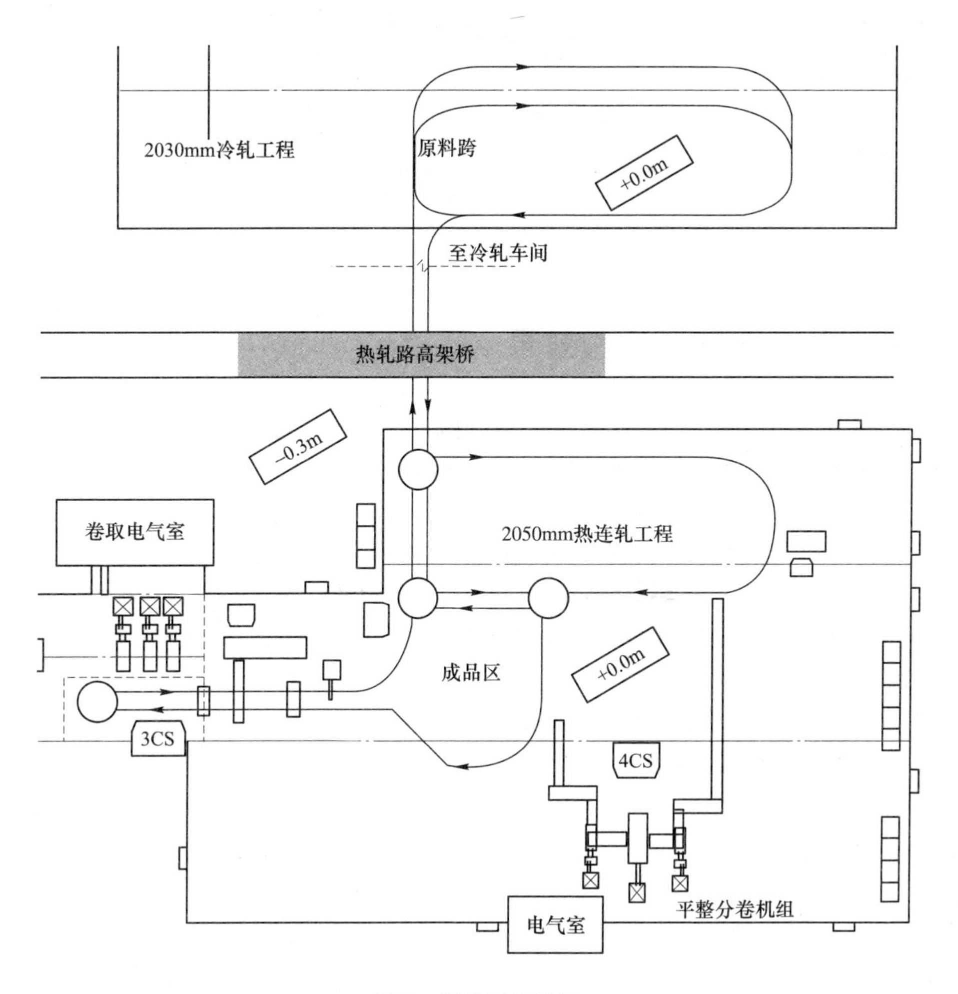

图5 钢卷运输系统

3.3 钢卷运输系统过路方式设计

系统运输钢卷至冷轧车间内需要经过热轧路，设计时主要比较了以下两种方式：

（1）地下隧道式，即电容车通过升降机下降至地下-6.35m，然后在隧道中运行，过路后再通过升降机提升至地面。

（2）架桥式，即电容车不通过升降，直接进入冷轧车间，在交叉处对热轧路架桥设计。

从表2对比结果来看，架桥式优势明显，且热轧路非厂内原料或成品运输干道，因此我们选择了架桥式设计。

表 2　钢卷运输系统过路方式对比

序号	项目	地下隧道式	架　桥　式
1	设备	增加提升机 2 台，约 720 万元，年运行维护成本 75 万元	不需要增加额外设备
2	通风	需要机械通风，年运行成本 5 万元	自然通风
3	土建	隧道底标高-6.35m，投资 137 万元	桥顶标高+6.35m，投资 126 万元

4　钢卷运输系统的应用效果

山钢日照 2050mm 热连轧工程钢卷运输系统投入运行两年以来均稳定可靠，较好地满足了生产需求，表现在以下几个方面：

（1）运输效率高，最快可以达到 90s 接收 1 个钢卷。

（2）电容车速度：0~0.75m/s（空载），0~0.5m/s（重载）。

（3）电容车定位精度±15mm。

（4）电容车续航能力>2km，电容车充满电时间<8min。

（5）电容车故障月下线<10 次。

（6）实现了平整卷直送冷轧卷新功能。利用平整机出口步进梁后设置 C 型车，将平整后的钢卷运送到等待位置上的空托盘车，然后运送至冷轧原料库，充分利用平整机二级系统、MES 系统、库管系统和钢卷运输系统无缝衔接，灵活调运在线空托盘车，实现在线运输，成功替代了汽车二次倒运的方式。

（7）运行成本情况。与托盘式运输链相比，运用电容车替代辊道组，节省了大量辊道电机，按照相同运输距离测算，新运输方式装机容量下降 85%，节电效果明显。

5　结束语

2050mm 热连轧工程钢卷运输系统已经投入自动化运行，热负荷试车以来已累计运输 650 万吨钢卷，运行效果良好。我们认为该种设计方式可广泛应用于热轧钢卷、冷轧钢卷等冶金产品的自动化运输，未来前景良好。

2050mm 热连轧工程蓄热式加热炉设计与应用

吴兆军，李海方，陈建磊

摘　要：介绍了高炉煤气蓄热式燃烧等技术在2050mm热连轧加热炉的设计和实际应用情况。设计过程中通过不断优化设计方案并应用部分创新技术，实现了既定设计目标且节能效果显著。实践证明高炉煤气蓄热式燃烧等技术在板坯加热炉中应用可靠，具有一定推广价值。

关键词：蓄热式加热炉；单蓄热燃烧技术；节能

2050mm热连轧工程是山钢集团日照钢铁精品基地的主要轧材生产线，年产热轧钢卷500万吨。该工程设有3座360t/h的加热炉。从节能、环保、低耗、稳定、提高产品竞争力的角度出发，该产线对加热炉设计提出了较高的技术要求，经过方案研讨、论证工作，我们最终确定了高炉煤气单蓄热方案和双蓄热方案组合建设方式，并创新采用了多种节能、环保、经济的技术方案和措施。目前加热炉已基本建设完成，以下介绍该工程蓄热式加热炉的设计与应用情况。

1　设计方案的前提和目标

1.1　低热值的高炉煤气为主要加热燃料

从日照精品基地煤气总体平衡以及能源高效利用角度考虑，本工程的加热炉采用低热值的高炉煤气（低热值（标态）：750×4.18kJ/m^3）。燃气热值较低，意味着加热炉只能采用蓄热式燃烧技术才能保障正常的燃烧加热要求。虽然蓄热式燃烧技术在国内加热炉中已广为应用，但该技术也存在着氧化烧损高、加热工艺控制不灵活、运行电耗高、加热质量（温度均匀性）相对较差的缺点。如何扬长避短，成为加热炉设计中面临的主要问题。

1.2　环保要求极为严格

按照《山东省区域性大气污染物综合排放标准》（DB 37/2376—2013）要求，2050mm热连轧加热炉需执行该标准中要求的第四时段的重点控制区大气污染物排放浓度限值，对于钢坯加热温度范围达到1050~1280℃的加热炉而言，该排放要求极为苛刻。表 1 为大气污染物排放浓度限值（第四时段）。

表 1 大气污染物排放浓度限值（第四时段） （mg/m^3）

污染物	核心控制区	重点控制区	一般控制区
SO_2	35	50	100
NO_x（以 NO_2 计）	50	100	200
颗粒物	5	10	20

1.3 加热质量要求高

2050mm 热连轧工程主要产品有碳素结构钢、低合金高强钢、耐候钢、汽车用钢、管线钢等，品种钢占比高，对加热质量也提出了较高要求：

出钢温度偏差：≤±10℃

钢坯内外温差：≤19℃

水梁黑印温差：≤19℃

1.4 降低运行能耗要求高

在当前日益严峻的钢铁产品竞争形势下，本工程提出了最大程度降低加热炉运行能耗的技术要求，要求在设计阶段就从细微着手，采取新思路，运用新技术，降低燃气消耗，减少氧化烧损，并综合降低运行电耗。

2 采取的设计方案

2.1 高炉煤气加热炉蓄热方案设计

高炉煤气单蓄热方案具有燃烧稳定、氧化烧损少、调节能力强、加热质量好、NO_x 排放低、风机配置数量少、蓄热体更换周期长、能够有效延长炉体使用寿命等优点，但不能满足部分钢种 1280℃的加热温度要求。高炉煤气双蓄热方案在国内应用案例较多，技术成熟，温度保证能力强，能够满足 1280℃钢种加热质量要求，但能耗、氧化烧损率、NO_x 排放等指标数值较高，蓄热体一年左右就需更换一次，维护费用较高。

结合本工程煤气情况和燃烧技术特点，充分发挥双蓄热和单蓄热方案优点，经过综合分析，热连轧加热炉最终确定采用高炉煤气单蓄热（2 座）和双蓄热（1 座）组合建设方式，在国内同类产线上尚属首家。

2.2 高炉煤气单蓄热烧嘴的设计选择

为满足加热炉节能、环保、低烧损及优良的钢坯温度均匀性的技术要求，单蓄热加热炉最终设计选用了布洛姆（Bloom）公司高炉煤气单蓄热式烧嘴。该烧嘴具有以下特点：

（1）高效节能。布洛姆高炉煤气单蓄热烧嘴能够将高炉煤气预热到比炉温低150℃左右，达到蓄热式燃烧技术的煤气预热温度极限，最大化提高烧嘴热效率。

（2）布洛姆烧嘴燃烧稳定。采用布洛姆燃烧技术可以有效提高加热质量，降低氧化烧损。

（3）布洛姆低氮氧化物高炉煤气单蓄热烧嘴具备良好的稳焰机制，烧嘴的“导流挡板”设计，能够使高炉煤气与助燃空气进行良好的组织混和，具备可燃浓度的高炉煤气与助燃空气混合气体在导流挡板下游形成一个稳态的流场。烧嘴火焰稳定，形状良好，燃料在固定区域内完全燃烧，建立可控的炉内温度场，保证钢坯加热质量，同时可有效降低钢坯的氧化烧损，烧嘴具备良好的调节比，可以适应特殊钢种加热工艺要求。

（4）按照该产线加热炉额定负荷产量为360t/h，炉子各段温度在正常设定的情况下，布洛姆高炉煤气单蓄热式烧嘴的 NO_x 排放低于 $80mg/m^3$，该指标加热炉设计阶段已获得实验室充分验证。

2.3 系统降低加热炉综合能耗及投资方案设计

（1）优化加热炉燃烧方式，降低氧化烧损率。燃烧系统是加热炉的关键系统，是决定加热质量和煤气消耗多少的关键环节。通过充分研究国内外高炉煤气燃烧技术特点，最后采用蓄热烟气热量回收和常规烟气热量回收组合技术，充分回收加热炉烟气热量，提高煤气燃烧和转化效率，实现燃烧可控，降低氧化烧损率。目前国内同类型加热炉上氧化烧损率普遍在1.2%以上，采用布洛姆（Bloom）公司高炉煤气单蓄热式燃烧技术，氧化烧损率可降低至0.9%以下，按照单炉产能160万吨/a、烧损差价2000元/t计算，单炉年可减少烧损费用为：

$$160 \times (1.2\% - 0.9\%) \times 2000 \approx 960 \text{ 万元}$$

共计年可减少烧损费用为1920万元。

（2）减少加热炉引风机配置数量。与双蓄热加热炉相比，单蓄热加热炉少配置一台空烟引风机，风机参数为：排烟烟气量（标态）$18500m^3/h$，风压-6000Pa，转速1450r/min，电机功率500kW。

按照电机功率500kW，功率利用系数80%，年运行6500h，电费0.6元/(kW·h）计算，每座炉子年可节约电费为：

$$500 \times 0.8 \times 6500 \times 0.6 \approx 156 \text{ 万元}$$

减少配置引风机计年可节约电费为312万元。

（3）采用节能型液压升降系统。采用节能型液压系统设计，充分利用加热炉步进机械下降过程的势能，减少液压站主油泵开启数量，降低液压系统电耗。

常规液压系统设计配置 4 台（3 运 1 备）恒压变量泵，节能型液压系统设计配置 3 台（2 运 1 备）恒压变量泵，泵配套电机功率均为 132kW。节能型液压系统少运行 1 台恒压变量泵。

按照电机功率 132kW，功率利用系数 80%，年运行 6500h，电费 0.6 元/(kW · h) 计算，每座炉子年节约电费为：

$$132 \times 0.8 \times 6500 \times 0.6 \approx 40 \text{ 万元}$$

节能液压系统计年可节约电费为 80 万元。

（4）加热炉汽化冷却系统回收蒸汽。加热炉炉内水梁及过梁采用汽化冷却技术，与传统水梁水冷技术中水梁冷却热量直排大气相比，汽化冷却系统能够有效利用水梁冷却热量，其产生的蒸汽可以进行采暖和发电等。3 台炉子运行时可以回收约 30~40t 蒸汽。

按照预热蒸汽回收量 30t/h，蒸汽价格 50 元/t，年作业时间 6500h 计算，该项共计年产生效益为：

$$30 \times 50 \times 6500 \approx 975 \text{ 万元}$$

（5）合理选用炉体耐材，降低工程投资。经过与加热炉厂家和耐材厂家技术交流，确认浇注料能够很好地满足加热炉使用要求，在炉役周期内使用效果与可塑料差别不大。最终选用浇注料作为加热炉炉顶耐材工作层介质。按照炉顶重质耐材厚度 230mm，炉顶耐材宽度 13m，长度 58m，浇注料造价 2000 元/t，可塑料造价 4000 元/t，比重 2.4 计算，每座炉子降低工程造价为：

$$0.23 \times 13 \times 58 \times 2.4 \times (4000 - 2000) = 832416 \approx 80 \text{ 万元}$$

三座加热炉共计降低造价为：80×3 = 240 万元。

（6）采用加热炉助燃风机集中供风方案。根据加热炉供风需要稳定风压的要求，2 座加热炉采用 4 台风机并联供风运行方案，每台风机风量约为单座加热炉最大供风量的 70%左右，根据炉子实际运行情况计算实际供风需求风量，调整风机的运行台数，确保风机在经济合理的区间内运行，避免大马拉小车造成的浪费，在保证供风风压的前提下降低风机电耗。

3　应用效果

3.1　加热能力

2 号单蓄热加热炉自 2018 年 1 月热负荷试车生产以来，与 1 号双蓄热加热炉同时生产，小时产量测算在 280t/座以上，满足了当前生产需求，后期随产能释放继续跟踪加热能力。

3.2 加热温度

单蓄热加热炉各段分别采用空气、煤气比例调节，设定炉温自动控制，满足了轧制工艺对板坯温度均匀性的要求。根据轧制工艺要求，板坯加热温度为(1230 ±10)℃，实际生产因钢种不同，均热段炉膛温度控制在1250～1280℃范围内。

3.3 氧化烧损

根据初步测算，单蓄热加热炉氧化烧损在1%以下，由于试生产期间生产节奏的影响导致钢坯在炉时间较长，氧化烧损可能会偏高。

3.4 存在的问题

根据单蓄热烧嘴换热负荷计算发现，各段蓄热烧嘴内小球填装高度不同，在燃烧调整过程中发现二加热段烧嘴排烟温度普遍较高，初步怀疑小球填装数量不足，后期持续调整观察，择机填装小球后进行实验验证。

4 结束语

实践证明高炉煤气蓄热燃烧技术在2050mm热连轧加热炉上技术可行，低热值煤气能够满足板坯加热炉的加热温度、加热质量的要求，大气污染物排放达标，从而保障了日照精品基地煤气总体平衡以及能源的高效利用。特别是单双蓄热加热技术组合应用的同时，在保证加热质量及达标排放的基础上，同步采用了节能型液压站、汽化冷却蒸汽回收、风机并联运行及耐材优化等设计方案，节能效果显著。该工程中的综合技术解决方案可在其他加热炉工程建设中推广使用。

协同设计在大公辅工程中的应用与创新

林积生，刘健萍，高文磊，宋保军

摘　要：大型综合钢厂的大公辅工程与每个单元工程都息息相关，设计不同步、设计接口多、设计界面复杂、设计委托变更多等现实问题，是制约大公辅工程设计质量和设计进度的主要矛盾，且一直贯穿整个设计过程。山冶设计将协同设计融入设计全过程，以设计联络会为协同设计管理平台，协调与各设计院的设计联络和分工合作，以三维工厂设计平台为工具，实现院内不同专业之间不同层面上的精心设计，从而减少由于沟通不畅或沟通不及时导致的错、漏、碰、缺，提升整体设计效率和设计质量。

关键词：协同设计；三维工厂设计平台；大公辅工程设计

2013 年 3 月 1 日国家发改委正式批复山东钢铁集团有限公司建设 850 万吨钢长流程综合钢铁厂——日照钢铁精品基地项目。山冶设计作为这个项目的总体、设计管理、全厂大公辅工程设计以及烧结、高炉、焦化、燃气发电等工程的总承包单位，作为集团下属的子弟兵，公司上下深感责任重大，对内整合公司内资源精心设计，对外协调其他设计单位协同设计，将协同设计理念融入设计全过程，以优质的设计质量、满意的设计进度、可靠的安全和环保措施、踏实的设计服务为目标，有序推进各项设计工作及设计管理工作。

自 2008 年项目规划开始，2016 年 8 月发出公辅工程的第一套施工图，直至 2017 年设计完成，逾百名参与设计的设计者不忘初心、全力以赴、克难而进，以“谁需求谁主动”“三个 24 小时”的工作作风和传统，努力推动施工图设计工作，为大公辅工程的建设提供了坚实的技术支持。2017 年 12 月 19 日 1 号高炉出铁，标志着智能高效绿色高端的日照钢铁精品基地一期工程取得了阶段性成果。

1　工程简介

本项目包括 20 多个单元工程，分别为铁路、原料码头、成品码头、原料场、烧结、球团、炼铁、焦化、LNG、炼钢连铸、热轧、冷轧、宽厚板、炉卷、220kV 变电站、制氧、煤气柜、炼钢石灰窑、钢渣处理、水渣微粉、制氢站、自备电厂、焦炉煤气精制、氮气提纯站、烧结石灰窑、球团膨润土、除尘灰利用、污水处理厂、海水淡化等，工程建设模式包括 BOO、BOT、EPC、EPCM、业主管理，设计单位多达 40 多家。日照精品基地项目俯视图如图 1 所示。

图 1　日照钢铁精品基地项目俯视图

山冶设计承担了全厂大公辅工程的工厂设计，包括全厂总图运输、全厂供配电、全厂检化验、全厂给排水、全厂热力燃气、全厂通信及信息化、全厂仓储及机修、全厂办公生活设施等。大公辅工程与每个单元工程都息息相关，设计不同步、设计接口多、设计界面复杂、设计委托变更多等现实问题，是制约大公辅工程设计质量和设计进度的主要矛盾，且一直贯穿整个设计过程。山冶设计对内整合院内资源精心设计，对外协调其他设计单位协同设计，将协同设计理念融入设计全过程，努力推动施工图设计工作。

2　创新协同设计思路、搭建协同设计平台

协同设计是一种集智能创新、融合发展、合作共赢为一体的设计服务模式。通过协同设计，各设计单位按照统一技术要求和整体规划开展工作，进行不同专业之间不同层面上的设计联络和分工合作，从而减少由于沟通不畅或沟通不及时导致的错、漏、碰、缺，特别是老生常谈的各类管线和通廊设计上的错、漏、碰、缺，提升整体设计效率和设计质量。

2.1　科学平衡能源介质，统筹规划公辅设施建设模式

能源介质平衡不是单纯的数理统计，而是根据企业的产品结构、生产组织、生产制度、外协关系、企业所处发展阶段和建设步骤等因素进行综合评估。根据各主体单元工程提出的能源介质需求，与国内外先进指标核对，对全厂燃气和氧

氮氩、全厂压缩空气和蒸汽、生产新水/软水/除盐水/生产废水、各生产区域用电负荷及年耗电量、全厂采暖热水、全厂物料运输进行了多次平衡，做到科学、经济、节约地使用能源。在此基础上，明确了各区域110kV变电站和35kV变电站的设置，全厂检化验系统的设置，燃气储配站的设置，余热发电和燃气发电的设置，高温水换热站和低温水换热站的设置，新水处理厂和污水处理的设置，服务区和全厂仓储、维修设施的设置等，以集中建设为主，分散建设为辅，统筹考虑公用辅助设施的建设模式及总图布置，实现生产的集中管理、自动化管理、专业管理，提高生产效率、减少定员。

2.2　统筹规划全厂主干管网

（1）确定管线布置原则。主干管线按动力、电力和水道三大类综合。动力管线采用架空管廊，电缆采用地下隧道/电缆沟，给排水管线采用埋地敷设，分别布置在主干道路两侧。所有地上地下管线统筹规划路径、埋设标高、间距，在同一层的有压管线采取同标高铺设，管线间距离需满足安装和检修要求。

（2）确定地下管线避让原则。当地下的道路排水沟、电缆隧道、给排水管道、采暖水管道等交叉时，所有管线避让排水沟；当电缆隧道和给排水管道交叉时，电缆隧道避让给排水管道。

（3）确定排雨水方案和排水沟沟底标高。厂区雨水最终汇入西侧的护厂河及东侧的黄海。根据护厂河的设计水位、岚山区潮位标高以及汇水面积大小，优化道路排水沟的分段方案、汇流方案，在保证厂区排雨水安全的前提下尽可能提高排水沟的沟底标高。根据以上原则，聚鑫路、动力路、铁钢路的道路排水自中间分别东西排水，向西排入护厂河向东排入黄海；东西两段排水沟长度约650m，道路排水沟起始深度约0.6~0.8m，排水沟终点深度≤2.2m；中央大街、南环路的道路排水自中间分别东西排水，向西排入护厂河向东排入黄海，东西两段排水沟长度约1100m；烧结路的道路排水向西排入护厂河，排水沟长度约1000m；各单元工程按区域分别汇到以上主干道路排水沟。

（4）确定动力管网分层布置原则。全厂燃气综合管廊总长约8km，主要布置在铁钢路、动力路、中央大街等主干道路旁。综合管廊上敷设了整个厂区的动力管网，包括转炉煤气、高炉煤气、焦炉煤气、氮气、氧气、氩气、压缩空气、蒸汽、氢气、LNG的不合格气、富氢气、弛放气等。为减少管道末端压力低对煤气用户的影响，高炉煤气管网采用环网布置；为方便以后厂区管网维护，厂区管廊采用小管道在下、大管道在上的分层布置，预留充足的检修空间，尽量减少大管背小管的布置方式。

（5）确定电缆隧道埋深。全厂主干电缆隧道总长约12km，宽度约1.60~2.60m，净高约2.20~2.60m，排水沟及地下管线的埋深大都在-1.50m（相对于地面）以内。在每条主干道路上，基本上每隔 60~100m 就有各单元的分支道路，按 100m 计算，主干道路至少被分割为 110 段。如果将电缆隧道分段抬高 0.5~1m（需要根据每处排水沟的高度确定），则电缆隧道要在过路前降低过路后抬高，凡是转折处均只能采用现浇施工，且高低起伏对电缆隧道内的排水及消防设计都有影响，故电缆隧道覆土为 1.50m，可避让绝大部分的排水沟及地下管线。

复杂的架空敷设综合管线如图 2 所示。

图 2　复杂的架空敷设综合管线

2.3　通过三维设计对各种管道和通廊进行碰撞检查

结合日照钢铁精品基地项目，山冶设计创新设计软件平台，于 2013 年成立三维工作室，搭建 SMART PLANT 3D 三维工厂设计平台，将工厂内建构筑物以三维模型的方式体现在计算机三维软件系统中，虚拟一个完整的工厂，包括工厂内各种管道、支架、建筑物、构筑物等。利用三维工厂设计平台，我公司完成了各种管道、皮带通廊的碰撞检查，及时纠正错、漏、碰、缺等问题，使工厂设计更精确更合理。

综合管线三维设计如图 3 所示。

2.4　组织设计联络会，搭建协同设计管理平台

（1）自 2016 年 3 月开始，陆续组织与各设计单位召开设计联络会，明确大公辅供应各单元工程的各种气体、采暖水、给排水的品质和压力、温度等参数，确认各单元工程是否满足需求；共同确认设计分交界面和分交 TOP 点；协调解决存在问题。

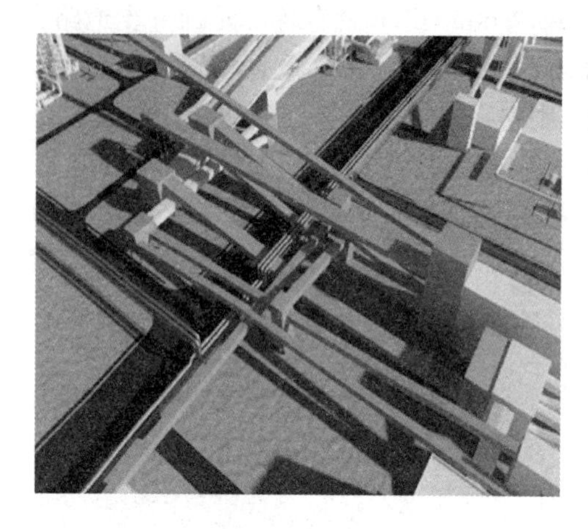

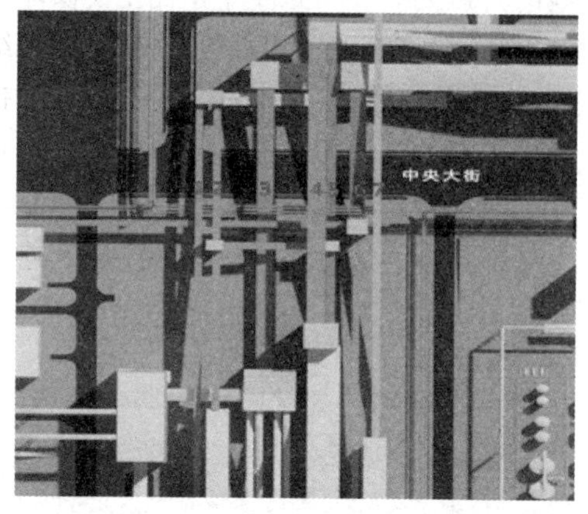

图 3　综合管线三维设计

(2) 2016 年 5 月，组织多家设计单位召开设计协调会，明确各设计单位配合大公辅协同设计的要求，确定各单元工程提交施工图设计委托条件的时间，要求各设计单位提交各大公辅道路预埋套管施工图条件，明确所有过路的套管和涵洞由山冶设计统一出图，避免因施工不同步和多头管理造成道路破路或顶管；要求各设计单位分别排查红线范围内靠近红线的建构筑物、管线、皮带通廊和周围其他单元工程的建构筑物、管线、皮带通廊是否存在干涉。

(3) 公辅管线施工图完成后，将各单元红线周围管线布置图、大公辅和各单元的接口平立面图返给各单元工程。

(4) 自 2016 年 12 月开始，连续组织了 3 次管线设计交底会，协助业主理顺施工顺序。

3　协同设计的应用与效果

(1) 通过设计联络会，暴露出球团、冷轧、自备电厂压缩空气压力不足，冷轧和 LNG 所需氮气纯度不足，LNG 所产富氢尾气和弛放气的再利用、消防水压力不足，自备电厂脱硝/烧结脱硝/球团脱硝所需氨水来源、大发电所需超纯水电导率不足等问题，共同协商解决方案，确实不能解决的提交业主组织专题讨论，及时消除设计漏项和隐患。

(2) 根据各单元提交的用量及时平衡，根据平衡结果协调解决供应不足的问题，如保证 LNG 对高纯水和除盐水的需求，保证焦炉煤气精制对净环水的需要等。

(3) 明确大公辅给各单元工程的供电方式，统筹规划各单元工程给各自红线内其他工程单体的供电方式，使供电结构更合理。比如炼钢工程给环境除尘系统、冶炼分析中心供电，环境除尘系统给炼钢石灰窑供电；原料场给 KZ1 转运站取样设备、火车自动取制样间、原料分析中心、仓库及发货站、3 号门卫、原料场设备维修站、第七服务区供电等。

（4）在设计规范允许的情况下，协调大公辅和各单元工程之间互相借用综合管廊、电缆隧道，既优化了敷设路径又保证了管线布置实用美观。如焦化工程和大公辅之间互相借用综合管廊，各工程和大公辅之间互相借用阀门平台，煤气精制借用 LNG 综合管廊，煤气精制区域围墙和道路的统筹设计等，炼钢工程借用大公辅综合管廊等。

（5）通过三维设计，基本解决了大公辅动力管网上各管线的错、漏、碰、缺。动力管网最高处 20. 5m，共架管道最多处达 18 根，通常约有 10 根管道，管道最大管径达到 4. 2m，一旦设计有偏差补救措施代价很高。

（6）通过三维设计，提前检查出跨中央大街 7 条皮带通廊（4 家设计单位）与公辅架空综合管廊干涉，同时完成了调整方案，协调各设计单位修改设计；通过三维设计，提前将公辅管廊支架基底标高降至临近电缆隧道的基底标高，避免施工不同步导致的重复施工；通过三维设计，提前确定与单元工程各种管道和通廊的标高，基本解决了管线和通廊之间的干涉问题。

（7）通过协同设计，基本解决了大公辅工程与炼钢、球团、烧结工程、高炉、焦化工程临近建构筑物的基础干涉问题。

（8）通过协同设计，基本实现了过路管道预埋套管与道路同步施工，有效控制了顶管施工费用。过路套管约 180 根，顶管施工费按照 3000 元/m 计算，可节约费用约 800 万元。

4 结论

（1）统筹规划全厂主干管网，明确各管线避让调整原则；通过三维设计对各种管道和通廊进行碰撞检查，既提高了工作效率又保证了设计质量。

（2）通过协同设计，基本解决了各工程之间临近建构筑物基础干涉问题、管线通廊之间干涉问题。

（3）三维工厂设计是区别于传统二维设计的一次设计行业的变革，其模型化、数据化的设计思路，能够完整体现一个数字化工厂，可明显提高设计质量和设计的精准性。由于钢铁厂行业工艺复杂程度高、非标设备多，目前能够完全应用于钢铁行业的软件系统还不成熟，另外设计过程中的设计流程需要不断改进，设计上还存在大量的技术、管理方面的问题，需要不断的完善。

节能型稳压膨胀系统在 5100m^3 高炉联合软水密闭系统中的应用

乔　勇

摘　要： 介绍了高炉联合软水密闭循环水稳压膨胀系统原理，并结合山钢集团日照精品基地 1 号 5100m^{3}高炉联合软水密闭稳压膨胀系统设计提出了一种蓄能式稳压膨胀系统。

关键词： 高炉；联合软水密闭循环；膨胀罐；蓄能氮气罐

1　引言

新一代钢铁流程具有高效、低成本、稳定生产高品质钢材的产品制造能力。提高资源、能源的利用效率，实现能源、资源的减量化是新一代钢铁流程的显著特点之一。

1 号 5100m^{3}高炉水冷却系统采用了联合软水密闭系统，设计过程中通过增加独立蓄能氮气罐的方式，既解决了联合软水密闭系统稳压问题又减少了运行中氮气的消耗，实现了系统安全高效、低能耗运行，达到了预期目的。

2　传统稳压膨胀系统工艺流程简介

2.1　稳压膨胀系统工艺流程及组成

典型的稳压膨胀系统工艺流程如图 1 所示。

2.2　系统组成

（1）膨胀罐。高炉软水密闭系统设置的膨胀罐的主要功能：用来吸收工作介质因温度变化膨胀而增加的那部分体积，并通过充入膨胀罐上部氮气的膨胀、压缩、排气功能，保证整个管道中的压力波动保持在一定设计范围内，不会因管路过长或少量缺水等原因造成压力大幅度波动。

通常膨胀罐罐体分为上罐体和下罐体两部分，采用不同直径的圆型容器，上部罐体通常直径较小，以增加系统渗漏时液位变化的幅度，提高液位反应的灵敏度；下部罐体通常直径稍大，保证一定的调节容积，系统出现较大泄漏时，通过

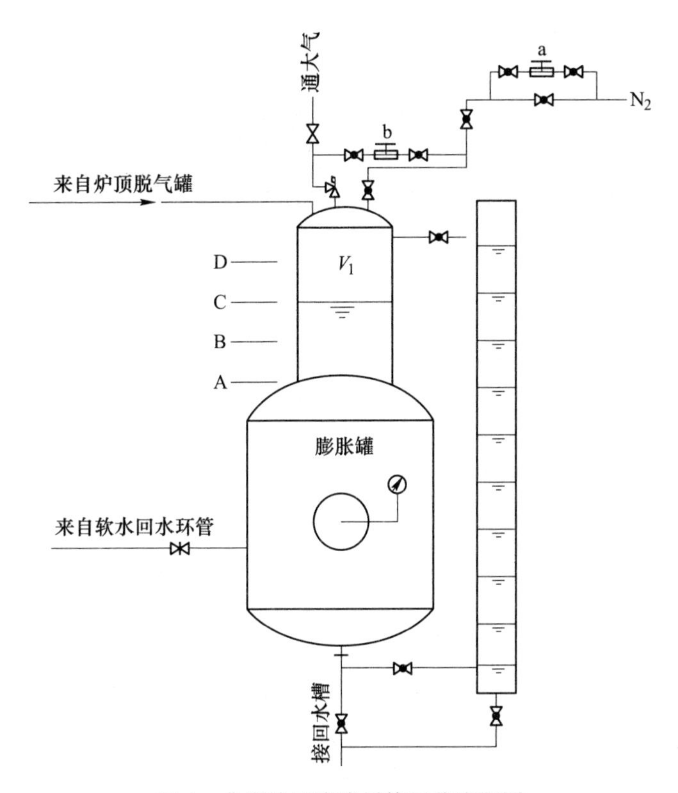

图 1　典型稳压膨胀系统工艺流程图

消耗下部罐体存水，为操作人员采取措施赢得时间。

（2）罐体附件。磁翻板液位计用于生产过程中现场膨胀罐实时液位的现场指示，通常在膨胀罐磁翻板液位计处设置工业电视，信号送主控楼和综合泵房PLC 系统，进行实时液位监视，并与远传压力信号进行比对，以确认膨胀罐当前液位状况。

电磁阀 a、b 的主要功能：膨胀罐液位在 B、C 间波动过程中，通过电磁阀 a、b 的启闭，向膨胀罐内充、放氮气，实现软水密闭系统氮气背压调节，并保证膨胀罐一个补水周期内罐内压力波动不大于 0. 05MPa。

2. 3　稳压膨胀系统典型控制原理

2. 3. 1　膨胀罐的水位控制

膨胀罐的液位控制工作原理如下：

（1）A 点为超低水位，向高炉软水循环水供水泵房发出紧急补水要求并启动紧急补水泵组。

（2）B 点为正常低水位，向高炉循环水供水泵房发出正常补水要求并启动正常补水泵，一直补水到液位 C 点，即正常高水位，停止补水。

（3）C 点为正常高水位，发出停止补水信号。

（4）D 点为超高水位，向高炉值班室发出灯光、音响信号，通知值班人员远程打开膨胀罐下部溢流放水阀，直到正常高水位，停止放水。

2.3.2 膨胀罐压力控制

膨胀罐正常工作时，要求操作压力波动不大或维持设定值不变。正常操作条件下，随液位由正常高水位下降到正常低水位时，膨胀罐内气体空间不断增大，压力不断降低，当低于设定值时，自动打开补气阀（DN25 电磁阀 a）补气；当压力达到设定值时，关闭补气阀 a；当膨胀罐的液位达到正常低水位时，开始补水，随着液位上升，气体空间减小，压力不断回升，当压力超过设定值时，自动打开排气阀（DN25 电磁阀 b）排气，使压力维持在高低设定值范围内。

3 存在问题

（1）传统稳压膨胀系统工艺相对简单，两次补水操作过程中电磁阀 a 会频繁启闭，导致电磁阀 a 使用寿命不高。而电磁阀一旦损坏，系统稳压膨胀的功能彻底丧失，稳压膨胀系统必须从软水密闭系统中退出运行并更换电磁阀，导致稳压膨胀系统在线工作率不高，维护工作量较大。

（2）由于两次补水操作过程中电磁阀频繁启闭，导致电磁阀使用寿命不高。而电磁阀一旦损坏，存在高炉炉顶中压氮气（0.6~0.8MPa）直接注入膨胀罐上部腔体，将引起高炉软水密闭循环水系统压力短时急剧升高，严重威胁高炉软水密闭系统运行安全。

（3）上部背压氮气体积 V_1 偏小，根据理想气体状态方程（克拉佩龙方程）$PV=nRT$；$P_1V_1=P_2V_2$ 可知，一个补水周期内，在水位逐渐从 C 点下降至 B 点的过程中，气体体积变化 ΔV 与 V_1 比值较大，导致压力变化 ΔP 较大，为实现稳压要求，必须频繁的低压补气和超压排气，既引起压力波动又造成氮气资源的持续损耗，增加了运行成本。

4 节能型稳压膨胀系统工艺流程简介

节能型稳压膨胀系统工艺流程如图 2 所示。

4.1 稳压膨胀系统工艺设计创新

通过以上分析，要实现稳压膨胀系统的安全、稳定、可靠运行，必须大幅降

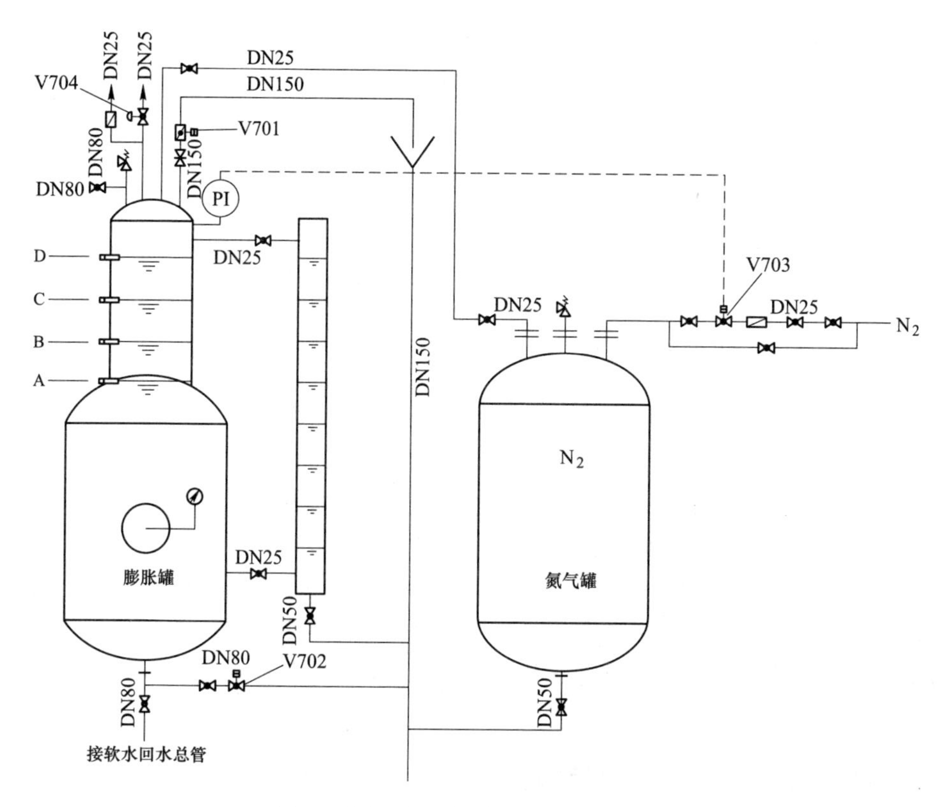

图 2 节能型稳压膨胀系统工艺流程图

低稳压膨胀系统一个补水周期内补气和排气的次数，甚至不进行补气和排气操作。

依据理想气体状态方程（克拉佩龙方程）可知：

$$P_1V_1 = P_2V_2 \tag{1}$$

$$P_1V_1 = P_2(V_1 + \Delta V)$$

$$\Delta PV_1 = P_2\Delta V$$

$$\Delta P = P_2\Delta V/V_1 \tag{2}$$

由式（2）可知，当膨胀罐调节容积 ΔV 一定时（即上部筒体直径一定，B、C 间液位波动范围一定），压力波动 ΔP 的大小与膨胀罐上部背压氮气的容积 V_1 成反比，即 V_1 越小，一个补水周期内压力波动值 ΔP 越大；反之，V_1 越大，一个补水周期内压力波动值 ΔP 越小。

在工程设计中增加氮气蓄能罐一只，氮气蓄能罐与膨胀罐上部气室联通，实现大幅增加 V_1 的目的。

日照精品基地项目 1 号 5100m^{3}高炉软水密闭系统膨胀罐上部桶体直径 1.2m，B、C 之间距离 1m，若系统全封闭，一个补水周期内上部气体的体积变化 ΔV 为

1.13m³，根据 ΔP 与 V_1 的关系得到的曲线如图 3 所示。

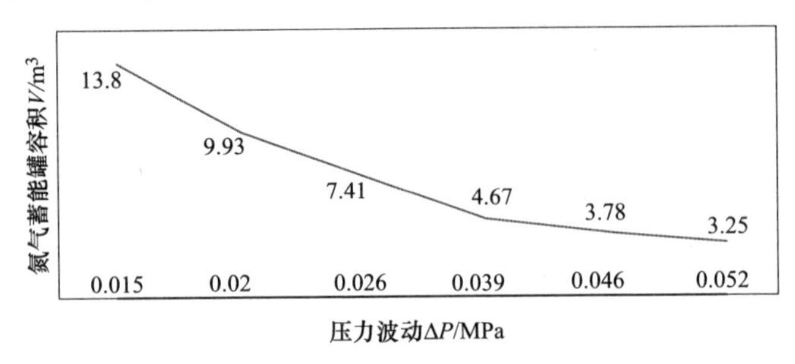

图 3　ΔP 与 V_1 关系曲线

由图 3 可以看出，当膨胀罐上部气体部分串接一只 10m³ 蓄能氮气罐时，膨胀罐液位在 B、C 之间反复波动时，即使不做任何充气和排气动作，压力波动也只有 0.02MPa，完全能够满足高炉软水密闭系统稳压要求。

因此该工艺可以实现在单一一个补水周期内，维持压力波动值在很小范围内，并且氮气补压系统不必动作；只有当系统恢复高水位且罐内气体部分压力不满足背压设计值时，才对系统采取补气动作。该补气动作既可以由主控室人工手动，也可以自动操作，补气操作频率低。

4.2　稳压膨胀系统压力控制创新

膨胀罐正常工作时，要求操作压力波动不大于某一设定值或维持设定值不变。

正常操作条件下，液位由 C 点（正常高水位）下降到 B 点（正常低水位）时，若膨胀罐上部气腔气体压力低于 0.18MPa，则自动打开氮气罐自动补气气动球阀（V703），向膨胀罐内补充氮气，直到罐上部气体压力达到 0.20MPa，关闭氮气罐自动补气气动球阀（V703）。

当液位处于 B 点（正常低水位）时补水泵组开启后，液位由 B 点（正常低水位）上升到 C 点（正常高水位），补水完成后，自动调压球阀（V704）会自动调节阀门开关并保证阀前压力控制在 0.18MPa 以下，若调压失灵，上部氮气压力高于 0.25MPa，则上部安全阀起跳泄压，此种情况下若上部氮气压力持续升高至 0.3MPa，则开启膨胀罐紧急排气、排水气动蝶阀（V701）并在控制室内发出灯光、音响报警，值班人员应及时采取措施干预。

5　结论

山钢集团日照精品基地 1 号 5100m³ 高炉联合软水循环密闭系统投入运行 5 个

月，投产以来系统运行状况良好，炉顶稳压膨胀罐氮气背压值维持在0.15~0.17MPa之间，波动范围0.02MPa，炉顶氮气罐自动补气气动球阀（V703）两周动作1~2次，动作频率极低。

山钢集团日照精品基地1号5100m³高炉联合软水密闭循环稳压膨胀系统，通过膨胀罐上部背压氮气部分串接一只10m³蓄能氮气罐的方法，实现了在单一一个补水周期内，不做任何充气和排气动作的前提下，压力波动保持在0.02MPa的设计目标值，既满足了压力波动参数要求，降低了阀门动作的频率，大大提高了稳压膨胀系统的可靠性，同时也减少了因频繁排气导致的氮气消耗，节约了运行成本。

参考文献

[1] 张雪敏．自动控制技术在高炉炉顶膨胀罐上的应用［J］．安徽冶金，2007.
[2] 王芴曹，等．钢铁企业给水排水设计手册［M］．北京：冶金工业出版社，1986~2002.

高炉大数据云平台应用技术

万　军，马向魁

摘　要： 主要介绍了高炉智能化生产系统采用的感知与控制技术，研究了工业大数据的架构形式，对大数据云平台的具体功能应用进行了分析，以实施效果预测了这一技术适应国家智能制造的良好发展趋势。

关键词： 大数据；信息物理；感知层；数据挖掘

1　概述

工业大数据是智能制造的关键技术，其主要作用是贯通物理世界和信息世界。按照《关于深化制造业与互联网融合发展的指导意见》《中国制造 2025 发展规划》等重要指导文件的要求，日照钢铁精品基地特大型高炉采用炼铁信息物理系统（CPS）作为大数据平台的基本架构，从工艺领域的实际操作需求和生产管理出发，结合先进感知、工业互联网、云计算等技术进行体系化建设，将以经验为主的传统炼铁工业过程转化为智能工业生产模式。

高炉大数据平台具有智能化生产与管控的多层功能，包含 6 个控制区域、17 个生产子流程和 3 层控制结构。

控制区域分为原料、本体、铁/渣、煤气处理、能源、环境除尘。控制层包括过程检测层、基础控制层、过程控制层。

2　感知与控制层先进技术

过程检测与基础控制作为感知与控制层，为大数据平台提供准确的测量信号和精准操作。过程检测目标涉及温度、压力、流量、物位、重量、位置以及成分分析，采集变量数千点，智能化仪表百余套。数十套基础自动化控制子系统覆盖全部工艺操作流程。过程检测与基础控制不仅满足工艺控制、能源及环境监测要求，而且为生产单元大数据平台的建设奠定了数字基础。日照钢铁精品基地高炉在配置传统成熟的仪表检测基础上，增加了以下先进监测技术。

（1）基于三维导热方程的炉底、炉缸耐材侵蚀模型，对耐材导热系数进行精准反计算，优于传统的基于二维传热方程的侵蚀模型。此模型是基于国内首例高炉实体解剖，综合考虑三维传热、非稳态、考虑渣铁壳凝固潜热、气隙/环裂等异常诊断知识库，经过大量高炉破损调研和实践的检验，针对不同高炉的设计结构、耐材布置开发的模型，此模型成功预测了酒钢 1 号、2 号高炉、包钢 4 号高炉的炉缸耐材侵蚀残余厚度，如包钢 4 号高炉模型计算的剩余耐材厚度为 640mm，高炉解剖后实际测得剩余厚度在 610~700mm，及时预警并避免了炉缸烧穿事故。

（2）E 网到底的水温差、热负荷检测系统。采用精度 0.05 级的高精度数字化传感器，数据采集通过以太网传输，比传统的总线式系统的传输速率、准确度大大提升；采用高精度的电磁流量计对流量进行检测，并将温度、流量检测数据融入到模型中，更精准地计算出热流强度，判断炉墙厚度，指导调整水量。

（3）采用了高炉炉顶红外摄像系统。在炉内有无可见光的情况下均可将料面及上部区域的热图像清晰地传送至主控室的屏幕上，可清晰观察到炉内温度（气流）分布、溜槽悬挂状态、溜槽运行状况、溜槽下料情况、溜槽磨损程度等情况，还可在线监测料面区域任意点的温度，有效解决了传统炉顶成像清晰度低、层次不明显，可以看到溜槽在运动，但是无法看清溜槽的磨损程度，无法真正精准监测料面的实时温度的问题，对高炉料面分布、料层燃烧、气流分布层情况、炉内偏料、塌料情况进行实时观察，为高炉操作人员准确提供炉内信息。

（4）采用了 3D 激光雷达技术。对炉顶溜槽倾角、溜槽内壁参数、溜槽悬挂点、炉体各部位尺寸及炉容、炉缸尺寸、机械探尺零位、十字测温对不同料线的料面影响等参数进行检测和校核；根据高炉装料制度的实际需求，对焦炭极限角、矿石极限角、料流轨迹、料面形状、宽度、节流阀开度与料流量等布料参数精准测量；经过校核发现溜槽中控反馈值与实测值最大偏差 0.64°，最小偏差 0.33°，平均偏差约 0.5°，数据一致性较好，溜槽倾角基本准确；根据计算结果，高炉初始炉型各段实测与设计值偏差很小，设计比较准确，高炉总体积为 5558.92m^3，工作容积为 4256.22m^3，有效容积为 5047.26m^3，本次开炉共进行了 17 次料面扫描，并生成精准布料模型，为高炉顺利开炉、为开炉至今的精准布料提供了全面数据支撑。

（5）采用了先进的铁水连续测温系统。连续、准确显示出铁全过程的铁水温度及变化过程，使工长可以准确掌握炉缸热状态水平及变化趋势，及时发现炉缸大量下生料（渣皮脱落）等异常状态，实时显示铁口工作状况，及时发现铁口跑煤气、卡焦、铁水喷溅等异常现象，准确控制堵铁口时间，利用图片回放检查以往出铁作业情况，解决了传统铁水测温劳动强度大，高温、粉尘干扰，单点断续测温，温度数据滞后，无法监控铁口实时状态等问题。

(6) 采用了一体化铁沟温度检测系统。铁沟温度测点的布置更合理，采用带弹簧压紧装置的热电偶，电偶检测端与检测部位可靠压紧，检测更精准，能及时准确反映出铁沟侵蚀状况并预警，为避免出铁沟烧穿事故提供了数据支撑。

(7) 采用基于全色谱分析的炉顶煤气成分分析系统。与传统的红外或激光分析系统相比，此系统可以对煤气进行全组分分析，具有稳定性、灵敏性高等优点，对精确计算炉内物料平衡和热平衡、监视炉内漏水情况提供了准确数据，对高炉的高效、顺行提供了技术支撑。

(8) 采用了编码电缆对料槽卸料小车进行精准定位。实现了料槽的无人值守，减少了人工和劳动强度，实现了减员增效。

(9) 采用了高炉鼓风、冷风的湿度检测和炭水分含量实时在线检测。对入炉的水分进行准确检测，为高炉操作调整入炉燃料配比、调节炉况提供了可靠数据。

(10) 采用了热风炉管系测温系统。对热风管道的安全起到了监测预警作用，保障了生产安全。

将这些先进系统的数据接入高炉大数据平台，在平台上对数据进行处理分析，通过模型计算分析，将这些数据的价值最大化转化成指导生产的科学依据，切实实现了高炉降本增效、顺产顺行。

3 高炉大数据平台架构

通过高炉大数据平台采集过程监控数据和管理信息，从以业务功能为核心向以数据互联为中心升级信息系统，架构统一的数据平台，消除数据孤岛、统一数据标准、使数据结合生产过程有序流动起来，实现物质流、能源流、信息流的真正融合。

3.1 系统硬件架构

硬件系统由数据库服务器、应用服务器、交换机、工程师站、操作员站等组成。数据库服务器经交换机利用以太网和 OPC（或 Data-link）通信技术与高炉基础自动化系统服务器、高炉管理信息系统（生产管理、检化验、ERP 等）服务器对接，系统架构示意图如图 1 所示。

3.2 软件系统架构

软件系统由数据处理平台、高炉数学模型数据库、调度服务程序、数据采集模块、数据入库模块、模型计算模块、客户端程序组成，系统架构如图 2 所示。

软件系统以数据处理平台为核心，通过数据采集模块实时采集相关数据并缓

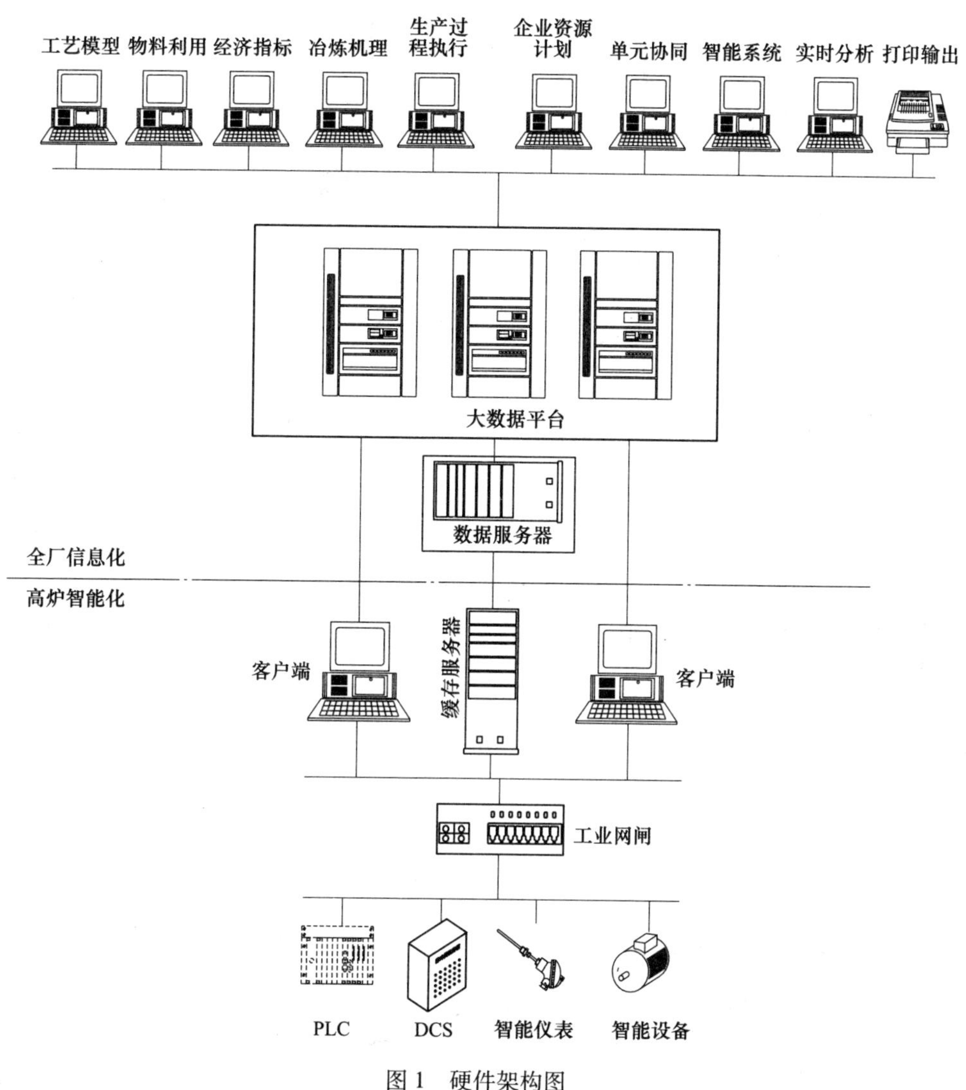

图1 硬件架构图

存，包括基础自动化系统的数据、上位机串口采集到的数据、生产调度数据、检化验数据、MES 系统数据等。发送管道消息给后台调度服务模块，由后台调度服务模块统一调度数据入库模块建立数据库。数据处理平台根据模型计算模块、统计查询模块、客户端程序和其他系统的需求访问数据库服务器，实现业务逻辑层与数据库的有效隔离。

数据平台采用实时数据库+关系数据库的存储方式，结合高炉实际工况，定制开发高炉数据模型，为高炉操作调整提供技术支撑，实现高炉的安全、长寿、高效和顺行。并采用 Web 方式进行展示，与铁前信息化系统无缝融合。

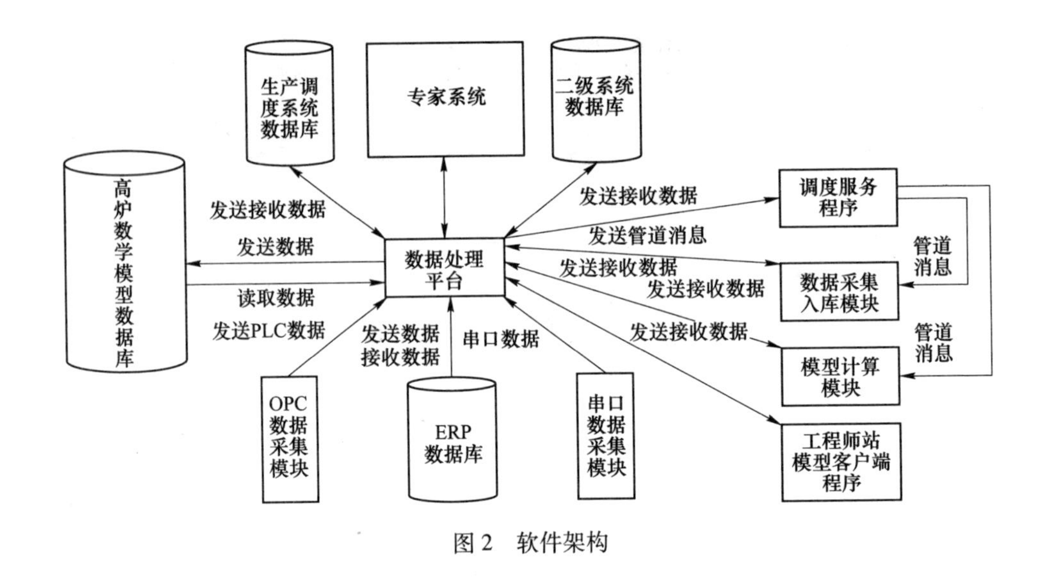

图 2　软件架构

4　高炉大数据平台应用

除了采用常规高炉专家系统及二级系统获取存储各种生产、检化验实时数据外，大数据平台还实现了生产过程的操作指导、作业管理、数学模型开发、数据处理、各种档案统计记录、APP 发布等功能。

主要功能模块为高炉安全预警模块、高炉物料及能量利用模块、高炉冶炼工艺模块、高炉生产管理模块（大数据挖掘）等。

4.1　高炉安全预警模块

高炉安全预警模块主要包括高炉水温差热负荷精准检测和智能预警模型、高炉炉缸炉底侵蚀在线监测预警模型、高炉煤气流分布在线监测模型、高炉风口小套检漏在线预警模型、热风炉管系安全状态监测预警模型，对高炉炉底炉缸耐材侵蚀情况和渣铁壳变化炉内气流分布的均匀性、风口小套的安全状态、热风管道的安全状态进行实时分析预警，确保高炉安全长寿。

4.2　高炉物料及能量利用模块

高炉物料及能量利用模块主要包括 Rist 操作线模型、优化配料模型、物料平衡模型、热平衡模型等 8 个模型，可根据高炉设计参数自动绘制整体炉型；自动计算炉身、炉腰、炉腹、炉缸各部位容积；能够针对开炉以及休、复风过程，自动计算不同批次炉料装入对应的高度、渣铁成分以及矿焦比。

高炉物料及能量利用模块提供了原燃料的人机输入界面，自动从信息化系统获取各种检化验数据，并依据数据库设计自动将原燃料信息分类存储；自动计算铁水成分、炉渣成分；自动计算理论渣、铁产量；依据设定的炉渣碱度和铁水硅含量以及成本、成分、性能进行自动优化配料，实现物料收入、支出项自动计算统计等。

高炉物料及能量利用模块通过自上而下机理建模掌握本质，提炼数字化布料制度、操作炉型管理标准，实时判断物料及能量利用状态，实现自身挖潜，引入基于机理模型的对标方法，明确降成本潜力，建立各高炉、全铁厂冶炼成本模型，统筹规划，保持原料—造块—炼铁工序目标一致，降低冶炼成本。

4.3 高炉冶炼工艺模块

高炉冶炼工艺模块主要包括操作炉型模型、料面跟踪模型等5个模型，可实现开炉所需布料参数的测试和数据库建立，发布日常布料炉内实际料面模型；采用三维激光雷达进行料面检测，精准判断黑箱内布料实绩，进一步消除干扰信号后可实现在线闭环控制；跟踪高炉炉型变化及炉缸状态变化指导生产；优化高炉渣系，监控炉缸状态，优化鼓风，根据对高炉状态的分析，实时给出专家指导意见；建立高炉炉况诊断知识库及推理机，以机理模型汇总为主，以主元分析以及神经网络等人工智能方法为辅，实现对高炉异常炉况的实时诊断、预警及优化建议。此外还可实现燃烧过程优化及自动控制，热风炉无扰换炉等。

4.4 高炉生产管理模块（大数据挖掘功能）

炼铁计划管理模块：获取生产调度系统对铁水质量的要求等信息，按照标准设定提示设置，对生产过程中超出标准的次数进行统计和对比；自主定制报表、自动生成分析系统。

大数据采集存储平台实现冶炼过程重要数据采集、滤波、清洗、存储：出铁及检化验信息管理。大数据展现平台实现工长操作曲线管理、趋势组显示管理、历史趋势曲线查询、冷却壁、炉缸温度饼图管理、炉体热负荷流强度界面管理监控等。大数据挖掘平台实现单体高炉的纵向深度大数据挖掘，不同类型高炉的横向深度大数据挖掘。

自寻优及机器学习和炉况识别预测模型：建立主元分析机器学习模型，实现机器自我学习，自学习正常炉况标准，对异常炉况进行提前预测和防范。

行业级炼铁大数据平台接口：为高炉预留行业级大数据平台接口，利用全行业数据开展指标分析。

高炉生产管理模块可实现对管理、技术、操作人员的分级管理和定制报告自动生成及云分发，通过大数据挖掘实现工长画像、班组画像、高炉画像等，并且基于机理模型提炼关键指标，形成和完善行之有效的 KPI 管理机制。

以炼铁大数据平台为载体，以智能工厂建设为目标，推动了“中国制造 2025”智能制造在日照钢铁精品基地的落地。

5　高炉大数据云平台应用效果及发展趋势

应用高炉大数据平台已经可以稳定实现铁水 Si 变化趋势预报命中率在 90%以上，炉况异常诊断准确率 80%以上；铁水成本自动核算、自动优化配料等功能随着数据积累与摸索也逐渐成熟；高炉大数据平台技术及先进感知与控制层技术的应用，保障了山钢日照 5100m^3高炉的稳定顺行、指标提升，截至目前，高炉平均利用系数 2.11t/(m^3·d)，风温：1239℃，燃料比：492kg/t，与全国 5000 级高炉（宝钢、湛江、沙钢、京唐）对比，指标领先。

高炉大数据云平台以海量数据作为支撑，采用机器学习和人工智能等先进分析工具，实现了一代乃至几代炉役的高炉长寿及安全操作。自主定制的智能化操作界面和数据统计分析功能，完全替代传统的人工收集数据方式，将人力资源的智力优势最大化、高效化，极大地降低操作人员数量。此项技术在特大型高炉系统上的应用既适应了国家智能制造的大趋势，也是实现多座高炉集中管控、云诊断的根本保障，作为钢铁智能制造的关键技术和实施途径，在国内外高炉生产智能化领域具有领先地位。

参 考 文 献

[1] 程子建，高建民，赵宏博，等．炼铁大数据智能互联平台在酒钢的应用［J］．世界金属导报，2017，46：B02.

[2] 王水刚．热像仪在高炉料面温度检测中的应用［J］．宝钢技术，2009（5）：61~64.

[3] 薛庆斌．三维激光扫描技术在高炉料面测量中的应用［J］．炼铁，2016（3）：56~59.

智能化铁钢包管理技术

万　军，刘学秋

摘　要：主要介绍了采用汽车运输铁水方式的铁钢包调度系统在界面技术中的应用特点，研究了系统主要功能以及智能化感知技术的实施，基于应用效果预测了这一技术在钢铁领域的广泛发展趋势。

关键词：智能化；界面技术；定位与跟踪；信息物理

1　概述

钢铁生产流程中原料、炼铁、炼钢、连铸、轧钢等主体工序之间的衔接-匹配、协调-缓冲技术及相应的装置，可以统称为界面技术。铁钢界面技术即围绕铁-钢生产流程及操作工序展开，实现生产过程物质流、能量流、信息流的衔接、匹配、协调。铁-钢、钢-铸界面属于钢铁生产流程中的高温段，这一阶段冶金原材料的消耗以及高温铁水、钢水的温度损失也相对较大。铁钢包管理技术对减少钢铁生产流程高温段的物料损耗、温降，促进生产流程整体运行的稳定、协调和高效化、连续化，具有特别重要的意义。日照精品钢基地项目采用短流程汽运铁水方式，将铁水包作为铁水运输的载体，利用汽车从高炉出铁口转入转炉炼钢或铸铁机；在转炉炼钢车间，钢包作为钢水运输的载体，利用行车从转炉转入精炼、连铸工序。

铁钢包的管理涉及 MES、物流运输、计量等多个业务管理部门，实现从高炉出铁口一直到炼钢区域的铁钢包运输、跟踪、调度的全面管理。管理对象涉及铁包、铁包运载汽车、行车、钢包等，实现铁钢包管理上的“纵向到底，横向到边”“一包到底”的全流程智能化管理，提高精细化管控水平。

2　铁钢包管理系统功能

2.1　系统框架

按数据处理流程和功能确定的系统框架如图 1 所示。

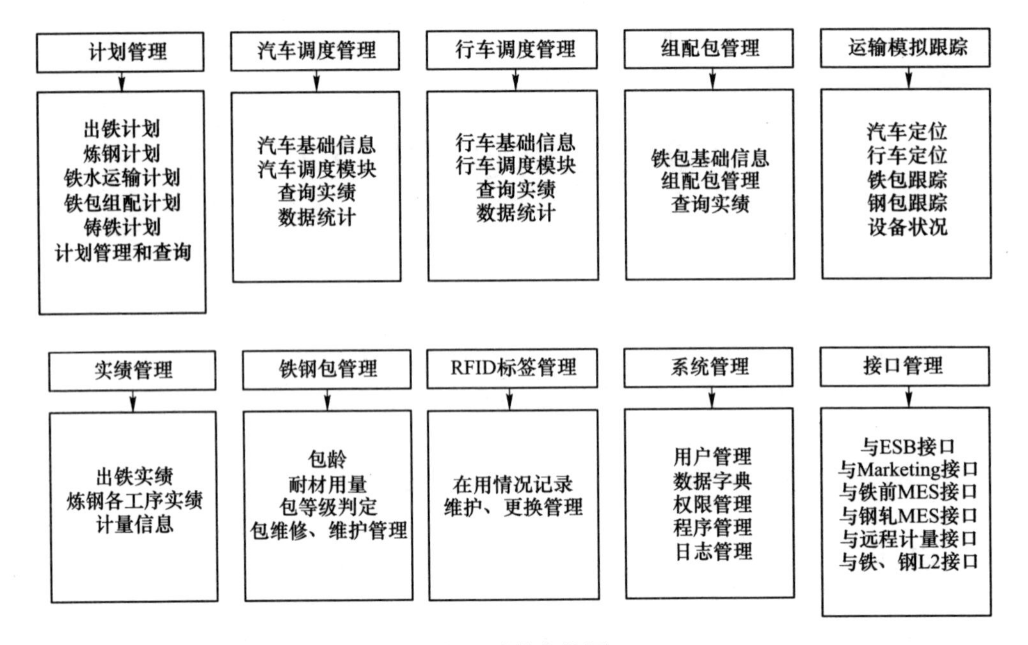

图 1　功能架构图

2.2　主要系统功能介绍

2.2.1　计划管理

计划管理流程如图 2 所示。

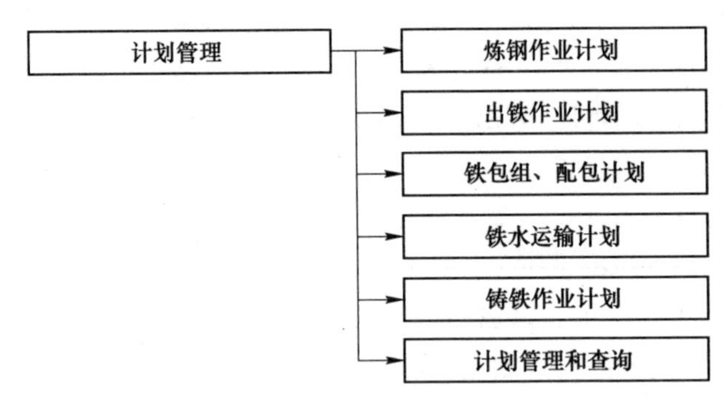

图 2　计划管理流程

作业计划通常按月、按日进行编制，目的在于保证铁钢包运输组织有序可控、铁钢协同稳定运行。计划人员根据铁水产量、炼钢需求、运输车辆、行车状况、包状况、成本等因素综合考虑，编制作业计划并及时跟踪和调整，并可对计划进行多条件查询。

2.2.2 汽车调度管理

汽车调度管理流程如图 3 所示。

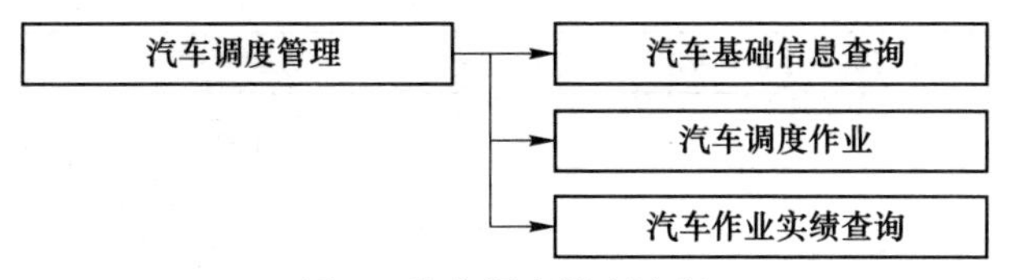

图 3 汽车调度管理流程

汽车调度管理模块负责汽车调度作业以及作业实绩的查询、汽车基础信息的查询。

2.2.3 行车调度管理

汽车调度管理流程如图 4 所示。

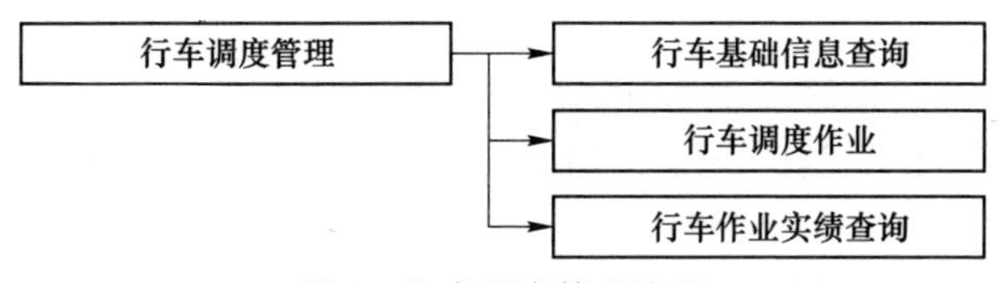

图 4 汽车调度管理流程

行车调度管理模块负责铸铁车间、炼钢车间行车调度作业，以及作业实绩的查询、行车基础信息的查询。行车调度管理是铁钢包运输的关键环节，此部分调度功能由钢轧 MES 发送工序作业路线到工位，本系统负责执行，并按照路线优先、空车优先等原则系统自动向行车车载终端发送行车作业调度指令。

2.2.4 组、配包调度管理

组、配包管理流程如图 5 所示。

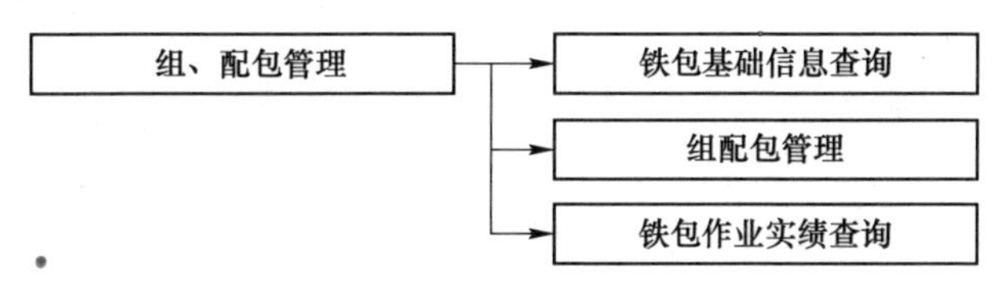

图 5 组、配包管理流程

计划员根据铁水产量、炼钢需求、运输车辆、行车状况、包状况、成本等因素综合考虑，编制作业计划并及时跟踪和调整，并可对计划进行多条件查询。

根据组、配包计划，结合包实绩，编制铁钢包调运管理，主要功能是实现铁钢包的自动调度、自动上线、自动下线等动态管理。

2.2.5　铁钢包全生命周期管理

钢铁包管理流程如图6所示。

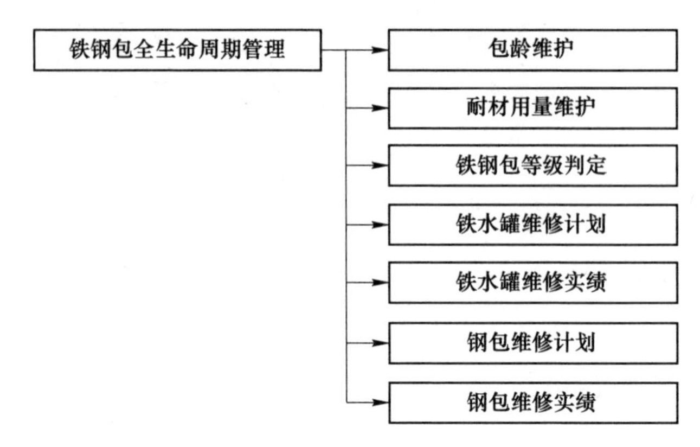

图6　钢铁包管理流程

铁钢包全生命周期管理主要针对包龄、耐材用量、包等级判定等进行管理，并制定铁钢包维修计划及记录维修实绩。

3　定位与跟踪技术

3.1　汽车运输跟踪

铁包跟踪系统采用了传感器技术和物联网技术将基础级、过程级和管理级系统无缝集成，共同完成炼钢需求计划→计划接收→高炉出铁计划下达（铁调）→配铁包→铁包受铁→铁水转运→铁水脱硫（或铸铁）→铁水计量（根据工艺流程配置，也可能在脱硫工序前）→炼钢铁水兑入→铁包空包返回→空罐计量→热铁包周转待用、维修或下线的铁包调度和转运全过程，支撑铁钢"一包到底"创新工艺。

对每辆铁包运输车辆安装一套GPS/北斗定位系统，实现对车辆的运行轨迹跟踪；结合RFID标签识别，实现对铁钢包的连续跟踪。结合厂区地图的道路信息，可以实现比较精确的行驶轨迹跟踪，定位精度小于5m。沿途采取无线网络覆盖，保证无线网络完全覆盖车辆活动区域，保证数据接收准确、可靠。

车载终端接收调度任务，图像化方式显示，司机可非常直观地获悉任务路线和自己所处的实时位置。采用无人化操作时，远程也能及时获取运输汽车（铁包）的位置，实时了解运输任务完成情况，预估任务完成的时间，使调度作业达到最细、最精确。

3.2 铁钢包实时跟踪

铁钢包实时跟踪系统基于RFID的高温罐号识别技术。RFID系统包括阅读器、耐高温电子标签和应用软件系统三部分[1]。RFID的工作原理：阅读器将要发送的信息经编码后，加载在某一频率的载波信号上，经天线向外发送，进入阅读器工作区域的电子标签接收此脉冲信号，卡内芯片中的有关电路对此信号进行调制、解码和解密，然后对命令请求、密码和权限等进行判断[2]。铁包安装耐温达到600℃的高温电子标签，已经超过国际知名RFID标签制造商Omni-ID耐高温标签225℃的限度，达到行业内国际领先水平。从铁包受铁开始，RFID准确记录铁包运输铁水过程（包括铁水至炼钢和铸铁机）。铁包的RFID识别跟踪为关键节点位置跟踪（定位精度可到毫米级），汽车的卫星定位跟踪为全流程跟踪，但主要应用于室外跟踪，在出铁口、炼钢厂等厂房内位置跟踪精度较差，甚至失效，将铁包与汽车进行关联绑定，就可以取长补短，实现铁包的全流程运输过程的精确跟踪监控，包括运输位置、铁包状态、铁水重量、关键作业节点等信息的记录，采用图形化界面，实现铁包的动态连续跟踪定位。

铁钢包跟踪系统主要包含铁包定点跟踪和铁钢包运输跟踪。铁钢包定点跟踪主要完成铁钢包在工位和关键节点位置的跟踪。铁钢包运输跟踪主要完成铁钢包在运输途中的连续跟踪定位。

在工位和关键节点位置安装高温罐号识别主机。当有铁钢包在某个工位作业时，该工位的识别主机将自动识别并上传该作业包号，从而实现铁钢包的工位跟踪。在关键节点位置的跟踪也是如此，运输汽车和铁包经过时，自动识别铁包和汽车上标签，通过无线网络上传车号和铁包号。

耐高温标签如图7所示。

图7 耐高温标签

3.3　行车精准定位技术

采用编码电缆实现定位与跟踪，检测绝对地址，定位精度可达5mm，耐粉尘和高温环境，是实现行车无人化操作的关键保障技术。过跨车、工艺车用于在炼钢车间各跨间运输钢包（空包或重包），过跨车位置信息由炼钢基础级自动化系统提供。工艺车不需要定位，系统需要记录钢包对应的工艺车号。

编码电缆定位系统的检测原理如图8所示。

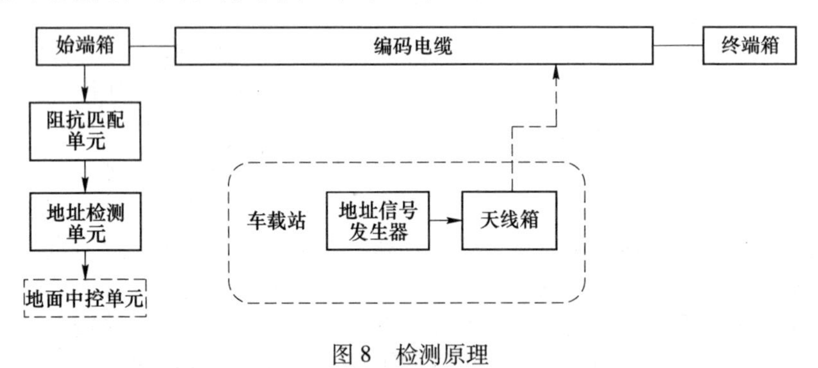

图8　检测原理

4　铁钢包管理技术的应用与发展趋势

4.1　技术应用效果

（1）图形可视化。可显示铁包、钢包、汽车、行车当前位置。

（2）工艺进度跟踪。可跟踪每道工艺进度情况，如出铁、途中运输、烘罐、修理等。

（3）运输资源状态监控。运输车是在运行还是空闲状态，铁包、钢包是空包还是满包，各工位是在生产还是空闲等。目前共有铁包32个，在线运行的铁水包共计26个；钢包24个，在线运营20个。

（4）多功能智能报警。如空包或满包时长报警、烘罐时长报警、铁包和钢包维修预警等。

（5）铁钢包包号自动扫描录入。在炼钢和高炉关键路径设置包号扫描识别系统，自动扫描录入包号。

（6）自动匹配运输车与铁包的编组、铁钢包和行车的匹配、铁钢包和工艺车辆的匹配。

（7）油耗监控。通过在汽车油箱内安装液位传感器，实时监测油箱的状态，并上传相关数据，远程监控汽车的油耗情况，形成油耗实绩。

（8）铁水温度变化查询统计（通过输入或采集铁水温度）。

（9）铁包、钢包单包运行轨迹查询；各工位生产历史数据查询统计。

（10）根据指定轨迹（指定起点和终点）的生产和行车情况的查询统计。

（11）智能生产调度，可提供最优的调度参考方案。

（12）设备网络连接自动判断、设备出错报警。

（13）准确控制出铁量。由于已经实现铁水包跟踪识别，故调度系统可以将铁水需求分配到每一个铁水包。配合铁水包 3D 扫描仪、高炉出铁口铁水液位计，实时采集铁水液位信息，可实现对每一炉炼钢原料铁水重量的准确控制。目前山钢日照公司采用的铁水包规格为 230t，可实现控制误差在±1t 以内，达到国内同行业领先水平，为智能炼钢创造了良好的原料控制条件。具体计算方式如下：每炉铁水需求重量假设为 W_i，该重量即为目标控制倒铁量，根据扫描后的铁水包内部三维结构图，可以求出该重量下对应的铁水高度 h_i，h_i 即为铁水包倒铁水的目标高度。

（14）建立铁水“一包到底”调度平台。为铁包和汽车的正常生产调度提供可靠的数据支持，配备紧急调度方案。

（15）与铁区 MES 系统、计量系统、炼钢 MES 系统等系统实现数据衔接。

（16）采集行车的位置信息、重量数据、铁包钢包号，采集废钢槽、铁包、钢包进出工位的时间等信息，发送到主控系统实时跟踪。

（17）获取生产计划数据，优化生成吊运作业指令序列，并在车载显示屏进行显示发布等。

（18）将吊运作业实绩无线数据传至地面并写入 MES 炼钢调度数据库。

（19）动态画面实时显示行车的准确位置和正进行的操作，辅助调度实现可视化管理。

（20）行车操作数据实时采集记录。

目前，日照精品基地智能化铁钢包管理系统总体运行时间已经接近 2 年，该技术应用以来，系统在线作业率达 98%，调度准确率达 99.9%，每罐铁水运输过程减少温降 1.8℃以上。每罐钢水运输过程减少温降 1.2℃以上，除新上线钢包外，红包出钢率达到 100%，经济效益显著。

4.2 技术发展与推广前景

《中国制造 2025》指出，智能制造的主要目标包括大幅度提升生产效率和资源综合利用率，大幅降低运营成本和不良品率。绿色制造的主要目标包括使产品从设计、制造、使用到报废的全生命周期中对自然环境的影响降到最低，使资源利用率最高，能源消耗降到最低。在传统钢铁冶金流程中，铁钢包管理属于铁-钢、钢-铸界面中监控管理的薄弱环节，日照精品基地智能化铁钢包管理技术实现了对铁包、钢包、铁水、钢水等方面的数字化管理，解决了上下工序间协调运作、生产信息及时传递、质量信息与生产紧密结合的问题，促进了生产管理综合平衡职能的发挥，使得生产全局得到整体优化，在提升生产效率、降低运营成本、提高资源利用率、降低能耗等方面作用明显。

随着工业互联网、大数据、人工智能等先进技术与实体制造经济的融合，铁钢界面技术的研究和应用得到快速发展，主要方向包括：

建立信息物理系统（CPS）架构的铁钢大数据互联平台是实现铁钢工序智能制造的根本途径，通过完善铁钢界面技术中感知和控制层的信息采集并确保动作可靠执行，利用大数据平台的自学习功能和人工智能等分析工具，对数据进行计算和挖掘、反馈，建立界面管理的机理模型，为自动调度系统的实现打下坚实基础。

采用先进的物流仿真、建筑仿真工程软件，例如 Tecnomatix Plant Simulation 等，对铁-钢各类生产工况进行仿真验算，理顺物质流，优化工艺流程和总图布置。

在智能网络技术和大数据云平台技术的支撑下，铁钢包智能管理系统融合工业物联网技术实现铁钢界面生产过程中的各类装备、控制系统和信息系统的互联互通，以及物料、产品与人的无缝集成，最终实现无人化操作、智能化管理的目标，作为钢铁智能制造的核心技术将得到更为深入的实践和推广。

参 考 文 献

[1] 刘在春，朱正海，袁威，等．钢包自动跟踪定位系统开发与设计［J］．宽厚板，2016（8）：38.

[2] 刘冠权．铁包跟踪系统在炼铁生产中的应用研究［C］．北京金属学会第八届北京冶金年会获奖论文集，2014（12）：537.

焦炉单孔调压自动控制系统设计与应用

李锐锋，仇旭辰，赵 欣

摘 要：介绍单孔调压自动控制系统在焦炉项目中的设计与应用，单孔调压系统由意大利PW公司与山东省冶金设计院有限公司联合设计，并首次在国内投入使用。本系统采用全自动化控制，在装煤和结焦过程中对炭化室内的压力进行连续调节，结焦过程始终保持碳化室微正压，显著降低焦炉在生产过程中的污染物排放，达到节能环保的目的。控制系统采用国际品牌，控制器冗余配置，保证系统的稳定可靠。单调控制系统、焦炉控制系统与大车协同PLC通信，完成装煤、结焦、出焦全过程自动控制。

关键词：焦炉单孔调压；全自动控制；节能环保

1 引言

当今社会倡导创新、协调、绿色、发展理念，钢铁行业同样要跟随时代的步伐，做到技术创新、绿色环保、可持续发展。当前国内大多数焦炉没有采用对碳化室压力控制的措施，在焦炉生产过程中荒煤气泄漏对环境造成严重污染，违背可持续发展、绿色环保的要求。本文介绍的焦炉单孔调压自动化控制系统，引进国外先进技术，通过对焦炉上升管压力控制，保持炭化室微正压，可减少对环境的污染，达到绿色环保的效果。

2 工艺流程及控制原理

焦化生产线工艺流程：原煤由备煤系统配料后输送到焦炉，煤料采用顶装料方式，煤料在炭化室内经过一个结焦周期的高温干馏炼制成焦炭和荒煤气。推焦机将焦炭推出炭化室经拦焦机进入熄焦车并经干熄焦后送筛储焦系统。煤干馏产生的荒煤气通过单孔调压阀、集气管送煤气净化系统处理，部分煤气回送焦炉加热用，剩余煤气外供作燃料或其他用途。

单孔调压系统作为环保设备，其工作原理按照工作时间段分为装煤段、炼焦段。装煤段：单调阀全开，对炭化室形成最大的负压，装煤过程中产生的烟气由集气管吸走，单调系统取代原有的装煤除尘系统。炼焦段：炼焦时，上升管压力设定值分段逐级上升[1]，单调系统通过对每个上升管底部压力控制，使得炭化室保持微正压，进而避免炉门、上升管封盖、炭化室和燃烧室之间荒煤气的窜漏，同时避免结焦末期空气从炭化室底部的吸入。

3　控制系统组成

焦炉单孔调压自动化控制系统采用集电气、仪表、计算机（即三电）于一体的自动化控制系统，主要面向生产过程，完成生产过程的数据采集和初步处理、数据显示和记录、数据设定和生产操作，执行对生产过程的连续调节控制和逻辑顺序控制。通过人机接口界面进行人机对话、修改过程参量并改变设备运行状态，对其控制的生产过程进行监视和控制、监控画面带操作记录，并将重要数据存储在历史数据库里保存。

控制系统主要由 PLC 硬件及软件组成。硬件配置采用施耐德昆腾系列 PLC、CPU 冗余、网络冗余、24VDC 电源冗余，确保系统的可靠、稳定。上位机监控站采用当前主流配置工控机。系统软件采用 WINDOWS 7 操作系统、施耐德 UNITY 编程软件和施耐德 CITECT 监控软件。

在焦炉单调 PLC 室设置冗余 PLC 系统，I/O 采用远程站模块化分布式 I/O 系统，完成系统所有参数的数据采集及过程控制。

PLC 现场控制站与 HMI 监控站之间以及 PLC 与 PLC 之间均采用 100Mbps 工业以太网 TCP/IP 协议通信；单调控制系统与焦炉 PLC、四大车协同 PLC 通过以太网进行数据通信。

4　控制功能描述

4.1　单孔调压控制方式及功能

本系统控制方式包括 HMI 手动控制、自动控制、自动优化控制。

手动控制：上位机画面直接设定阀门开度，按照生产需要设置开度，一般为生产非正常状态下使用。

自动控制：根据上升管底部压力设定值控制阀门开度，使压力保持稳定。压力设定值分为上位机直接设定和结焦过程分段设定，结焦过程压力分段设定是根据结焦过程中产生的煤气量不同，分段控制上升管的压力。

单调阀时序如图 1 所示。

自动优化控制：在自动控制基础上，根据压力控制阀门开度，不同阀门开度设置不同的 PID 参数，达到更加优化的控制效果。

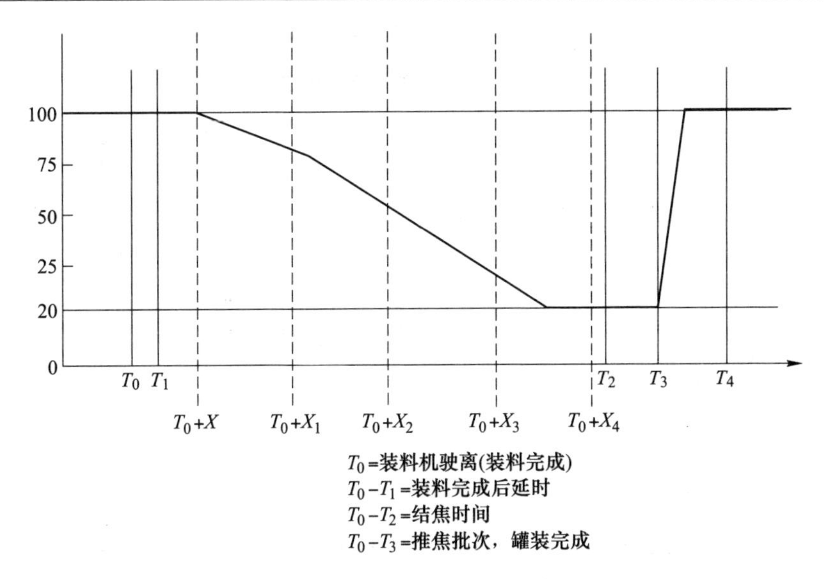

图 1　单调阀时序

4.2　单孔调压系统协同工作

单孔调压系统与焦炉控制系统及四大车协同 PLC 系统一起协同工作，完成装煤、结焦、出焦过程的数据通信及信号交互。

具体过程如下：

（1）装煤过程。协同 PLC 发出装备申请信号，单孔调压 PLC 控制单调阀全开；焦炉 PLC 控制上升管水封盖关闭，隔离阀打开，提高集气管抽力；协同 PLC 对装煤车 PLC 发出开始装煤信号。

（2）结焦过程。协同 PLC 发出装煤结束信号给单调 PLC，按设定时间延时，单调阀进入工作状态，按照设置的压力开始调节阀门，使炭化室压力一直保持微正压到结焦末期。

（3）出焦过程。当炭化室结焦时间完成，准备出焦时，协同 PLC 发出出焦请求，焦炉 PLC 打开上升管水封盖，并关闭隔离阀，协同 PLC 对出焦车 PLC 发出出焦命令；出焦结束后，协同 PLC 发信号给单调 PLC，单调阀打到全开，等待下一个工作流程。

单调阀控制流程如图 2 所示。

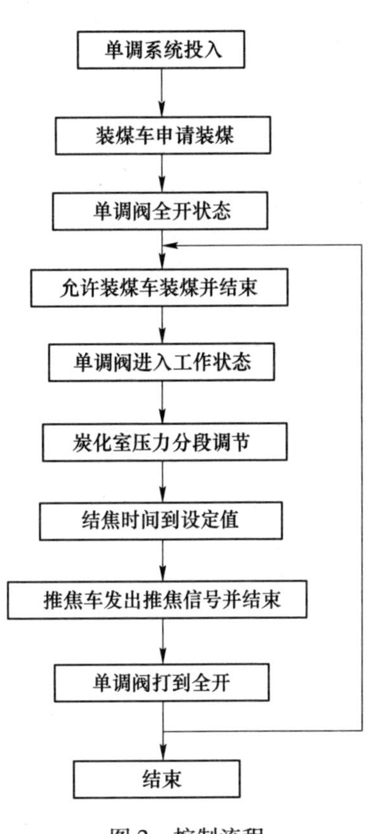

图 2　控制流程

5 应用效果

2 号焦炉自试生产以来，焦炉生产顺利，产量达标，产品质量合格，各生产指标良好。图 3 所示为单个炭化室结焦过程（28～30h）上升管压力控制曲线，可以看出，各段控制阀门反应及时、压力平稳。

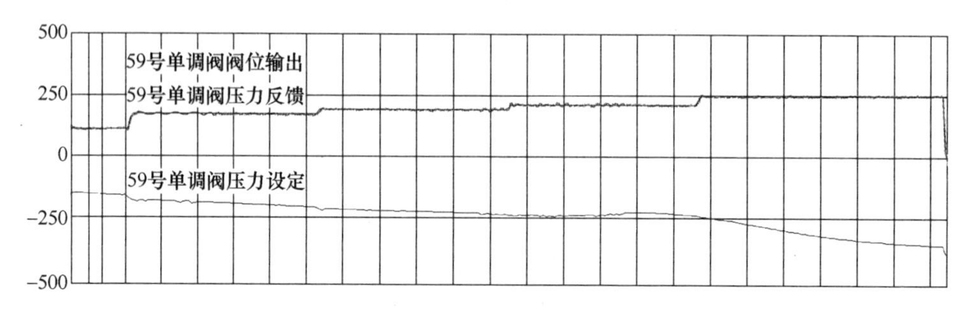

图 3 碳化室压力趋势曲线图

采用单孔调压系统与没有采用该系统的传统焦炉对比，该系统的优点如下：

（1）采用单调系统，可以实现集气管负压装煤，替代装煤除尘站，减少投资。

（2）焦炉结焦期间炭化室压力得到有效控制，防止压力过高烟气外排对环境污染，单座 58 孔焦炉每年减少荒煤气逸散量约 400 万立方米。

（3）结焦末期，单调系统控制炭化室压力为微正压，有效地防止了压力过低，空气吸入，有利于延长炉门等设备的寿命。

6 结束语

焦炉单孔调压系统是一套创新的环保技术，单孔调压在线控制技术真正解决传统焦炉由于荒煤气窜漏产生的环境污染问题。在国内钢铁企业可持续、绿色发展的大背景下，焦炉单孔调压系统将会有非常广阔的应用前景。

参 考 文 献

[1] 王秀娟. 单炭化室压力调节系统在焦炉中的应用 [J]. 电工技术，2014 (8).

预应力原煤筒仓设计

田思方，董太平，高卫国，张春光，孙光跃

摘　要：大直径储料筒仓在今后钢铁行业的煤储配中势在必行。焦炉工程的原煤筒仓直径21m、高50m，仓壁采用了部分预应力混凝土结构，取得较好的效果。介绍了筒仓的发展历史和筒仓的结构划分，并以焦炉备煤工程原煤筒仓为例，详细介绍筒仓结构各部分的选型及原因。基础采用桩基梁结构，为合理选择桩型，对不同的桩径分别验算，确定采用1500mm的桩型；仓下支承体系采用筒壁+内柱+大开洞剪力墙结构形式，减小仓底梁跨度，增大检修空间；仓底采用平板加混凝土空心砖填料方式；仓壁采用部分预应力混凝土土结构，有效控制仓壁竖向裂缝的产生，增强结构的耐久性，通过一步筒仓工程的实际效果来看，该工程的选型均优于传统的筒仓设计，不但保证了筒仓的耐久性，经济指标也令人满意。同时简单介绍了筒仓的电算过程和预应力作用的施加方法，为今后的筒仓电算设计起到借鉴作用。

关键词：筒仓；结构选型；预应力混凝土；经济指标；电算

1　前言

筒仓是储存散装料的直立容器，是生产企业调节、转运、储存物料的设施。筒仓相对于其他设施，具有无可比拟的优点：（1）占地面积小；（2）密闭性好；（3）维修费用少；（4）使用年限长；（5）物料损失少；（6）运行方式简单；（7）保护环境。

我国的筒仓建设较晚，上海水泥厂的圆形筒仓建于1922年。新中国成立后，筒仓建设有了较快的发展，1977年，贵州省盘江矿务局老屋基选煤厂建成第一座有黏结预应力万吨级筒仓。1983年，唐山丰润热电厂建成电力系统第一个后张法无黏结预应力万吨级储煤筒仓。20世纪90年代初，随着后张法无黏结预应力技术的不断完善，筒仓的建设水平有了大步跨越，1992年山西大同云岗矿选煤厂建成国内第一座直径40m的储煤筒仓。现在，后张法无黏结预应力技术已在工程建设中普遍使用，筒仓向着大储量、重荷载、高重心发展，最大直径已经达到120m。

习惯上一般把万吨级容量的筒仓称为大型筒仓，大型筒仓在电力、煤炭、化工、港口储运、粮食等行业中均有广泛的应用。随着国家对环保的重视，近几年大型筒仓开始在钢铁行业的原料储配中大量使用。本文以焦炉储配一体化原煤筒仓工程为例，就大型筒仓的设计进行系统介绍。

2　大型筒仓结构的划分

通常把筒仓结构分成仓上建筑物、仓顶、仓壁、仓底、仓下支承结构（筒壁及柱）及基础等六部分（图 1）。

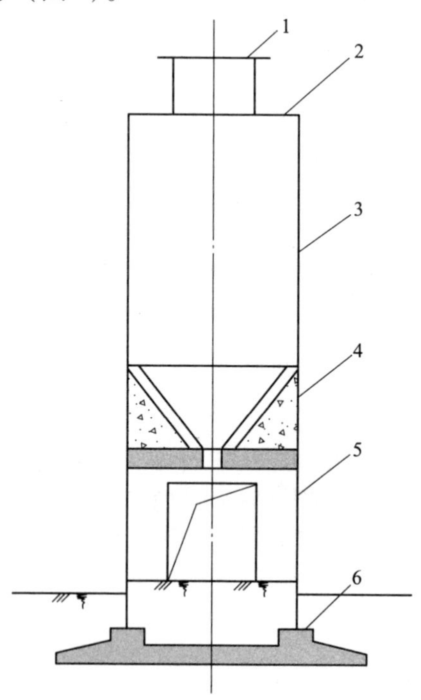

图 1　筒仓结构示意图

1—仓上建筑；2—仓顶；3—仓壁；4—仓底；5—仓下支承结构；6—基础

仓上建筑物，是指仓顶平台以上的建筑物；仓顶是指仓顶平台及与仓壁整体连接的结构；仓壁是指直接承受储料水平压力的竖壁；仓底是指直接承受储料竖向压力的结构，由平板、梁板式结构加填料及各种壳体形成的漏斗等结构组成；仓下支撑结构是指仓底以下的筒壁、柱子或墙壁，是仓壁、仓底和基础之间起承上启下作用的支撑结构；在仓底和基础之间起承上启下的作用；基础是指筒壁、柱子或墙壁以下的部分。图 1 所示为筒仓结构划分示意图。

3　焦化备煤工程原煤筒仓的设计

3.1　工程概况

原煤筒仓工程，直径 21m，仓顶标高 50m，仓壁高 40m，储料重 10000t。仓底标高 9.8m，仓底设 6 个双曲线漏斗，±0.000m 地面在双曲线漏斗下方设两条皮带运输机。仓顶设置 2 台重式卸料小车，卸料小车荷重为 50t，工艺要求支撑卸料小车的梁挠度不得大 20mm；除尘系统在仓顶设置移动通风槽，通风槽与卸料小车联合机动运行，为保证 2 个设备正常运转，支撑移动通风槽的桁架水平位移不得大于 20mm。

该工程距离海岸线约 200m，属于海岸环境中的轻度盐雾区；工程的东北面为 1 号、2 号焦炉，北面为烧结厂区，属于工业大气环境。复杂的工程环境对结构的耐久性提出了严峻考验。

3.2 筒仓的结构特点

据有关资料统计，筒仓仓底结构和基础钢材、水泥用量通常占整个筒仓钢材水泥用量的 60%以上，其中基础约占 15%~25%，仓底支承结构约占 20%~30%，仓底约占 20%~30%，因此，选用合理的仓底结构和基础形式，是实现筒仓设计经济合理的重要环节。同时，仓壁部分是筒仓的使用功能部分，在储料荷载作用下，仓壁受环向轴心拉力作用，为轴心受拉构件，其结构耐久性关乎筒仓的使用年限和维护费用，严格控制仓壁裂缝是筒仓正常使用的根本。仓顶平台位于标高 50m 处，下部为高大的储料空间，施工工期长、难度大，是工程能否在合理的工期内完成的关键环节。仓上建筑的施工为高空作业，工艺专业对仓上建筑的设计要求与仓顶的结构形式息息相关，也是确保筒仓正常生产运行的前提。

3.3 基础选型

本工程场地的地基上部土层为厚度约 10m 的回填土，填料较为复杂，有强风化~全风化片麻岩、粉质黏土、砂等；下部有淤泥质粉土、粉细砂、粉质黏土、砾砂、强风化~中风化片麻岩等；场区地基液化等级为轻微~中等，地下水位约为-5.0m，场地平坦；场平时表层经低夯击能强夯处理，地勘报告显示为建筑抗震的不利地段。

经初步分析计算，筒仓基底平均压力约 400kPa 左右，天然地基不能满足设计要求，本筒仓选用桩基础，以中风化片麻岩为桩端持力层，根据工程地质情况和施工条件选择钻孔灌注桩。为合理选择桩型和基础形式，分别选取桩径 D=1500mm、1200mm、1000mm、800mm 进行桩基础承载力验算、混凝土工程量计算比较，比较结果见表 1。

由表 1 可知，当采用桩径 D=1500mm 时，总工程量最低，具有更优越的经济性。

表 1　桩型选择对比

桩径/mm		D=1500	D=1200	D=1000	D=800
承载力特征值/kN	单桩竖向承载力	14000	8200	5000	4000
	单仓总桩数	22	34	54	68
	单仓桩竖向承载力	260000	278800	270000	272000
工程量（混凝土用量）比较/m^3	基础形式	桩基-连梁	桩-筏	桩-筏	桩-筏
	单仓桩混凝土量	971	961	1060	854
	单仓承台混凝土量	474	688	664	642
	比值	1	1.14	1.19	1.04

因筒仓结构荷载较大，为保证筒仓基础的整体性和便于桩的布置，当采用桩基础时，上部承台一般为筏板基础，相近类似工程的筏板厚约 2m 左右。在本工程中，基桩采用直径 $D=1500$mm 的钻孔灌注桩，桩端持力层为第 10 层中风化花岗片麻岩，单桩竖向承载力特征值 $Ra=14000$kN，沿筒壁、内墙、仓底支承柱布桩，总桩数为 22 根，仓底支承柱下采用单柱单桩，同时沿筒壁环向、内墙和仓底支承柱设承台梁，形成桩-梁结构，除内墙梁段的单桩为单向拉梁外，其余单桩均两方向设置拉梁。对于设置单向拉梁的桩部位，按单桩竖向承载力的 1/10 作为假想水平力，对拉梁进行刚度和配筋计算，经计算满足要求。桩基础和承台梁平面布置如图 2 所示。

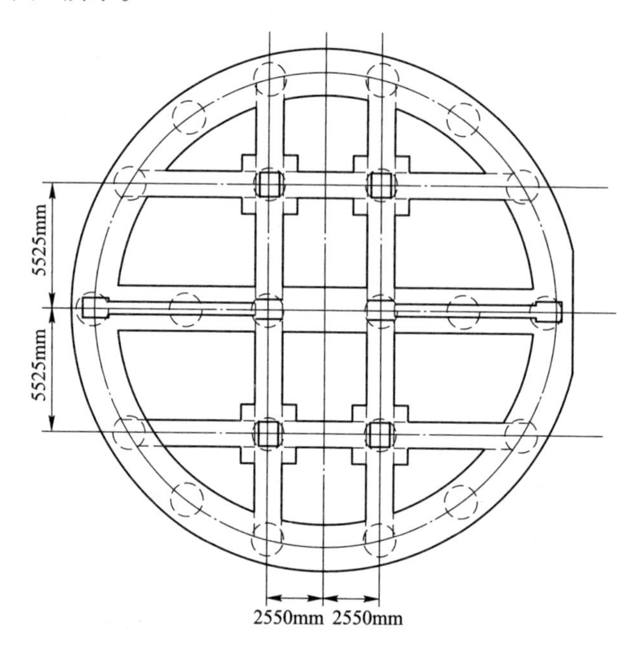

图 2　筒仓基础平面布置

本工程若采用桩筏板基础，基础部分的混凝土量约占筒仓混凝土总量的25%；本工程桩基承台最终选用承台梁的结构形式，基础部分的混凝土量约占混凝土总量的15%，可见经济效果较明显。具体对比见表2。

表2 基础混凝土用量对比表

基础形式	单仓基础混凝土用量/m^3	单仓基础钢筋用量/t
采用厚筏板加环梁	625	63
采用环形承台梁加拉梁	474	53
节省/%	24.2	15.9

3.4 仓下支承结构

传统仓下支承结构布置如图3所示，日照仓下支承结构布置如图4所示。

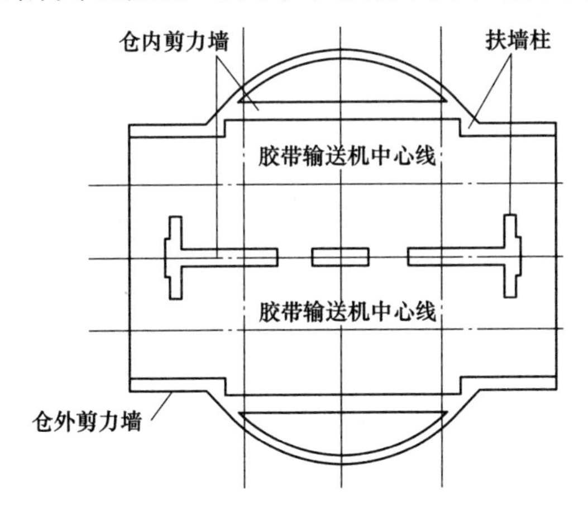

图3 传统仓下支承结构布置

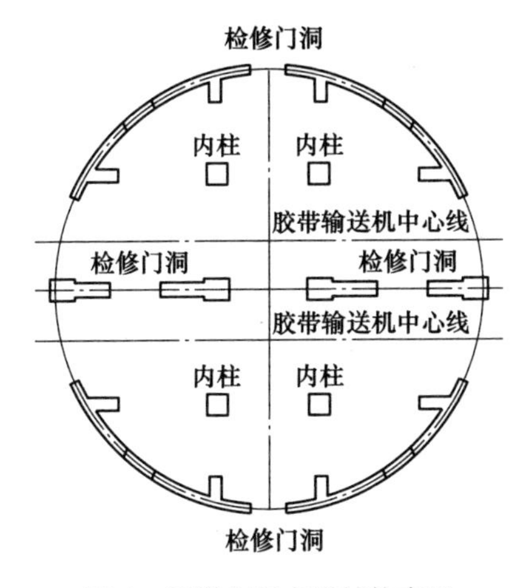

图4 日照仓下支承结构布置

仓下支承结构的选型根据仓底形式、基础形式和工艺要求综合分析确定。仓底结构与仓下支承结构关系密切，仓底结构直接影响仓下支承结构的布置，二者是相互制约、相互依存的关系。

仓下支承结构受工艺专业胶带机开洞的影响，多采用筒壁+剪力墙结构形式，大多沿纵向设置1~3道剪力墙，以补强由于筒壁开洞造成的削弱。本工程在建模计算时发现，胶带机开洞对整个筒仓的振型和刚度影响较小，但对筒壁的局部强度和刚度有较大削弱，故只需对大开洞的边缘进行局部加强。因此，仓底支承结构采用筒壁+内柱+大开洞剪力墙结构形式，内柱用于减小仓底梁的跨度，中间部分布置剪力墙，墙上开设检修门洞，为生产检修提供了便利。

综合以上分析，本筒仓仓下支承结构最终采用筒壁、大开洞内纵墙和内柱共同支承的结构形式，其中筒壁厚度450mm、内纵墙厚度350mm，仓下支承结构布置如图4所示。本筒仓仓下支承结构的混凝土量约占筒仓混凝土总量的22%，在合理范围内且经济性较好，见表3。

表3　仓下支承结构混凝土用量对比

仓下支承形式	单仓混凝土用量/m^3	单仓钢筋用量/t
筒壁+剪力墙结构	1150	184
筒壁+内柱+大开洞剪力墙结构	910	163
比较	节省240	节省21

3.5　仓底结构的选择

据统计，储煤筒仓仓底结构的钢材消耗量占整个筒仓的约25%左右，而且在直径、储量相同的条件下由于仓底结构选型的差异，材料消耗指标变化幅度较大。同时，仓底是否合理，对于卸料的畅通与否影响很大。本工程采用了梁板式支承结构+双曲线漏斗的仓底形式，平板以上部分、漏斗部分采用小型混凝土空心砌块砌筑的轻质填料形成的倒锥体，不但减少了仓底的水泥、钢筋用量，同时加快了施工进度，并在整个漏斗部位铺贴微晶铸石衬板，保证了料流的通畅。

3.6　仓壁结构设计

本工程仓壁高度H=40.2m，筒仓直径D=21m，其高径比为$H/D=40.2/21=1.91$，属于钢筋混凝土深仓。

3.6.1　仓壁结构设计考虑的因素

仓壁结构直接承受储料水平压力，仓壁受力以环向拉力为主，是筒仓正常使用的核心结构，根据本工程所处区域环境，仓壁结构设计考虑以下因素：

（1）相关规范对仓壁结构形式的要求。《钢筋混凝土筒仓设计规范》（GB 50077—2003）3.3.10 条规定："直径大于等于 21m 的深仓仓壁，其混凝土截面及配筋不能满足工艺要求的正常使用极限状态条件时，应采用预应力或部分预应力混凝土结构。"

（2）规范对裂缝控制的规定和区域环境对结构的耐久性的要求。本工程所处环境为大气工业环境和海岸环境，按《混凝土结构耐久性设计规范》（GB/T 50476—2008）要求，本工程环境作用等级为Ⅲ-D 类，即轻度盐雾区，应严格控制仓壁裂缝宽度不大于 0.2mm，以保证仓壁的耐久性。

（3）仓壁受力特点。在储料荷载作用下，仓壁是环向均匀受拉为主的轴心受拉构件，仓壁在上部荷载和自重作用下受竖向压力，其裂缝机理不同于受弯和受压构件，主要表现为在仓壁下部 1/3 范围内均匀出现竖向贯通厚度方向的裂缝，其方向性十分明显，在仓壁环向采用预应力或部分预应力，对减小仓壁壁厚、节省混凝土和钢材用量效果十分显著。

（4）仓壁配筋对施工的影响。仓壁采用普通混凝土结构时，为控制混凝土裂缝小于 0.2mm，本工程仓壁下部所需环向配筋为 C25mm，加上钢筋的搭接及锚固，钢筋净间距很小，钢筋的运输、安放、绑扎十分困难，施工效率大大降低。而采用预应力钢筋时，环向钢筋为钢筋 D14mm@140，预应力钢筋在仓壁中部，仅在锚固端与非预应力钢筋共面，使钢筋净间距变大，绑扎和定位就变得简单的多，从而提供工作效率，也能更好地控制施工质量。

（5）仓壁厚度。当采用预应力仓壁时，仓壁在预加应力作用下，可始终处于受压或无裂缝工作状态，从某种程度可以大大提高仓壁的抗裂度，从而可减小仓壁厚度、提高仓壁的耐久性。

3.6.2 仓壁结构设计

综上所述，筒仓仓壁选择部分预应力混凝土结构，仓壁厚度 300mm，混凝土 C40，采用暗柱式预应力张拉锚固端，预应力筋选用 $\phi R15.2$ 钢绞线。以下是本工程预应力筋的选用和张拉方案：

（1）壁柱的设置。对于不同直径的筒仓，壁柱的个数有所不同，筒仓直径一定时，较少的壁柱将会获得较大的有效预应力。对于直径为 21~60m 的筒仓，一般设置 3~6 壁柱，本工程采用 4 个壁柱，为节省投资和筒仓整体的美观，壁柱采用了壁龛式暗壁柱。筒仓壁柱布置如图 5 所示。

（2）预应力筋的设计。本工程预应力钢筋选用 $\phi R15.2$ 无黏结预应力钢绞线，$f_{ptk}=1860N/mm^2$，$f_{py}=1320N/m^2$，张拉控制应 $\sigma_{con}=0.75\times1860=1395N/mm^2$，包角 180°。钢绞线应符合现行《预应力混凝土用钢绞线》（GB/T 5224—2014）的

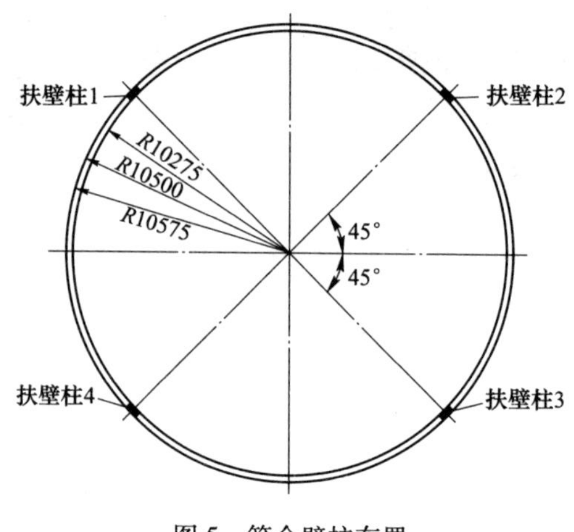

图5　筒仓壁柱布置

要求。

（3）张拉方案。本工程预应力筋长度约32m，小于60m且大于25m，采用两端张拉；预应力筋采用集束配置，布置在仓壁中心靠外侧；沿仓壁高度方向根据仓壁的受力情况布筋；锚具选用夹片式锚具，其技术性能符合现行《预应力筋锚具夹具和连接器》的要求。

（4）采用部分预应力混凝土仓壁，在减小施工难度的同时，也减小部分工程造价。

仓壁经济指标对比见表4。

表4　仓壁经济指标对比

仓壁型式	壁厚/mm	普通水平钢筋设置	预应力钢筋/t	单仓混凝土量/m^3	单仓钢筋梁/t
混凝土仓壁	400	C25@ 85	无	314	96. 5
预应力混凝土仓壁	300	C14@ 150	15	235. 5	21. 3
节省量				79	75. 2

3.7　筒仓的建模电算

在原煤筒仓设计中，采用了整体建模电算。在计算过程中，对空仓和满仓时的振型进行了比较，具体计算结果如图6、图7所示。从图中可见，前两阶频率差别不大，只有在第5阶振型空仓时平台板为竖向振动，满仓为壳体的扭曲振动，由此可见储料对筒仓结构的高振型有一定的影响。

在施加预应力时，采用平均应力法模拟预应力对筒仓的作用，与实际情况更加相符。经过整体电算，计算结果如图8、图9所示。由图可知，水平地震作用对仓壁的环向影响不显著，筒壁上部内力较小且变化均匀，筒壁底部较大的洞口处内力变化较大，因此洞口边缘在一定范围内要采取加强措施。

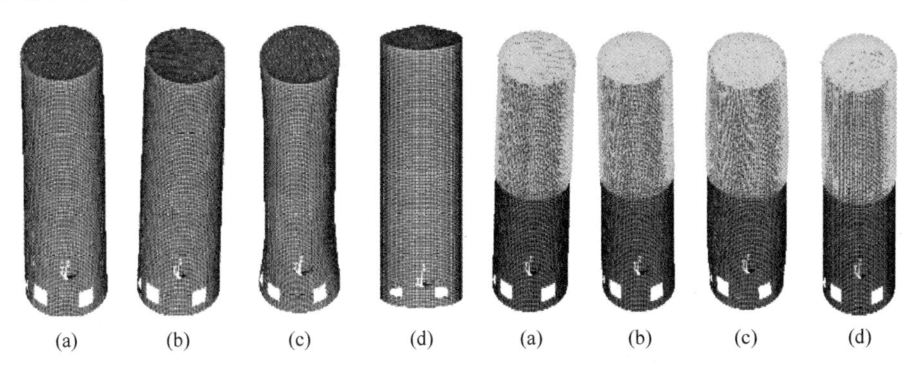

图 6　空仓时筒仓结构的部分振型

（a）1 阶，沿 Y 轴的平动；（b）2 阶，沿 X 轴的振动；（c）3~4 阶，壳体的扭曲振动；（d）5 阶，平台板的竖向振动

图 7　满仓时筒仓结构的部分振型

（a）1 阶，沿 X 轴的平动；（b）2 阶，沿 Y 轴的平动；（c）3~9 阶，壳体的扭曲振动；（d）10 阶，平台板的竖向振动

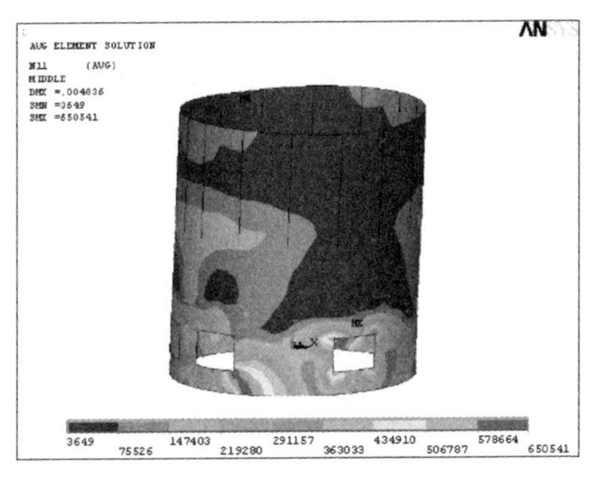

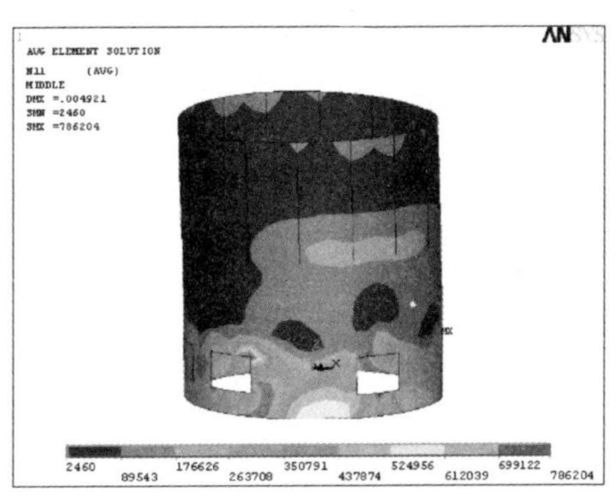

图 8　地震作用下环向内力分布图

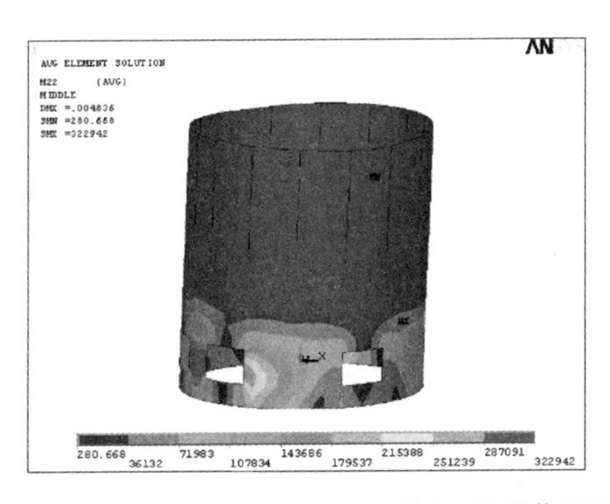

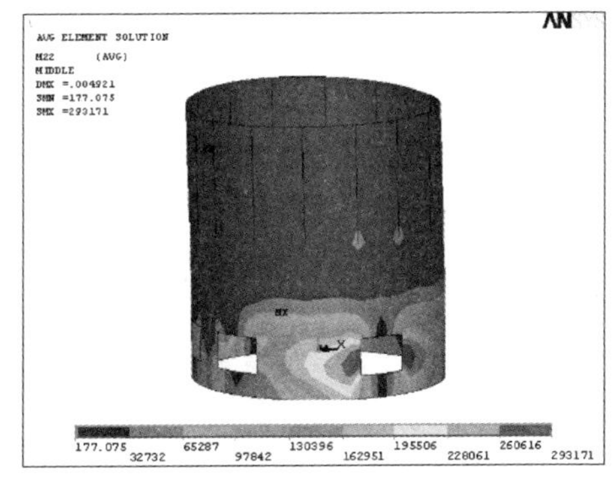

图 9　地震作用下竖向弯矩分布图

4　结束语

本文通过对原煤筒仓的结构选型进行分析，对不同结构形式的设计方案进行了比较，可为今后的筒仓设计起到借鉴作用。

在设计过程中对仓壁形式的经济性进行了比较，当筒仓的直径为 18m 时，普通混凝土仓壁和预应力混凝土仓壁的经济指标持平；当仓直径大于 18m，预应力混凝土仓壁的经济指标要求优于普通混凝土仓壁。

经过一段时间的使用，大型普通混凝土筒仓的仓壁尤其是下部约 1/3 范围内会出现不同程度的竖向裂缝，当出现一定数量的贯通竖向缝后，往往需要采用预应力对仓壁进行加固，由此可见，预应力混凝土仓壁在结构安全方面更优于普通混凝土仓壁。

参 考 文 献

[1] GB 50077—2003. 钢筋混凝土筒仓设计规范［S］.
[2] 贮仓结构设计手册编写组 . 贮仓结构设计手册［M］. 北京：中国建筑工业出版社，1999.
[3] Safarian S S，C. Harris E. 现代工业中后张法预应力混凝土圆筒仓［J］. The Internationnal Journal of Storing and Hadning Bulk Material：bulk soildshanding，1987，5（4）.
[4] 潘立 . 滑模施工混凝土筒仓结构的缺陷原因分析［J］. 土木工程，2013.

烧结主厂房结构方案优化与选型

董经付，王义健，何正波，张　勇，王清华

摘　要：对烧结主厂房的建筑结构进行了分析，就冶金工业建筑工程的特点、生产工艺及建筑平、剖面与结构选型的关系，结合实践进行了探讨。

关键词：烧结机；主厂房；结构方案

1　前言

$500m^2$烧结机为目前国内最大烧结机，该工程位于山东省日照市岚山区工业园区内，地处海边，场地类别为Ⅱ类，环境类别三A，根据《建筑设计防火规范》《钢铁冶金企业设计防火标准》相关规定，烧结主厂房火灾危险性分类为丁类，耐火等级二级；抗震设防烈度为7度（0.1*g*），设计地震分组为第三组；结构抗震等级为二级，安全等级为二级。考虑到海边环境对构筑物的腐蚀性影响，结构主体材料采用混凝土，外部围护结构为压型钢板。

烧结主厂房是烧结工程中重要的一环，在生产工序上，是烧结工程的核心部分。主厂房根据工艺流程可划分为烧结区域和环冷区域，其中烧结区域包含机头区域、机身区域、机尾区域三部分。机头区域为混凝土框架结构，是烧结机的机头位置所在，安装有烧结机机头、顶部料槽、顶部进料皮带、梭式布料车等设备；机身区域为混凝土框排架结构，是烧结机机身位置所在，安装有烧结机台车、小格漏斗、大烟道等设备。机尾区域为混凝土框排架结构，是烧结单辊破碎机位置所在；环冷区域为烧结料冷却设备，其下部为半地下混凝土结构。

2　建筑平、剖面设计

烧结主厂房全长148.30m，跨度19.8m，厂房最大高度48.400m，建筑面积达$11000m^2$。地下一层，地上共8层，各层功能及标高如下：地下一层底标高-4.30m，为环冷机卸料及皮带运输平面，环冷机设备基础中心直径63.00m，环冷机柱脚中间设有环形皮带机通廊，净宽4m、深1.4m；厂房首层为散料及烟道灰收集平面，标高为±0.000m，该层局部有2.200m标高钢平台；二层为大烟道平面，标高 7.000m。大烟道直径为 6.4m、5.4m、4.4m，由机头到机尾逐步减小直径，烟道两侧均设检修钢平台；三层为烟道风箱支管检修钢平台，标高为 14.800m；四层为烧结机安装平面，标高为 19.800m，烧结台车坐于该层平台，平台下侧设有小格漏斗；五层为烧结机操作平台，标高为 25.500m；六层为烧结机混合料、铺底料仓平面，标高为 33.455m；七层为梭式布料机平面，标高为 36.200m；八层为混合料给料机平面，标高为 39.000m。

厂房的墙体维护分为两部分：机头框架楼梯间区域采用烧结机制多孔砖墙体围护，其他区域均采用压型钢板围护。底层设置通长采光带及立转窗，二、三层设置通长采光带，四层设置通长采光带+立转窗，五层设置通长采光带+百叶窗，顶层排架区域设置两道通长采光带。（1）~（3）轴线屋面采用混凝土防水屋面，单坡有组织排水；（4）~（21）轴线为压型钢板自防水屋面，双坡有组织排水，屋顶设成品通风天窗。

厂房机头区域设有一台 16/3.2t 吊车，轨顶标高 45.5m，吊车跨度 15.7m，工作级别 A3；机身及机尾区域设有一台 80/20t、一台 32/5 吊车，轨顶标高 36.0m，吊车跨度 18.3m，工作级别 A3。

各个工作平台之间通过一部客货两用电梯、一部室内消防封闭混凝土楼梯、四部室外消防钢梯连接。

主厂房各区域结构参数见表 1。

表 1　主厂房各区域结构参数

区域划分	结构类型	层数	屋面形式	墙面封闭形式
机头区域	砼框架结构	8	砼防水屋面	砌体封闭
机身区域	砼框排架结构	5	压型钢板自防水屋面	压型钢板封闭
机尾区域	砼框排架结构	5	压型钢板自防水屋面	压型钢板封闭

3　结构方案优化与选型

在烧结主厂房的设计过程中，根据工艺设备要求及环境要求，结合机头、机身、机尾三部分的结构形式，因地制宜，对该结构不同区域的设计方案进行了诸多优化。

3.1　机头区域

该区域为纵向四跨、横向两跨的框架结构。由于烧结机台车的布置，在 19.8m 层以上楼层部分砼柱抽柱，致使出现大跨度结构。

在以往的设计中，机头框架在台车以上抽柱区域采用钢筋混凝土梁来承担漏斗平台，此处梁高度约 2m、梁宽约 0.6m；梁顶处预埋埋件，承担漏斗荷载的钢梁在埋件顶部焊接；顶部梭式布料车平台也采用大跨度混凝土梁板结构。虽然这种设计方式简单明了，但由于此处荷载大、跨度大，致使梁截面较大，在计算时无法满足强柱弱梁的抗震要求；且梭式布料车平台及漏斗平台距离较近，在混凝土梁作用下厂房混凝土柱为短柱受力状态，于抗震不利；同时，两层平台之间层高小、采光弱，形成黑暗区域。

本次设计结合烧结原料及铺底料漏斗的布置，将漏斗支撑梁及顶部操作平台层设计为钢桁架结构，顶层楼面采用 150mm 厚混凝土楼板组合楼面。两个楼层分别作为桁架的上下弦，受力合理，将原受力由受弯转化为轴心拉压受力，且桁架跨楼层，刚度大、用料省，在截面减小的同时，外观优美，采光良好，如图 1、图 2 所示。

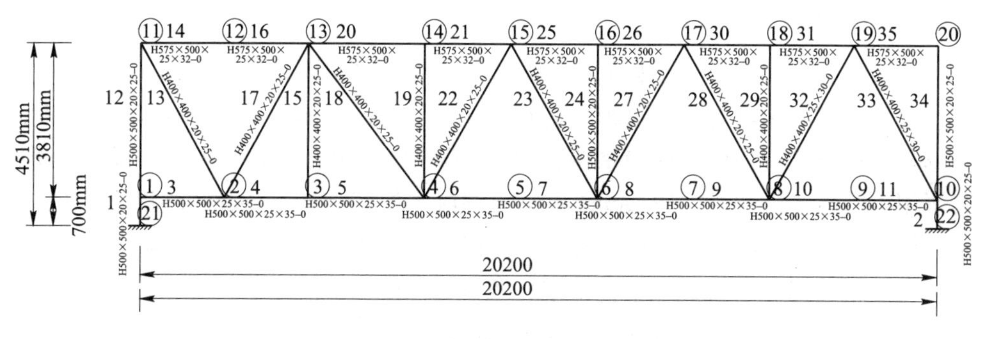

图 1　机头钢桁架构件（m）

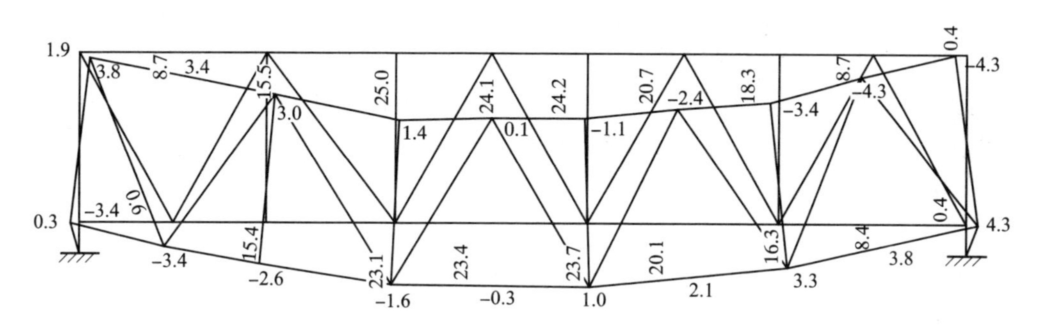

图 2　机头钢桁架位移（m）

3.2　机身区域

该区域为横向两跨的混凝土框排架结构，屋面采用实腹门式钢梁[2]，并采用压型钢板围护。由于机头框架与机身区域的结构类型不同，故在分界处设置抗震缝。机身区域超长，中间设置伸缩缝。19.800m 以下为混凝土框架结构；

19.800m以上为混凝土排架结构。25.500m层为半跨平台，由小柱支撑在19.800m平台上，该层平台大开洞，楼面不连续。无法嵌固上部排架结构。19.800m层为烧结机台车的支撑平台，同时作为上部排架结构的嵌固端，该层留有小格漏斗开洞，为保证楼板的刚性，洞口周围均设砼梁加强，楼板厚度为150mm。7.000m层为大烟道支座点，通过合理的设置大烟道的固定点及滑动点，使大烟道的温度变形极少的影响混凝土梁。烧结机小格漏斗座于烧结机台车底部，传统设计方案为：漏斗通过预埋件吊挂在砼梁底部，预埋件与漏斗通过连接板螺栓连接。该做法施工进度慢，埋件制作烦琐且精度低。本次设计一改传统做法，将小格漏斗直接坐在砼梁顶部，减少了施工难度，加快了工程施工进度。顶层混凝土排架结构纵向设计为框架体系，不再增设柱间支撑[1]。

3.3 机尾区域

该区域为横向两跨的混凝土框排架结构，屋面采用实腹门式钢梁，采用压型钢板围护。机尾区域有烧结单辊破碎机，该设备振动比较大且机尾区域跨度大，为满足使用要求，该区域楼面采用钢梁-混凝土楼板组合结构，混凝土楼面与钢梁采用抗剪连接件连接。19.800m以下为混凝土框架结构；19.800m以上为混凝土排架结构。25.500m层为烧结机台车操作平台。在设计过程中，先后对比了方钢管框排架结构、方钢管砼组合结构、型钢砼框排架结构、钢与砼组合结构等四种方案，结合厂区环境因素及造价成本，最终方案采用钢与砼组合结构。为实现梁柱节点刚接及连接的便利，采取梁柱节点处局部预埋钢骨，使钢梁与钢骨刚接，现场采取固定措施后浇筑砼柱节点区[3,4]。此方案较好地解决了梁柱节点的刚性连接问题，并节省了钢结构的用量。考虑到单辊破碎机操作平台层仅作用检修荷载，操作平台采用轻钢结构。机尾区域设备工作温度较高，温度约800℃，在小格漏斗与钢梁连接处采取隔热措施，保护钢梁。

机尾区域结构方案比较见表2。

表2 机尾区域结构方案比较

结构方案	方钢管框架柱	方钢管砼组合柱	型钢砼柱	砼框架柱（节点区含钢骨）
钢柱用量/t	210	180	115	20
砼用量/m^3	0	210	260	320
费用总计（含钢柱涂装费）/万元	130	130	110	90

混凝土柱子预埋钢骨节点如图3所示。

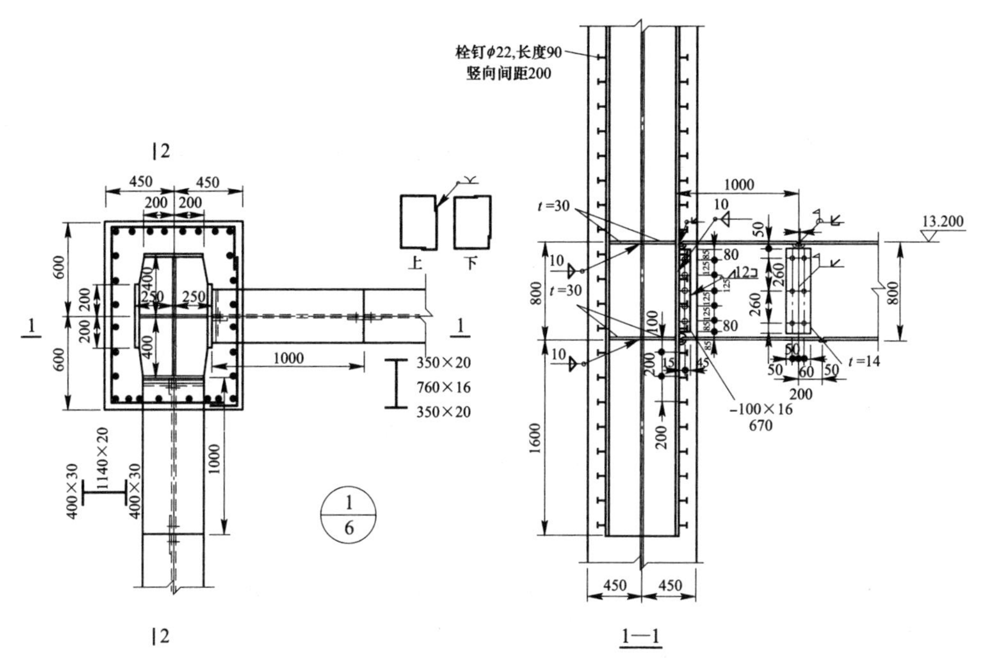

图3 混凝土柱子预埋钢骨节点

4 结语

在烧结主厂房的设计过程中，结合厂区环境因素及工艺设备条件，采取了部分新型结构形式，在优化设计的同时，节省了成本，提高了建设速度。工业建筑结构形式随着烧结生产工艺技术和装备水平的不断创新，以及建筑技术、建筑材料、新型结构的不断进步，必将向大、高、轻方向发展；并将更加注重节约资源和环境保护，最终达到设备大型化、生产现代化、工艺先进化，进而推动工业建筑技术的整体发展。

参考文献

[1] 尹航，张矿三，竖向框排架厂房柱间支撑设计［J］. 山西建筑，2015，41（24）：38~39.
[2] 谷志华. 混凝土柱钢梁结构体系［J］. 土木建筑学术文库，2011.
[3] 吴勇. 某烧结主厂房钢梁-混凝土柱连接节点设计［J］. 工程建设，2012（44）：24~26.
[4] 黄群贤，朱奇云，郭子雄. 新型钢筋混凝土柱-钢梁混合框架节点研究综述［J］. 建筑结构学报（增刊2）.

5100m³ 高炉本体系统结构设计与优化

田思方，景 伟，董经付，董太平，高卫国，刘 丽，孙亦斌，吴占亮

摘 要： 探讨由出铁场、高炉炉体、本体框架、粗煤气系统、电梯等组成的高炉本体系统的结构体系及其整体建模、荷载计算，运用两种计算软件模拟各种工况下的受力状态，合理选择高炉本体系统结构体系，优化高炉结构各系统设计。

关键词： 高炉本体；本体框架；整体建模；优化；经济性

随着国家加快生态文明体制改革，建设美丽中国成为各行业的重要社会责任。响应国家政策，在冶金行业中，5000m³ 以上炉容高炉成为发展方向。因此，对既有的 5000m³ 以上炉容高炉工程进行研究总结具有现实意义。高炉工程中，高炉本体是整个工程的核心，也是整个工程中最复杂的部分。高炉本体各组成部分相互连接，如果将各部分人为分开进行局部建模将不能真实反映它们之间的相互作用，计算精度较低，不适合对大炉容高炉本体结构进行模拟。对高炉本体结构体系进行整体建模，能够较为精确地反映高炉本体各组成部分之间的相互作用，大大提高计算精度，因此就能实现对特大型高炉本体结构更为真实的模拟。

本文进行的研究和相关结论是基于 1 号 5100³ 高炉工程高炉本体结构的整体模型。该座高炉已经顺利投产，运行良好，验证了整体建模的可行性和可靠性。

1 高炉本体建筑结构简介

高炉本体结构包括出铁场、高炉炉体、本体框架、粗煤气系统和电梯系统等。高炉本体结构中，本体框架居于核心地位：本体框架通过特殊的构造与高炉炉体实现连接，并共用筏板基础；通过上升下降管及除尘器与粗煤气框架相连；通过多道水平支撑与电梯井框架相连；还与出铁场的屋面相连，出铁场屋面的荷载传递到本体框架。高炉本体的平立面图如图 1、图 2 所示。

其中出铁场为单层钢筋混凝土框架平台，平台上为单层钢结构框排架厂房，该厂房的屋面系统构件局部与本体框架相连。

高炉炉体为圆筒形薄壁壳体结构，由下到上分为炉缸、炉腹、炉腰、炉身和炉喉五部分，每部分直径不一致，平滑过渡，炉壳的顶标高为▽49.900m。其中底部炉壳内壁直径为 18.690m，坐于高炉基础耐热基墩上。

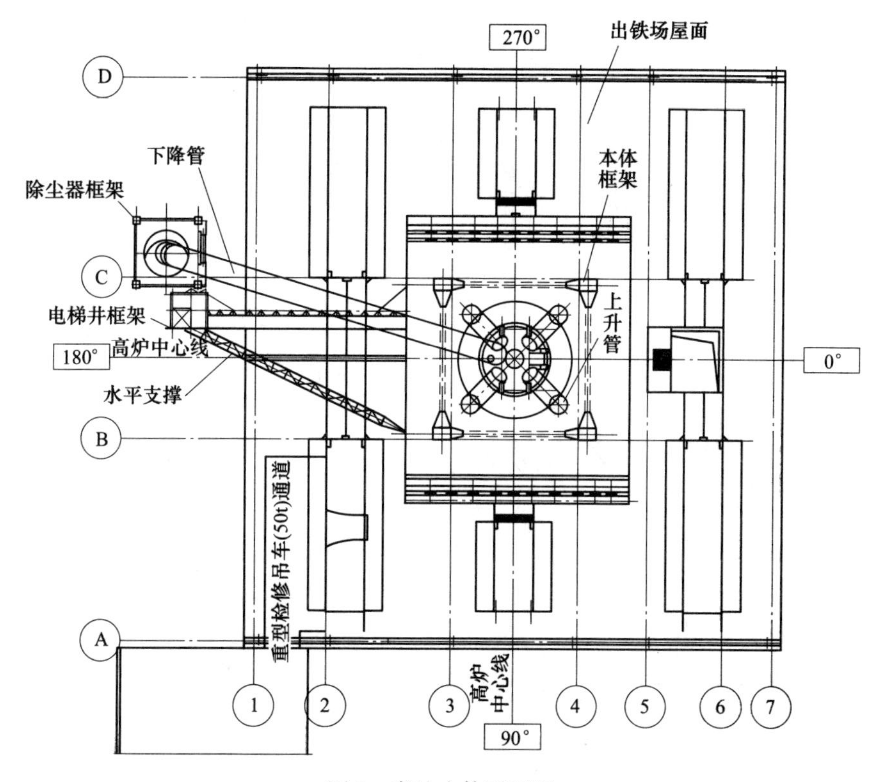

图1 高炉本体平面图

本体框架包括三部分，即下部框架、上部框架和顶部刚架。其中下部框架为单层单跨巨型钢框架，底部固接于高炉基础，顶标高为▽29.900m；上部框架为四层钢框架支撑结构，底部固接于下部框架，顶标高为▽46.700m；顶部刚架为五层单跨巨型钢刚架，底部铰接于上部框架，顶标高为▽88.610m。本体框架在高炉本体结构中处于核心地位，其余各单体结构与之相连。

粗煤气系统包括上升管、五通球壳体、下降管、除尘器壳体和除尘器框架。其中上升管、五通球、下降管、除尘器壳体为工艺钢结构管道和设备，它们将本体框架和除尘器框架连接起来。四根上升管下端铰接于上部框架▽46.700m层钢平台，上端交汇于五通球，并通过五通球与下降管相连，五通球的中心标高为▽100.470m。下降管上端连于五通球，下端连于除尘器顶端。除尘器壳体上端连于下降管，下端固接于除尘器框架上。除尘器框架为三层单跨劲性钢筋混凝土框架结构，顶标高为▽14.260m。

电梯系统包括电梯井框架和连接本体框架与电梯井框架的水平支撑。电梯井框架为15层钢框架支撑结构，顶标高为▽69.440m。连接本体框架与电梯井框架的水平支撑共二道，标高分别为▽46.700m、▽61.360m。

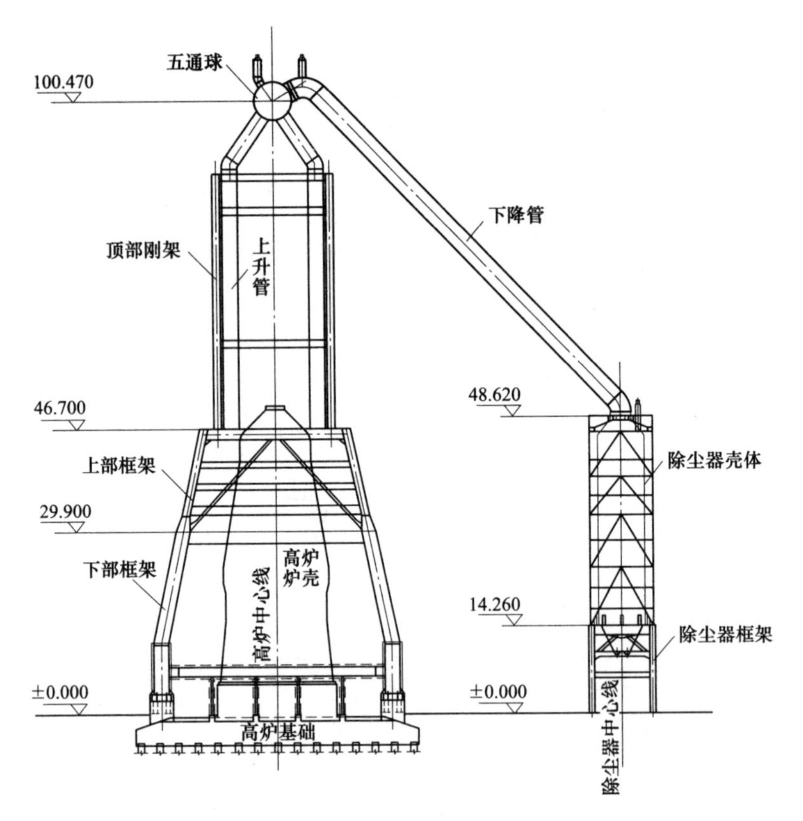

图 2　高炉本体立面图（单位：m）

2　整体模型的建立

建模采用的软件为中国建筑科学研究院 PKPM2010 软件，验证软件为 SAP2000。选用的有限元单元类型为杆系有限元单元。

2.1　各单体结构的模拟

对高炉炉壳进行结构模拟，模拟为悬臂柱。

本体框架为钢结构框架，适合采用杆系有限元进行模拟，计算精度较高。

对粗煤气系统中上升管、五通球、下降管、除尘器壳体进行结构模拟，其中上升管采用柱单元或斜撑单元模拟，五通球模拟为刚节点，下降管采用梁单元模拟，除尘器壳体采用柱单元模拟。除尘器框架为钢筋混凝土框架结构，采用杆系单元模拟。

电梯井框架为钢框架支撑结构，采用杆系单元模拟。连接本体框架与电梯井框架的水平支撑采用斜撑单元模拟。

2.2 各单体结构之间的连接

本体框架柱与高炉炉壳底部连接于高炉基础，高炉基础为桩筏基础。

本体框架与高炉炉壳之间在▽46.700m 设“铰”连接，通过位移变化对二者刚度进行比较。计算后发现高炉炉壳的刚度大于本体框架的刚度，本体框架可以特定的形式利用高炉炉壳的刚度来加强框架自身的刚度。计算模型在进行地震作用时程分析时，本体框架与高炉炉壳之间分设“铰”连接与不连接两种情况，在多遇地震、罕遇地震作用下▽46.700m 平台楼层位移见表 1。

表 1 地震作用下▽46.700m 平台楼层位移

本体框架与高炉炉壳之间连接假定	多遇地震	罕遇地震
“铰”连接	17.8	78.5
不连接	22.3	132.4

本体框架与下降管之间采用“铰接”，上升管与下降管之间采用刚接，下降管与除尘器壳体采用刚接，除尘器壳体与除尘器框架采用刚接。

本体框架与电梯井框架采用水平支撑连接，支撑采用管桁架形式。水平支撑的两端采用铰接形式分别与本体框架、电梯井框架连接。

本体框架与出铁场屋面桁架铰接连接，出铁场吊车荷载通过吊车梁作用于本体框架，荷载作用形式、作用点比较明确，为简化建模过程采用等效荷载作用的方式进行模拟。

出铁场、高炉炉体、本体框架、粗煤气系统、电梯系统结构的整体模型如图 3 所示。

图 3 高炉本体结构整体模型

3　荷载的加载及优化

高炉本体的荷载主要包括工艺荷载、活荷载、风荷载、雪荷载、积灰荷载、地震作用、吊车荷载、温度作用等。因为平台活荷载远大于雪荷载，荷载组合时不考虑雪荷载。

炉壳内的工艺荷载主要包括炉体设备载荷（包括冷却壁重、炉喉钢砖重等）、炉体内衬载荷（包括耐火材料重等）、给排水设施载荷（含水重）、炉料荷载（正常工况下为悬料荷载，特殊工况下为坐料荷载，二者不同时作用，不进行组合）、液态渣铁荷载、死铁层残铁荷载等。其中坐料荷载为动荷载，主要用于计算高炉桩筏基础时对基桩承载力特征值和筏板承载力进行调整。将工艺荷载分为恒荷载和可变荷载，分别施加到恒荷载作用中心和可变荷载作用中心。因为出铁场封闭，炉壳不考虑风荷载。

本体框架的工艺荷载主要是设备荷载、吊车荷载、给排水设施载荷（含水重）等。本体框架的每层平台都有活荷载和检修荷载。计算本体框架柱及主梁时，对活荷载按《建筑结构荷载规范》（GB 50009—2012）规定采用，对检修荷载按检修设备和检修件对主梁的作用效应进行等效折减，计算平台次梁和平台板时不进行折减。下部框架和上部框架封闭在出铁场内，不考虑风荷载。顶部刚架虽然为开敞式结构，但内部有工艺设备，考虑风荷载对工艺设备的作用，调整顶部刚架的风荷载体型系数来考虑该部分风荷载。还可以对该部分风荷载进行等效，分别施加在每层的相关节点。对这两种方式均进行计算，进行包络设计，取最不利状态作为设计依据。将出铁场的地震荷载、吊车荷载、风荷载、活荷载、积灰荷载等通过等效的方法施加到本体框架的相关部位。因为本体框架的侧向刚度远大于出铁场框排架厂房柱的侧向刚度，故对相关范围内的出铁场墙面屋面、墙面的风荷载和地震荷载进行包络设计，由本体框架全部承担。通过对国内数座特大型高炉的调查，各层平台的积灰并不严重，故对积灰荷载进行优化折减。

对上升管、五通球、下降管、除尘器壳体的风荷载进行等效计算，分别施加到作用中心。考虑下降管的温度作用，并对下降管的吊装变形进行预估，考虑安装就位后的吊装变形量。温度作用需要预估合拢形成约束的时间，来确定初始平均温度，计算时假定的初始平均温度为10℃；最大升温工况根据工艺条件进行确定。考虑下降管的竖向地震作用；考虑除尘器的灰重，按可变荷载施加到作用中心。

电梯井框架为封闭结构，风荷载对电梯井框架的影响较大。风荷载体型系数根据临近建构筑物的影响进行调整。考虑本体框架与电梯井框架之间水平支撑的竖向地震作用，水平支撑上设置过人通道，需要考虑通道的竖向活荷载，将该荷载等效到支撑节点。

4 模型的计算及结构体系的选择、结构构件的优化

4.1 模型的计算

按照包络设计的原则对模型进行计算，寻找各个单体结构及其构件的最不利状态作为设计依据。所以该模型虽然为整体模型，但需要根据不同的计算目的进行多次计算来模拟各种可能工况作用。比如高炉基础计算时，分悬料荷载和坐料荷载分别计算；本体框架计算时考虑炉壳与框架的连接和不连接两种情况。地震振型数量为使各单体结构振型参与质量达到其总质量的90%时所需的总振型数，分别采用时程分析法和振型分解反应谱法进行计算，采用时程分析法时，关注对整个结构薄弱部位的寻找，时程曲线的选取符合《建筑抗震设计规范（2016 年版)》（GB 50011—2010）中的相关要求。薄弱部位主要分布于各单体结构间连接构件、炉顶刚架吊车平台等处。图 4 所示为罕遇地震下楼层剪力包络图。图 5 所示为罕遇地震下层间位移角包络图。

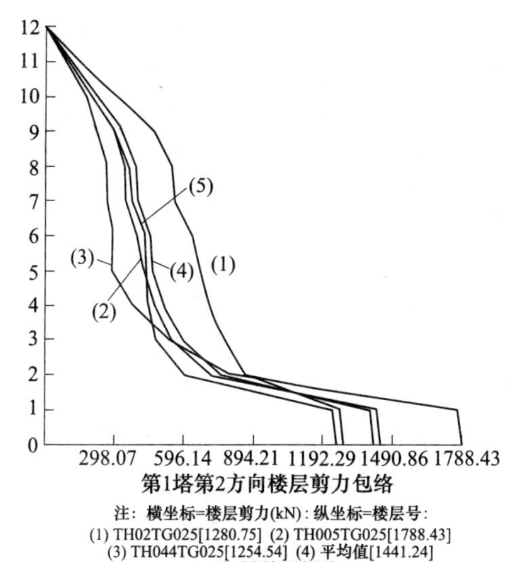

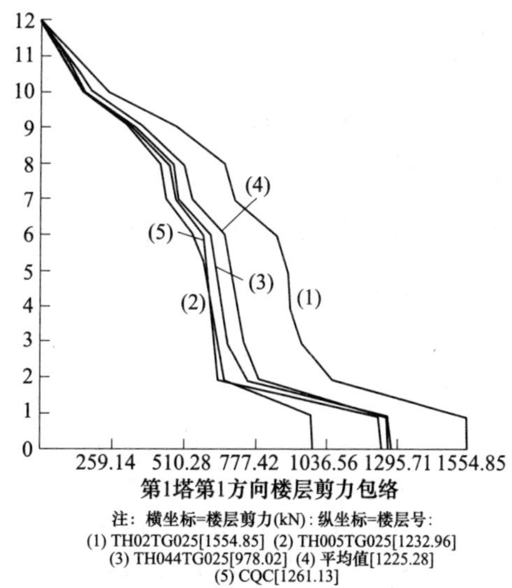

图 4　罕遇地震下楼层剪力包络图

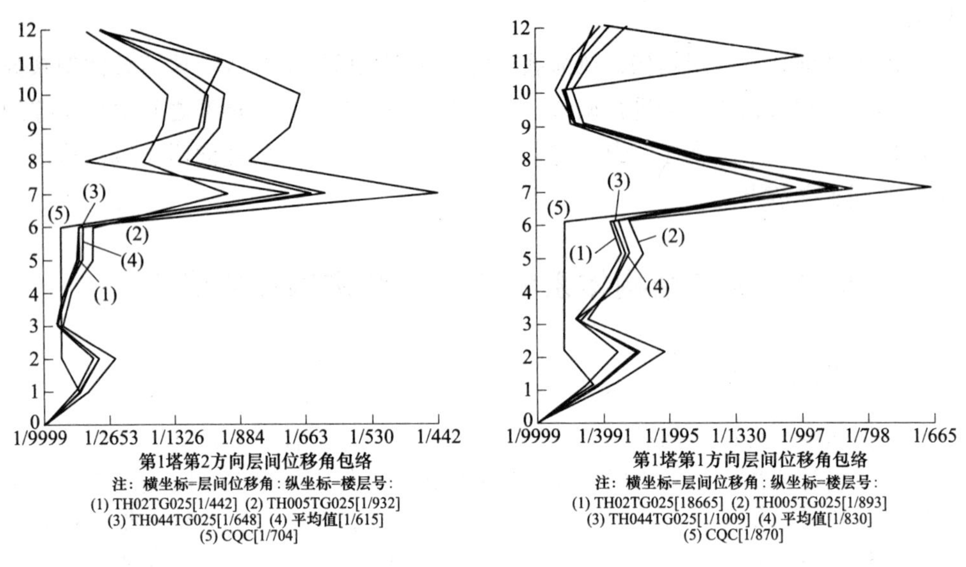

图 5　罕遇地震下层间位移角包络图

4.2　结构体系的选择

高炉本体结构体系的优化与选择，要以满足工艺需要为原则，结构要方便设备的放置和运转以及人员通行和操作。工艺的布置方式决定了结构体系的基本形式。

整体模型建立后，可以通过增减构件来对结构类型进行改变，如钢框架支撑结构去掉支撑后即变为框架结构。本体框架与电梯井框架之间的水平支撑位置和形式也进行了多次修改、试算。结构体系的优化体现在各单体结构形式的选择中，也体现在各单体结构之间连接形式的优化上。整体模型经过多次试算，最终选择了最优的结构形式和结构构件截面。

4.3　高炉基础及结构构件的优化

高炉基础的计算需要综合考虑上部结构、高炉炉壳的作用，整体模型能综合考虑各种工况，比局部模型更可靠。

整体模型反映了高炉本体各单体结构之间的相互作用，本体框架在其中居于核心地位。本体框架的刚度（极限状态下，高炉炉壳刚度参与本体框架刚度的集成）远大于其他单体结构的刚度，通过相互连接，大大增加了其他单体结构的刚度，这是各单体结构构件优化的基础。

局部模型中，电梯井框架在水平支撑处增加弹簧支座，通过人为定义支座刚度来模拟水平支撑对电梯井框架的作用。这种计算模型没有考虑结构的变形协调，并且弹簧刚度的计算也存在较大误差，计算的精度较低。整体模型的精确性为电梯井框架的优化提供了依据。经过计算，整体模型中框架柱、主梁以及支撑的截面优于局部模型。

粗煤气体统的整体模型除了优化了上升下降管、除尘器壳体的截面及板厚外，还对本体框架与粗煤气框架之间的相互作用有了更准确的反映。下降管在最大温升工况下，均匀温度作用标准值约 80℃，经过整体模型的计算发现，下降管在温度作用下的伸长比重力作用下的下挠更明显，本体框架与粗煤气框架之间的距离比下降管吊装前增大了。在温度作用下五通球中心在下降管管中心线竖向面内的水平位移为 45. 57mm，而在下降管重力荷载（包括管内隔热涂装的重量）相应位移为 23. 25mm，该位移已经对吊装时下降管的下挠变形的影响予以考虑。这个判断对下降管与除尘器壳体之间连接强度的选择具有一定意义。通过整体模型还发现，除尘器壳体的刚度要大于上升管的刚度。在温度作用下下降管下端在管中心线竖向面内的水平位移为-3. 69mm，下降管上端在管中心线竖向面内的水平位移为 45. 57mm，如图 6 所示。

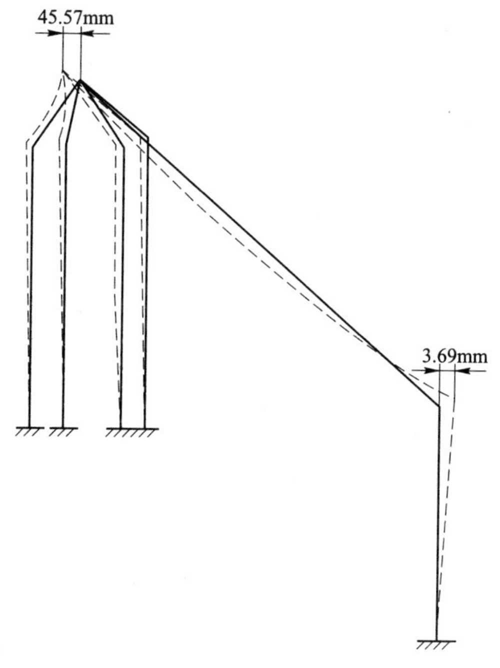

图 6　温度作用下的位移

整体模型计算显示，炉壳的刚度要大于本体框架的刚度，在极限状态下可以利用炉壳的刚度增强本体框架的刚度。因为炉壳在投产后要升温，炉壳径向、竖向都要延伸，本体框架与炉壳之间的连接不能约束炉壳的延伸，而是使二者在水平方向相对变形达到一定数值时发生相互作用，故该数值经过相对位移计算设定为 100mm。在大震作用下，炉壳刚度使得本体框架刚度得以增强。

既有局部模型通过各种假定来模拟其他单体结构对本体框架的作用，因为算不清楚，往往会偏于保守地加大各种作用，使本体框架不够经济合理。整体模型可精确反映本体框架与各单体结构之间的相互作用，从而为本体框架的优化提供了依据。

部分整体模型与局部模型在高炉基础、构件截面等方面的比较见表 2。从表中部分主要构件的比较可以看出整体模型在结构构件优化方面的优势。与国内同等规模的高炉相比，本工程高炉本体各单体结构具有较高的经济性。经济性是以安全性为前提，本座高炉自投产以来的良好运行证明了其结构的安全性。

表 2　整体模型与局部模型的比较

比　较　项　目	整体模型	局部模型
高炉基础混凝土/m^3	7700	8200
下部框架柱每米用钢量/kg	2829	3088
上部框架柱每米用钢量/kg	1645	1790
顶部刚架柱每米用钢量/kg	1174	1445
电梯井框架柱每米用钢量/kg	297	373

5　结论

（1）相比于局部模型，对出铁场、高炉炉体、本体框架、粗煤气系统、电梯系统进行整体结构建模，大大提高了计算的精确性，通过工程实践，验证了整体建模的可行性和可靠性。本文提供的建模方法可为同类工程提供参考。

（2）整体模型为高炉本体结构形式的优化和结构构件的优化提供了依据和基础，使得本工程的用钢量指标比国内同类工程明显降低。

（3）该整体模型因为反映了本体框架与各单体结构之间的相互作用，使得各单体结构变形协调，实现了对各单体结构刚度的比较，从而为高炉本体结构的宏观整体判断提供了依据。有了这些判断，就能有针对性地提出各种构造措施（包括抗震构造措施），尤其是对薄弱部位、应力集中部位的加强措施。

（4）本模型还是存在诸多需要改进的不足之处，比如对高炉炉壳和除尘器壳体的结构模拟，二者均为薄壁壳体，用板壳单元进行模拟更合理。该模型没有对出铁场平台、出铁场钢框排架厂房、风口平台、出铁场除尘、热风系统进行整体建模，而是将以上各系统荷载直接作用于本体框架，没有考虑各系统的结构作用，对整体模型来讲还有欠缺，有待改进。

参 考 文 献

[1] 包头钢铁设计研究总院，等．钢结构设计与计算［M］．第2版．北京：机械工业出版社，2006.

[2] 钢结构设计标准．GB 50017—2017．中华人民共和国国家标准［S］．北京：中国计划出版社．

[3] 建筑抗震设计规范．GB 50011—2010（2016年版）．中华人民共和国国家标准［S］．北京：中国建筑工业出版社．

[4] 朱炳寅．建筑抗震设计规范应用与分析［M］．第2版．北京：中国建筑工业出版社，2017.

2050mm 热连轧工程钢结构厂房设计与优化

陈壮善，杨兴强，王士奇，李贯林，赵　静，孙绍霞，白　冰

摘　要：详细介绍了 2050mm 热连轧工程钢结构厂房的建筑、结构以及钢结构防腐和防火设计与优化思路。通过考虑大面积屋面排水组织、建筑立面处理与通风和采光相结合，利用钢结构建筑的收边产生艺术效果，使外立面简洁、明快而不单调，体现了现代化厂房的风格。通过优化分析，采用钢管混凝土格构式柱+矩形钢管桁架屋架的主体结构体系、主次桁架+冷弯薄壁型钢檩条的屋面结构和墙架柱+冷弯薄壁型钢檩条的墙面围护结构体系，用钢量较传统结构形式降低 12%；同时通过精心的防腐和防火设计，有效解决了钢结构耐腐蚀和耐火性能差的问题，可供类似钢结构厂房作为设计参考。

关键词：现代化厂房；重型钢结构；钢管混凝土；防腐与防火；优化设计

1　工程概况

2050mm 热连轧工程包括板坯库、加热炉区、主轧跨、成品库和轧辊间五个区域，总建筑面积为 113250m²，各区域内的钢结构厂房跨度、檐口高度、面积以及行车配置见表 1。

表 1　钢结构厂房一览表

主厂房		轴线长 /m	轴线宽 /m	吊车情况	檐口高度 /m	建筑面积 /m²
板坯库		302	3×30	每跨两台 27.5+27.5t 夹钳式吊车，A7 工作制，轨顶标高 14.5m	23.8	28940
加热炉区	上料跨	105	33	一台 32/5t 桥式吊车，A5 工作制，轨顶标高 20.5m	28.9	11390
	加热跨	105	36	一台 20/5t 桥式吊车，A5 工作制，轨顶标高 20.5m	31.1	
	出料跨	105	30	一台 50/10t 桥式吊车，A5 工作制，轨顶标高 19.5m	29.0	

续表 1

主厂房		轴线长/m	轴线宽/m	吊车情况	檐口高度/m	建筑面积/m²
主轧跨	R1、R2 粗轧电机跨	36	15	一台 20t 电动单梁吊车，A3 工作制，轨顶标高 22.5m	24.8	26230
	精轧电机跨	63	21	一台 100/20t 桥式吊车，A5 工作制，轨顶标高 15m	24.3	
	主轧跨	533	30	两台 120/32t 桥式吊车，一台 50/10t 桥式吊车，A5 工作制，轨顶标高 19.5m	29.0	
成品库		302	3×36	每跨两台 45t 夹钳式吊车，A7 工作制，轨顶标高 10.5m	18.6	33600
轧辊间		354.5	33	110/32t 和 50/10t 桥式吊车各一台，A6 工作制，轨顶标高 16.5m	26.1	13090

热连轧工程平面布置如图 1 所示。

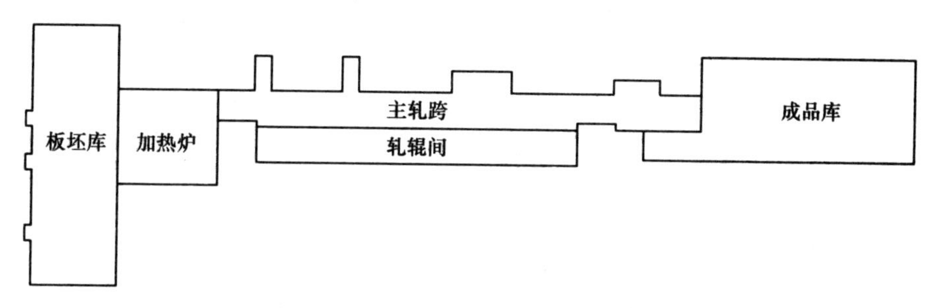

图 1 热连轧工程平面布置

2 建筑设计

工业建筑属于生产性建筑，建筑形象及其体形特征由实用功能决定，其空间和外部形象的塑造受自身功能、结构、材料、施工技术条件等因素的限制，随着经济发展和科学技术的不断进步、工艺的革新、结构形式的变化、建筑材料的更新，加上创作意识的增强，赋予了钢结构工业建筑新的生命力。

2.1 立面设计

主厂房建筑风格力求简洁明快，体现时代精神和建筑科技特色。在工业建筑立面设计中，墙面是作用于视觉的立面中的最大面，并且比较扁长，墙面面积又较大，门窗的类型又不宜太多，同一类型的窗，在墙面上的布置如不适当，容易产生单调、呆板的感觉。车间立面将 1.0m 高矮墙、3.0m 高立转钢侧窗和竖向采光带相结合，同时与压型钢板外墙形成一种虚实变化的立面效果，使得建筑立面效果丰富，富有韵律感。运用同一性色彩规律，外墙以海灰色为主色调，并配以白色采光板和带形窗形成舒展的横向效果，使外立面简洁、明快而不单调，以体现出现代化厂房风格。正立面如图 2 所示，侧立面如图 3 所示。

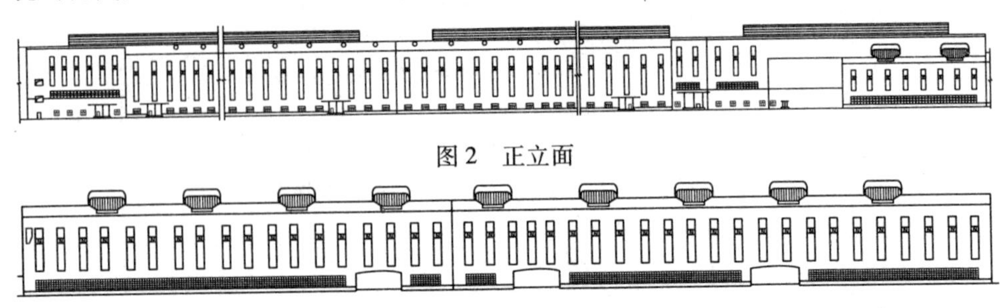

图 2　正立面

图 3　侧立面

2.2　颜色选择

合理的色彩处理可以创造优美的工作环境，激发劳动热情，减少生产事故，保障身体健康。在车间外部色彩处理上，充分考虑工业建筑特点，运用工业建筑体量、横竖、虚实以及材料的不同质感和色彩冷暖、浓淡之间的对比等处理手法，屋面颜色外侧均为山钢红，天窗压型钢板和压型钢板外墙面均为海灰色，主厂房大门外侧和门窗均为蛋壳绿，外墙面顶部 1.0m 高线条雨蓬、包角、腰线等颜色均为天蓝色，强调入口、突出主题，多种色彩使得钢结构建筑表现得丰富多彩，突显整个厂房的立体感。

建筑内部色彩处理，既要统一和协调，又要有变化和对比，配合车间内的工艺设备，各种管道等，丰富车间内部空间的建筑设计。在地面上根据功能区域不同，采用新型地坪材料从色彩上划分区域。内侧屋面、墙面统一为珍珠白，钢结构梁柱表面颜色为飞机灰，钢梯颜色采用海灰色，其栏杆颜色采用黄黑相间色。

2.3　通风采光

自然通风是利用厂房内外空气温度差形成的热压作用和室外空气流动时产生的风压作用，使厂房内外空气不断交换，形成自然通风。在剖面设计上，应合理组织气流，加强自然通风，降低作业区温度，以符合工业企业设计卫生标准，创造一个好的作业条件。

设计时采用有组织自然通风方式，将厂房下部立转钢侧窗或塑钢窗作为进风口，夏季可进风，冬季关闭，防止冷风灌入车间。因各车间内部生产工艺不同，产生的热量也不同，因此，各车间根据各自的散热量大小采取不同的通风降温措施。由于热连轧车间为热加工车间，散热量大，厂房屋面上设置了横向或纵向通风天窗作为排风口，并考虑防飘雨和防灌风措施。

采光以侧墙竖向采光带、带形窗和屋顶天窗为主。由于主厂房区域多跨并联，仅靠侧墙采光带及窗采光难以满足采光要求。屋面增设条状采光带并辅以人工照明。墙面竖向采光带的设置不仅丰富了立面效果，使得室内光线更均匀，同时也便于墙面防水节点处理，造价上较横向带形玻璃窗更为经济。

屋面采用 1/15 的坡度，以加快屋面雨水的流速，减少雨水汇集风险。在厂房屋面设计时尽量采用双坡屋面，以减少内天沟数量。这样不仅可以避免特大暴雨时漏雨的风险，同时还可以减少天沟、排水管以及排水地沟等排水设施的费用。厂房外侧均采用有组织外排水，雨水管直接排向集水井。

3 结构设计

本工程抗震设防烈度：7 度（0.10g），设计地震分组第三组，场地类别Ⅱ类；基本风压：$W_0=0.40\text{kN/m}^2$，地面粗糙度：B 类；基本雪压：$S_0=0.30\text{kN/m}^2$；厂房平面尺寸和形状、吊车设置情况、厂房高度见表 1 和图 1。在进行结构选型分析时，以“体系优化为主，构件优化为辅”的原则，选择合理的结构体系，以做到安全可靠和经济合理。以主轧跨为例，详细说明本工程厂房钢结构设计与优化过程。

主轧跨为单跨，跨度 30m，内设两台 120/32t 桥式吊车，一台 50/10t 桥式吊车，工作制为 A5，轨顶标高 19.5m，柱顶标高为 28.7m，如图 4 所示。

3.1 格构式柱截面选型

在冶金钢结构厂房中，一般吊车吨位较大，吊车梁以下排架柱多选用双阶 H 型钢格构式柱和钢管混凝土格构式柱。对 H 型钢格构式柱和钢管混凝土格构式柱两种类型在满足承载力和刚度要求的情况下的用钢量进行比较，结果见表 2。

表 2 H 型钢和钢管混凝土格构式柱方案用钢量比较

柱截面类型		H 型钢格构式柱	钢管混凝土格构式柱
截面规格/mm	吊车肢	H800×350×16×25	ϕ660×12
	屋盖肢	H700×250×16×20	ϕ529×10
	缀条	TN149×149	ϕ180×6
	上柱	H900×450×14×25	H800×450×12×22
柱应力比		0.67	0.65
柱顶位移/mm		19	20
柱用钢量/t		22.14	17.71

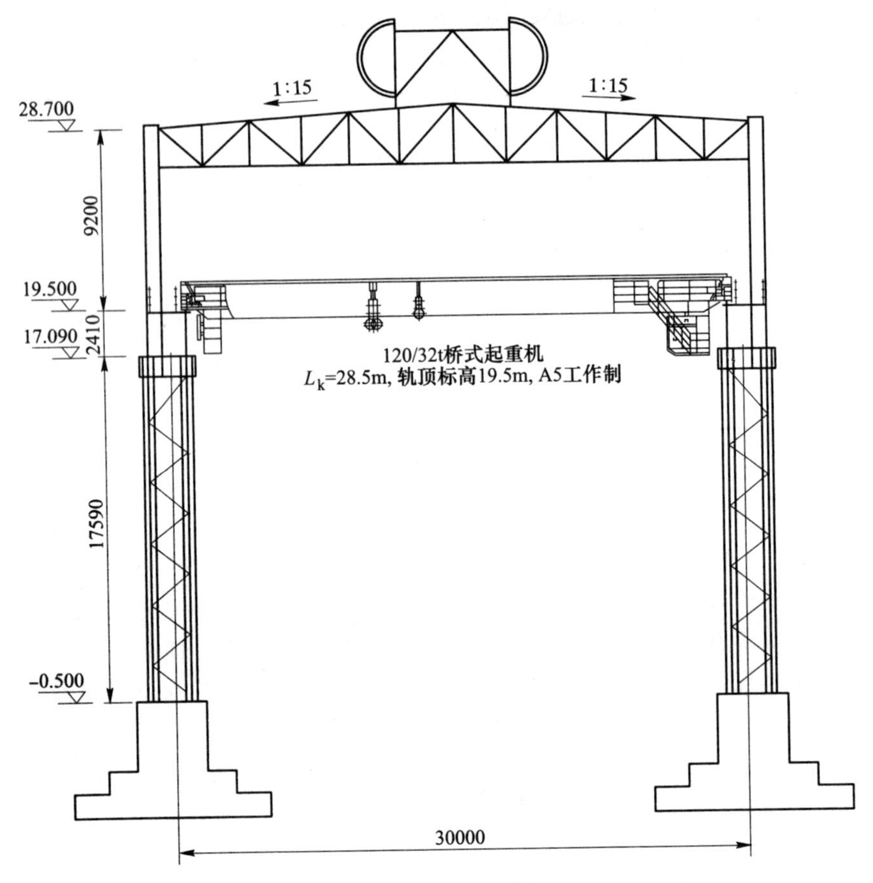

图 4　主轧跨剖面图（单位：mm）

从表 2 可以看出，钢管混凝土格构式柱与 H 型钢格构式柱相比可节约钢材约 20%，具有较高经济性，同时其承载力和刚度均未降低，并且截面尺寸小，对生产工艺影响少。除此以外，钢管混凝土柱还具有以下优点：

（1）钢管混凝土在轴向压力作用下，由于钢管对管内混凝土的套箍作用，使得管内混凝土处于三向受力状态，大大提高了混凝土强度；同时管内填充混凝土也提高了钢管的局部稳定性，使得其屈服强度可得到充分利用。

（2）造型简洁，施工方便，工期短。

（3）火灾时管内混凝土可以吸收部分热量，其耐火性能优于纯钢结构。

（4）钢管外露面积小，抗腐蚀性能好，并且圆管仅外表面需要进行防腐和防火处理，防腐和防火涂装面积小。

由于圆钢管混凝土格构柱具有承载力高、刚度大、截面小等优点。本工程中钢结构厂房下柱均采用双肢钢管混凝土格构式柱，其中缀条采用焊接钢管；上柱采用焊接 H 型钢柱，上下柱通过单腹板肩梁连接。为保证传力的可靠性，肩梁腹板穿过下柱柱肢中心。在选定柱截面尺寸时，根据工艺要求的吊车标准跨度，将上层吊车梁中心与下柱吊车肢钢管的中心对齐，使上部吊车梁竖向荷载直接传递给格构式柱的吊车肢，传力直接，肩梁受力小。

钢柱肩梁节点如图 5 所示。

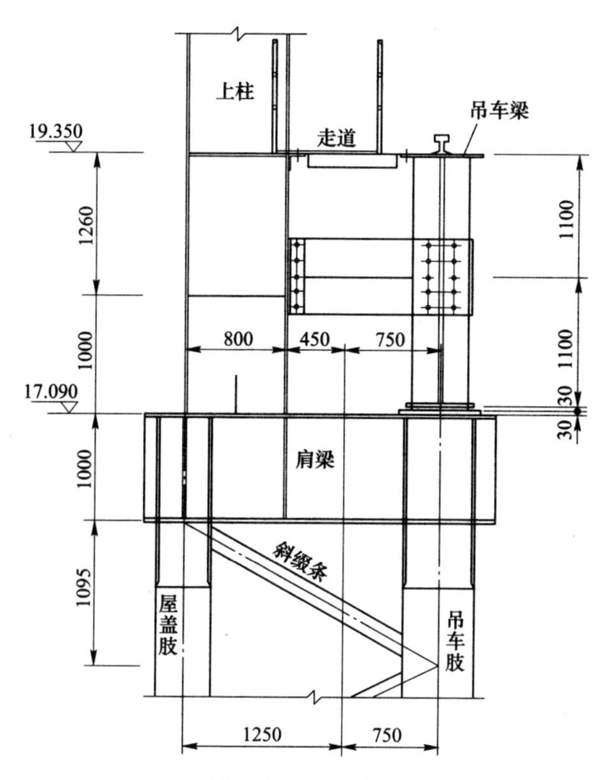

图 5　钢柱肩梁节点（单位：mm）

3.2　柱距选择

在满足工艺要求前提下，对 12m、13.5m、15m、16.5m、18m 五种柱距的排架、吊车梁、围护系统用钢量进行比较，分析不同柱距对各系统用钢量的影响，从优选择柱距进行设计。比较结果见表 3。

表 3　不同柱距下各系统用钢量比较表

柱　距	12m	13.5m	15m	16.5m	18m
排架系统	53.8	49.1	47.8	46.0	44.5
吊车梁系统	40.1	42.3	44.1	46.8	49.8
墙面系统	22.3	22.5	21.5	21.9	22.1

续表 3

柱　距	12m	13.5m	15m	16.5m	18m
屋面系统	15.3	17.2	17.4	18.7	20.3
零星钢结构	18.5	17.5	16.3	16.1	15.8
合　计	150.0	148.6	147.1	149.5	152.5

通过以上比较可以看出，当柱距由 12m 增加到 18m，排架系统的用钢量随着柱距的增加逐步减小；而吊车梁、屋面系统的用钢量随着柱距的增加逐步增大；墙面系统用钢量变化不大。从总用钢量来看，15m 柱距时用钢量最低，因此基本柱距选用 15m。

3.3 柱间支撑布置

柱间支撑既是将厂房纵向水平荷载传至基础的重要组成构件，也是保证厂房纵向刚度不可缺少的构件。柱间支撑、屋面水平支撑与屋面系杆共同作用，将整个厂房组成了一个稳定的整体，保证了厂房的整体性和稳定性。

设计时按照《钢结构设计规范》（GB 50017）规定，考虑到重型钢结构厂房纵向刚度较大，为减少温度荷载的作用，设计时控制每个温度区段长度不大于 180m。每个温度区段内，靠近两侧端部柱距内设上柱支撑，中间 1/3 位置共设两道下柱支撑和上柱支撑。支撑的设置应首先满足工艺布局的要求，防止支撑与设备及通道干涉。支撑主要采用人字形和十字交叉形，一些特殊位置为避开设备及门洞采用八字形。支撑构件采用双片式槽钢，中间设角钢缀条，其长细比限值应符合现行国家标准《钢结构设计规范》（GB 50017）的规定[1]。

柱间支撑布置如图 6 所示。

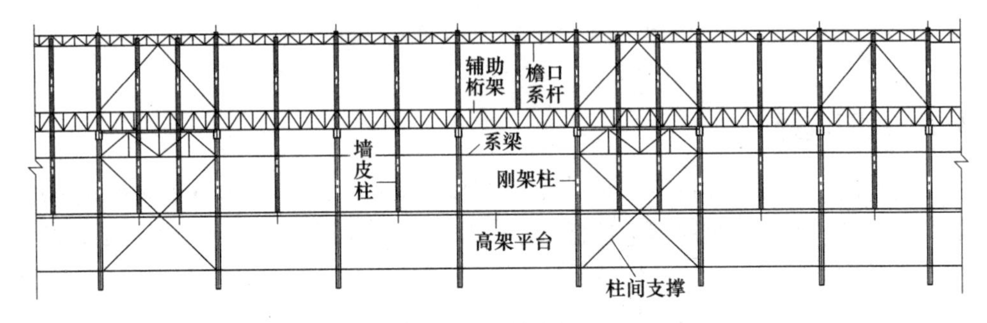

图 6　柱间支撑布置

3.4 吊车梁设计

本工程吊车吨位和吊车梁跨度较大，为保证吊车梁的稳定性，吊车梁设置水平制动系统、辅助桁架、下翼缘水平支撑和垂直支撑。吊车梁设计时按照可能同时出现的两台最大吊车考虑；挠度和疲劳验算时按一台最大吊车考虑。吊车梁按简支梁设计，采用上下翼缘不等宽的焊接H型钢，上翼缘除满足受力外，还需满足轨道安装的构造尺寸要求；腹板通过设置纵横向加劲肋限制其局部屈曲，以降低吊车梁系统用钢量。中部支座采用突缘式，以减小对排架柱面外的偏心；端部或伸缩缝处采用平板式，以便于连接。

为降低吊车梁辅助系统的用钢量，对于A5及其以下级别的吊车，其制动结构均采用制动桁架。制动桁架、辅助桁架及水平（垂直）支撑构件均采用双向受力性能较好，同时又便于连接的方钢管，用钢量较传统角钢或槽钢可降低约10%。

吊车梁系统如图7所示。

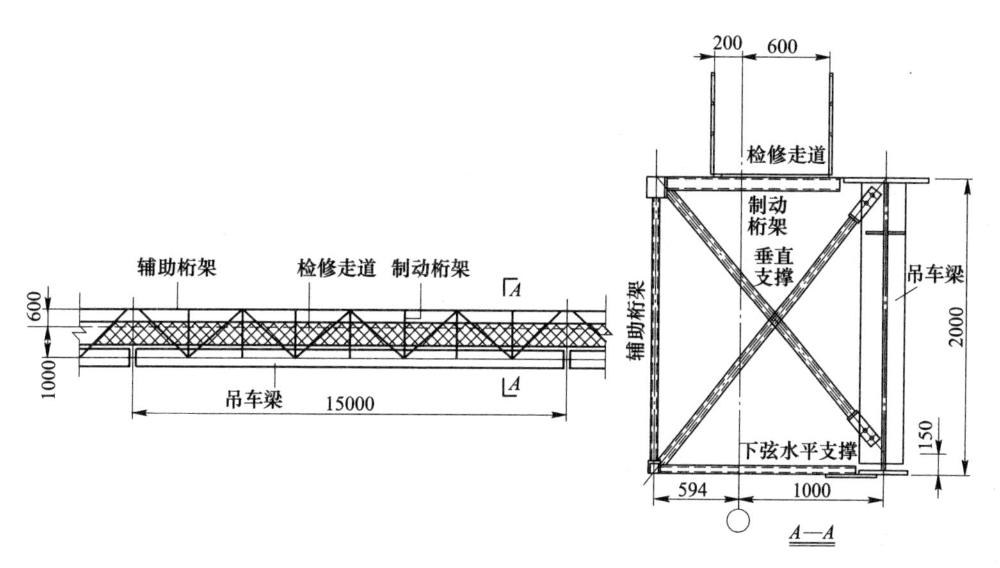

图7 吊车梁系统（单位：mm）

3.5 屋面系统设计

屋面承重一般选用实腹H型钢梁和钢屋架，钢屋架可采用梯形角钢屋架、圆管钢屋架和方管钢屋架。四种屋面结构的用钢量比较结果见表4。

表4 四种形式屋面结构用钢量比较

屋面梁形式	实腹H型钢梁	梯形角钢屋架	梯形圆管钢屋架	梯形方管钢屋架
单榀重量/kg	4756	3805	3198	3058
单位重量/$kg \cdot m^{-2}$	10.57	8.46	7.11	6.80

通过表 4 的比较结果可以看出，梯形方管钢屋架比实腹 H 型钢梁的用钢量节省 35%（未考虑屋面系杆和支撑的差异）；梯形方管钢屋架比梯形角钢屋架的用钢量节省 20%。梯形方钢管屋架不仅用钢量低，且其表面为平面，便于桁架杆件之间以及屋面檩条连接，防腐蚀性能也优于梯形角钢屋架。

本工程基本柱距为 15m，若屋面按跨度 15m 设计檩条，可选用实腹式 H 型钢、高频焊 H 型钢或者 H 型钢蜂窝梁。H 型钢檩条的间距大，用钢量较高，并且翼缘钢板厚，不便于屋面板连接。为降低用钢量，可将屋面支撑系统和屋面檩条围护系统统一考虑。本工程采用在两榀屋架间设主次桁架，主桁架沿厂房纵向，在主桁架中部沿厂房横向设次桁架，檩条支承在次桁架上，这样可将檩条跨度减小至 7.5m，屋面檩条就可直接采用 C 形檩条或 Z 形檩条。同时主次桁架可兼做屋面支撑系统的系杆支撑屋架，这种支撑体系的屋面刚度较大，比较适用于重型钢结构厂房。屋面结构布置如图 8 所示。

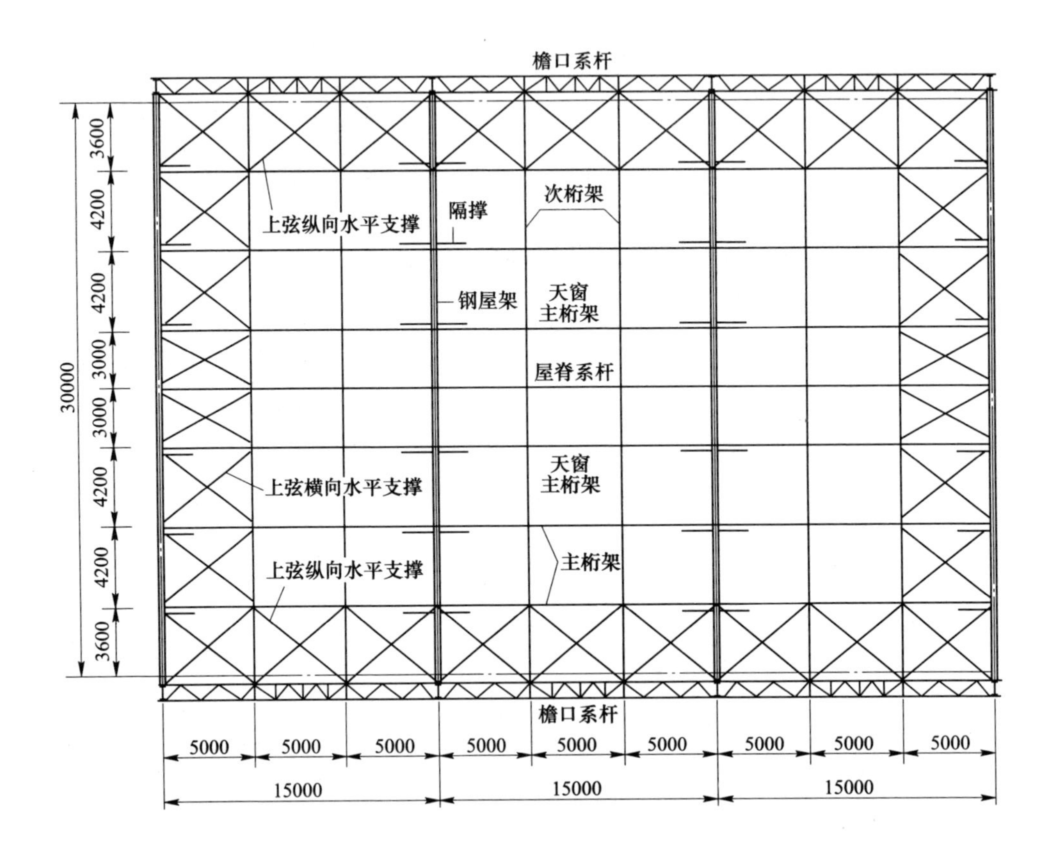

图 8　屋面结构布置（mm）

4 钢结构的防腐和防火设计

4.1 防腐设计

钢结构厂房在使用过程中与所处的环境介质之间可能发生化学、电化学或物理作用，引起材质的变化和钢结构的破坏失效，这称为钢结构的腐蚀。钢结构的腐蚀不仅会使构件的截面减小，还会使构件表面局部产生锈蚀，当构件受力时腐蚀的部位往往会产生应力集中现象，使结构过早地产生破坏。因此，对钢结构厂房的构件的防锈蚀问题应予以足够的重视，并应根据厂房侵蚀介质情况和环境条件在总图布置、工艺布置、材料选择等方面采取相应对策和措施，以确保厂房结构的安全。

日照市大气相对湿度见表5，大气环境气体类型按最高等级D级，根据《建筑钢结构防腐蚀技术规程》（JGJ/T 251—2011）的规定[2]，厂区工业大气环境对建筑钢结构长期作用下的腐蚀性等级为V级（较强腐蚀）。

表5 日照市相对湿度

项　目	统计值/%	地点	发生时间
年平均相对湿度	71	日照气象站	2007~2011年
夏季平均相对湿度最高值	83~89	日照气象站	2007~2011年
冬季平均相对湿度最低值	60~61	日照气象站	2007~2011年

本工程主要受力构件主要选用防腐蚀性能较好的圆管或方管截面，钢板的最小厚度不小于6mm，角钢的最小厚度不小于5mm，圆管和方管截面最小厚度不小于4mm。避免采用防腐蚀较差的由双角钢组成的T形截面和由双槽钢组成的工字形截面。为防止地面以下钢结构的锈蚀，在上部结构施工完成后，应将钢柱柱脚底至标高0.15m处涂刷掺2%亚硝酸盐水泥砂浆，再用强度为C20的素混凝土外挂钢丝网将柱脚全部包裹，厚度100mm。上部主体钢结构按照防腐蚀设计年限15年的要求进行防腐蚀涂装设计，冷弯薄壁型钢檩条采用镀锌檩条，双面镀锌量不小于275g/m^2，其他钢结构配套油漆见表6。

表6 钢结构防腐蚀涂装

构件	位置	底漆（厚度μm/遍数）	中间漆（厚度μm/遍数）	面漆（厚度μm/遍数）	总厚度/μm	表面处理除锈等级
主体结构	室内	环氧富锌底漆 50/2	环氧云铁中间漆 120/2	聚氨酯面漆 50/2	220	喷砂除锈 $S_a2\frac{1}{2}$
	室外	环氧富锌底漆 60/2	环氧云铁中间漆 140/2	聚氨酯面漆 60/2	260	
	现场补漆	环氧富锌底漆 80/2	环氧云铁中间漆 140/2	聚氨酯面漆 60/2	280	手工除锈 St3

续表 6

构件	位置	底漆（厚度 μm/遍数）	中间漆（厚度 μm/遍数）	面漆（厚度 μm/遍数）	总厚度/μm	表面处理除锈等级
次要构件	室内	醇酸防锈漆 60/2	—	各色醇酸磁漆 70/2	130	手工除锈 St3
	室外	醇酸防锈漆 75/2	—	各色醇酸磁漆 75/2	150	
	现场补漆	红醇酸防锈漆 75/2	—	各色醇酸磁漆 75/2	150	

4.2 防火设计

钢结构厂房的抗火性能较差，当构件的受火温度达到500℃时，钢材强度降低的非常明显，有可能会出现结构的坍塌。因此钢结构厂房要做好防火设计，从根本上为结构安全提供保证。《建筑设计防火规范》（GB 50016—2014）对于钢铁冶金企业钢结构厂房防火设计提出了更加严格的要求[3]，部分内容已经超出《钢铁冶金企业设计防火规范》（GB 50414—2007）的设计要求[4]，为满足建筑设计防火规范要求，同时兼顾钢铁冶金企业的实际生产工艺情况，对热连轧工程的钢结构厂房进行了防火保护性能化设计。

根据《建筑设计防火规范》（GB 50016—2014）中关于钢结构厂房（仓库）耐火等级要求，结合热连轧工程的建筑特点及连续生产工艺的要求，选取相似钢结构厂房建筑及生产工艺的莱钢钢铁厂进行了实体火灾试验。通过生产现场使用的液压油模拟火灾发生条件下的燃烧试验，实时监测火源热辐射强度、温度场变化及烟气流扩散蔓延过程，获取实时数据；同时采集了热连轧主厂房高温区及顶棚钢架的温度等数据；并根据该工程的建筑特性，对钢结构厂房进行了耐火性能计算分析。实体火灾试验数据及模拟计算分析结果表明，在火灾发生情况下，高温导致主厂房钢结构坍塌性破坏的可能性不大。

热连轧工程主厂房生产类别为丁类，耐火等级为Ⅱ级。钢柱刷防火涂料，其耐火极限为2.5h（板坯库和成品库部分钢柱采用耐火砖包覆部位可不刷防火涂料）；与排架柱相连的钢屋架和屋面主次桁架刷防火涂料，钢屋架耐火极限1.5h，主次桁架耐火极限为1.0h，檩条不做防火处理。防火涂料宜采用薄涂型，其规格和厚度必须满足耐火极限的要求，屋面采用压型钢板和玻璃丝绵等A级不燃材料。

5 结论

本工程通过建筑设计的艺术处理，体现现代化厂房风格，取得了较好的工业厂房建筑效果。在钢结构的结构选型、柱距选择、构件截面选择等方面优化设计，采用了更为经济合理的钢管混凝土格构式柱+矩形钢管桁架屋架的主体结构、主次桁架+冷弯薄壁型钢檩条的屋面结构以及矩形钢管吊车梁制动桁架系统，通过精心的计算和设计、优化结构体系，合理选材，最终用钢量 127kg/m^2，用钢量较以往类似工程降低 12%。并通过合理的防腐涂层和防火性能化设计，为钢结构厂房的耐久性和安全性提供了可靠保障。由于在优化设计中采用了先进技术，不仅用钢量低，其承载力和刚度也均未降低，结构安全可靠度得到了很好的保证；同时也实现了很好的经济指标，取得了良好的经济效益和社会效益，可供类似工程参考。

参考文献

[1] GB 50017—2003 钢结构设计规范［S］. 北京：中国计划出版社，2003.
[2] JGJ/T 251—2011 建筑钢结构防腐蚀技术规程［S］. 北京：中国建筑工业出版社，2011.
[3] GB 50016—2014 建筑设计防火规范［S］. 北京：中国计划出版社，2014.
[4] GB 50414—2007 钢铁冶金企业设计防火规范［S］.

二、工程中应用的新技术

GONGCHENGZHONG YINGYONG DE XINJISHU

采用的主要先进技术一览表

序号	技术名称
	一、原料场工程
1	全封闭环保原料场
2	高效物料搬运技术
3	智能数字化料场技术
4	多工位伸缩头皮带输送技术
5	多驱动皮带机自动离合节能技术
6	堆取料机自动驾驶技术
	二、烧结工程
1	大型烧结机节能环保综合技术
2	新型水密封环冷机技术
3	选择性烟气循环技术（SWGR）
4	炭基催化剂干法烟气多污染物一体化脱除技术（CRPCC）
5	厚料层烧结技术
6	烧结机高效密封技术
7	主抽风机高压异步电机变频调速技术
8	环保型成品筛分技术
9	混合机变频调速技术
10	环冷机环形皮带技术
	三、球团工程
1	筛分布料一体化技术
2	大型造球盘强化造球技术
3	鼓风、抽风组合干燥技术
4	赤铁矿球团技术
5	除尘灰配料技术
	四、焦化工程
1	新型绿色环保 7.3m 大型顶装焦炉技术
2	多段式保护板技术
3	焦炉非对称式烟道技术
4	炭化室薄炉墙技术
5	SOPRECO 单孔调压技术
6	特大型上升管余热利用技术

续表

序号	技 术 名 称
	四、焦化工程
7	焦炉煤气净化负压节能环保技术
8	贮配一体筒仓
9	焦炭全干熄技术
10	焦炉煤气甲烷化制 LNG 联产合成氨技术
	五、炼铁工程
1	特大型高炉长寿综合技术
2	现代化环保出铁场综合技术
3	高风温、长寿顶燃式热风炉技术
4	改进型转鼓法渣处理技术
5	“联合矿焦槽” 及 “无人值守” 全自动控制技术
6	炉顶均压煤气回收技术
7	高效螺旋筒式旋风除尘器技术
8	联合软水密闭循环系统改进技术
9	矿槽联合、整体布置工艺技术
10	高炉煤气全干法布袋除尘技术
11	煤粉制备和喷吹技术
12	特大型液压铁水罐倾翻装置
13	新型自然风冷贮铁式主沟技术
14	特大型高炉鼓风机高效节能技术
15	高炉脱湿系统低品质余热应用技术
	六、炼钢工程
1	转炉分组中间进铁技术
2	铁水 “一罐制” 工艺技术
3	转炉洁净钢工艺技术
4	“一键式” 炼钢技术
5	转炉一次烟气高效除尘技术
6	机械真空节能精炼技术
7	转炉烟气除尘消纳 COD 浓盐水技术
8	转炉滑板挡渣出钢技术
9	电磁涡流液位检测和控制技术
10	智能结晶器专家系统
11	氢氧火焰切割技术

续表

序号	技 术 名 称
	七、热连轧工程
1	高架式设计热连轧生产线
2	超快冷技术
3	超级电容车钢卷运输系统
4	高炉煤气单蓄热加热炉
5	能量回收型液压节能技术
6	高压力、小流量除鳞技术
7	外旋式旋流井技术
8	热轧智能生产及诊断技术
	八、厚板系统
1	复合制坯生产特厚板技术
2	平面形状控制及板型控制技术
3	厚板快速冷却技术
	九、冷轧工程
1	厚规格推拉式酸洗技术
2	五机架六辊连轧机
3	处理线闪冷技术
4	处理线低氮氧化物排放燃烧控制技术
5	连退炉内雷达式纠偏系统
6	精整区全自动钢卷物流系统
7	表面质量判定分析系统
8	冷轧智能化控制技术
	十、给排水
1	全厂废水“零”排放体系
2	适宜变水量低成本运行 SWRO 海水淡化技术
3	废水深度浓缩减量技术
4	水/盐体系平衡双向耦合技术
	十一、燃气、热力、发电
1	能源梯度有效利用-蒸汽输配发电技术
2	焦炉煤气精制技术
3	烧结低品位余热冷热电联供综合技术
4	特大型高炉 TRT 发电机组高效、绿色、智能化技术
5	煤气系统平衡与高效高价值利用技术

续表

序号	技　术　名　称
十一、燃气、热力、发电	
6	氧气双压输配系统
7	煤气柜活塞状态远程监控系统
十二、供配电	
1	智能化配电电网技术
2	短距离高压供电技术
十三、信息化、自动化、电信	
1	基于“互联网+技术”的产销研协同信息平台设计
2	智能协同管控技术
3	云平台与虚拟桌面技术
4	无人化仓储及物流信息系统
5	智能设备维检系统（PMS+AMS）
6	3D 可视化工厂
7	基于软交换的全厂统一通信系统
十四、总图运输	
1	紧凑型铁钢界面技术
2	固化土路基处理技术
十五、地基处理	
1	强夯置换处理软土地基技术
2	墩点二次夯击法
十六、其他	
1	原料全自动采制样技术
2	胶带机永磁同步直驱系统技术

三、工程大事记

GONGCHENG DASHIJI

项目建设重要时间节点

2010年6月30日，山东省政府以鲁政发〔2010〕60号文正式向国务院申请列为国家钢铁产业结构调整试点省。

2011年10月2日，经国务院批准，国家发改委〔2011〕2183号文批准在山东省开展钢铁产业结构调整试点工作，并在控制总量、节能减排、淘汰落后、布局调整等方面提出了明确要求。

2012年8月3日，山钢集团日照钢铁精品基地工程建设指挥部成立，31日指挥部临时工程技术部成立，9月14日指挥部设计管理部成立。指挥部临时工程技术部前期在山冶设计办公楼办公。

2012年12月31日，山东省委、省政府在济南召开日照钢铁精品基地开工动员大会。

2013年3月1日，国家发展改革委下发《国家发展改革委关于山东钢铁集团有限公司日照钢铁精品基地项目核准的批复》(发改产业〔2013〕447号)，正式核准日照钢铁精品基地项目。

2013年6月28日，山东省政府在日照市举行项目奠基仪式。

2013年9月，日照钢铁精品基地场地初勘完成。

2014年5月16日，山钢集团第二届董事会审议通过《日照钢铁精品基地项目可行性研究报告》。

2014年6月3日，高炉工程区域开展详勘施工。

2014年7月，日照钢铁精品基地项目最终版可行性研究报告编制完成。此版可研由山冶设计负责主编和汇总，其他设计单位负责提供各自承担内容的有关技术文件。山冶设计承担了原料场、烧结、球团、炼铁、炼钢、热连轧、全厂检化验、厂前区以及公用辅助设施等工程设计工作。济钢集团国际工程技术有限公司承担了石灰焙烧、4300mm宽厚板、3800mm炉卷轧机、炉渣处理场等工程设计工作。中交水运规划设计院有限公司承担了矿石码头、成品码头、填海造陆围堰等工程的设计工作。山东电力工程咨询院有限公司承担了2×350MW自备电站工程的设计工作。中铁二院工程集团有限责任公司承担了日照钢铁精品基地铁路专用线工程的设计工作。

2015年1月16日，日照钢铁精品基地主体工程合同签约暨项目建设推进会在日照举行。主体工程合同签约标志着日照钢铁精品基地项目全面转入现场施工阶段，步入加快推进的快车道。

2015 年 3 月 12 日，球团工程区域开展详勘施工。

2015 年 4 月 3 日，1 号高炉工程初步设计审查通过。

2015 年 4 月 30 日，原料场工程、烧结工程、球团工程初步设计审查通过。

2015 年 5 月 19 日，烧结工程区域开展详勘施工。

2015 年 5 月 28 日，2050mm 热连轧、2030mm 冷轧工程区域开展详勘施工。

2015 年 6 月 11 日，炼钢主车间工程区域开展详勘施工。

2015 年 6 月 26 日，炼钢工程初步设计审查通过。

2015 年 7 月 25 日，2050mm 热连轧工程初步设计审查通过。

2015 年 8 月 2 日，原料场工程区域开展详勘施工。

2015 年 8 月 28 日，2 号高炉初步设计审查通过。

2015 年 9 月 16 日，公司举行全面施工誓师大会暨炼铁工程总承包单位进场仪式，标志着项目建设重心逐步转入主体工程施工阶段。

2015 年 10 月 14 日，2030mm 冷轧工程初步设计审查通过。

2015 年 10 月 16 日，焦炉工程区域开展详勘施工。

2015 年 10 月 18 日，精品基地填海区域围堰合拢。

2015 年 12 月 17 日，焦化工程初步设计审查通过。

2015 年 12 月 17 日，1 号高炉基础工程开工建设。

2016 年 1 月 22 日，焦炉煤气制 LNG 工程初步设计审查通过。

2016 年 2 月 23 日，高炉公辅工程现场施工正式启动。

2016 年 2 月 25 日，炼钢工程开工建设。

2016 年 3 月 9 日，热连轧工程开工建设。

2016 年 3 月 16 日，500m^2 炼结工程开工建设。

2016 年 3 月 31 日，原料场工程开工建设。

2016 年 4 月 13 日，2300mm 冷轧工程开工建设。

2016 年 6 月 8 日，焦化备煤焦炉工程开工建设。

2016 年 6 月 16 日，球团工程开工建设。

2016 年 12 月 9 日，4300mm 宽厚板搬迁工程初步设计审查通过。

2016 年 12 月 24 日，3500 炉卷工程区域开展详勘施工。

2017 年 3 月 22 日，2 号高炉开工建设。

2017 年 3 月 29 日，3500mm 炉卷工程初步设计审查通过。

2017 年 6 月 19 日，2 号焦炉点火烘炉。

2017 年 9 月 17 日，1 号 500m^2 烧结机单机试车。

2017 年 9 月 29 日，2050mm 热轧生产全线联动试车。

2017 年 12 月 18 日，1 号高炉点火。

2018 年 2 月 6 日，球团工程热试。

2018 年 2 月 6 日，2030mm 冷轧工程酸轧生产线第一卷成功下线。

2018 年 4 月 28 日，4300mm 宽厚板工程粗轧机成功完成热试第一板。

2019 年 4 月 10 日，炼钢一期二步工程主体设备全线热试成功。

2019 年 4 月 1 日，3500mm 炉卷工程全线热试成功。

2019 年 4 月，一期工程全线贯通。

后　记

山冶设计在山钢集团的正确领导下，凭借忠诚和担当，在黄海之滨绘就了世界一流现代化钢铁厂的蓝图，与广大建设者共同铸起了不朽的钢铁丰碑，实现了智能高效绿色高端钢铁精品的梦想。

《绿色智能钢厂设计与创新——山钢集团日照钢铁精品基地项目设计与创新技术集成》一书，通过总结设计经验、提炼技术创新亮点，将设计人员和建设者的智慧汇总起来，充分展示日照钢铁精品基地的设计理念和创新水平，为后人留下宝贵财富，并以期为将来钢铁企业生产流程新厂设计和老厂技术改造提供借鉴。

在本书编辑过程中，得到了冶金工业规划研究院党委书记李新创的指导和鼎力支持，并在百忙之中为本书作序。山钢集团日照有限公司为本书提供了部分资料和工程建设照片。冶金工业科技发展中心李庭寿博士、钢铁研究总院郦秀萍博士为本书审稿并提出了建设性意见。冶金工业出版社为本书的策划、编排、出版做了细致工作。山冶设计的有关专家亲自撰稿，付出辛苦劳动。在此亦向所参考文献著作等的相关作者表示衷心感谢，并对未能一一注明出处深表歉意！

本书未能涉及日照钢铁精品基地全部工序和流程，也由于论文作者专业知识、阅历等诸多因素限制，在本书的编辑过程中，难免有疏漏之处，敬请谅解、指正，以便设计人员学习和本书再版时加以修正。

《绿色智能钢厂设计与创新》编委会

2020 年 8 月

山东省冶金设计院股份有限公司简介

山东省冶金设计院股份有限公司（中文简称“山冶设计”，英文简称 SDM）前身为山东省冶金设计院，成立于 1959 年 3 月 20 日，2009 年改制为股份制企业。

山冶设计经过六十多年的努力，在行业中形成了专业最全，全方位、全流程的国际化工程技术公司。公司具有国家颁发的冶金行业、建筑行业（建筑工程）、建材行业（非金属矿及原材料制备工程）工程设计甲级资质；拥有市政行业、电力行业、环境工程、风景园林工程、化工石化医药行业、工程造价等设计乙级资质；拥有对外承包工程资格证书、特种设备设计许可证、安全生产许可证；拥有环保工程、市政公用工程、电子与智能化工程承包施工资质。

公司业务范围涉及冶金、矿山、工业与民用建筑、电力、建材、化工、城乡建设等工程勘察设计和工程总承包及总承包项下的设备材料销售、施工、安装、调试、人员培训、建造，以及工程监理、技术咨询、技术改造、环境影响评价等钢铁企业发展建设的成套解决方案，具备规划、设计、总承包 1000 万吨级综合钢铁项目能力，涉足合同能源管理、融资租赁等多种商业运作模式，公司已将多种技术服务模式和经营模式推广到大半个中国，并在印度、伊朗、印尼、泰国、巴西、波兰等国家和地区广泛开展技术服务和工程建设合作。

山冶设计是国家钢铁产业结构调整重点项目——山钢集团日照钢铁精品基地项目总体规划、设计单位，大型绿色智能 $5100m^3$ 高炉、$500m^2$ 烧结机、7.3m 焦炉的工程总包单位。

山冶设计坚持不懈地推进技术创新，走在了绿色智能冶金和打造钢铁高质量生态圈的前列，是中国钢铁技术与服务供应商六大品牌企业、国家工信部绿色制造系统解决方案供应商、国家优质工程奖获得企业和国家“十三五”创新工程奖获得企业。

不断走向辉煌的山冶设计将秉承“真诚设计未来，精品构建永恒”的企业信条，为世界范围内的钢铁冶金技术服务和市政发展贡献山冶设计的智慧和力量，与国内外客户携手共同开创更加美好的明天。

总部地址：山东省济南市高新开发区舜华路 1969 号

邮编：250101

电话：（公司办公室：0531-89703963/89703960）

（市　场　部：0531-81927239/81927013）

（国际分公司：0531-89703923/89703809）

（市政分院：0531-67712539/67712664）

传真：0531-89703962

网址：http：//www. sdmecl. com/

莱钢地址：山东省济南市钢城区双泉路 31 号

邮编：271104

电话：0531-76820769

传真：0531-76821491